# Sammlung
## astronomischer Abhandlungen
### Beobachtungen und Nachrichten

herausgegeben

von

**J. E. Bode**

*Astronom und Mitglied der Königl. Preuſs. Acad. der Wissenschaften*

*Vierter Supplement-Band*

zu dessen astronomischen Jahrbüchern

Berlin 1808

*bey Friedrich Braunes.*

# Inhalt.

# Inhalt.

# Mondstafeln

nach *Bürg's* Längengleichungen

und

*de Laplace's* Breiten- und Parallaxen-Gleichungen,

entworfen

von

Herrn *Jabbo Oltmanns.*

---

## Vorerinnerung.

Als mir der Herr von Humboldt im Januar 1806 die Berechnung seiner für die Geographie so äusserst wichtigen astronomischen Beobachtungen anvertraute, waren die Bürgschen Mondstafeln noch nicht erschienen. Ich war genöthigt, die ☽ Örter geradesweges nach den Perturbationsgleichungen zu berechnen, entwarf mir aber in der Folge, hoffend, dafs es meine Reduction beschleunigen werde, einige Hülfstabellen für die Hauptgleichungen der ☽ Länge. Diesen gab ich denn nachher eine weitere Ausdehnung und bildete zugleich daraus ein Ganzes. So entstanden meine ☽ Tabellen. Daſs ich sie durch den Druck bekannt mache, dazu bewegt mich zunächst folgende Äuſserung des Herrn Professor Bürg (Monathl. Corresp. 1804 Sept. p. 233), welcher, so viel ich weiſs, bis jezt noch nicht Genüge geleistet worden ist.

„Es würde ohne Widerrede der Mühe werth seyn, „die so eben entwickelten Gleichungen des Canzlers „de la Place in Tafeln zu bringen, und man könn- „te die 2 erstern vernachläſsigten (deren Coefficien- „ten auf eine Secunde gehen) mit in diese Tafeln „aufnehmen. Die übrigen kann man füglich ver- „nachläſsigen; denn eine solche Combination dieser „Gleichungen, bey welchen die Summe derselben „auf zwey Secunden und darüber gehen könnte, wird „in der Regel die Wahrscheinlichkeit mehr gegen „als für sich haben, und sollten Fälle statt finden, „bey denen es wichtig seyn könnte, die Breite des „Mondes mit einer ängstlichen Genauigkeit zu ha- „ben, so können sie für diesen auſserordentlichen

„Fall immer in Betrachtung gezogen werden.“ Und dann de Lambre's Bemerkung in seinen tables Astronomiques (1806 Folio m. p. 8).

„Les differences entre la theorie et les tables „sont si légères, que probablement il sera plus sur „de s'en tenir aux résultats de la pure analyse.“

Ferner Burkhards Äufserung bey seiner Untersuchung der ☽ Parallaxe (Conn. d. t. XV. p. 368). „Il me parait resulter de tout ce qui précède, que „le résultat de la Theorie mérite la préférence.“

Ich habe für die Breite und Parallaxe alle Laplacische Gleichungen in Tafeln gebracht. Denn es giebt Fälle, wo man sich, auch nicht das geringste von der zu erwartenden Richtigkeit entfernen darf. Was man übrigens etwa vernachläfsigen kann, dazu giebt die Wichtigkeit des Gegenstandes den besten Maafsstab ab.

Die Formation der Argumente habe ich einigemahle zu erleichtern gesucht. Epoche und Laplace's Gleichung der mittleren Bewegung sind nach M. C. 1804 Sept. p. 261 seq. angenommen worden.

Bey so bewandten Umständen und bey der Schwierigkeit sich hier die Pariser Ausgabe der neuesten Mondstafeln zu verschaffen, darf ich vielleicht mir schmeicheln, keine Arbeit geliefert zu haben, welche beym jetzigen durch die vereinigten Bemühungen der ersten Geometer und Astronomen so sehr vervollkommneten Zustande der Sternkunde überflüſsig wäre.

Berlin, im Januar 1808.

Jabbo Oltmanns.

## Epochen der mittleren ☽ Länge, der Anomalie und des Knoten-Supplements, für den mittleren *pariser* Mittag berechnet.

| Jahr | Mittlere Länge des ☽ | Secular-gleichung | Mittlere Anomalie des ☽ | Secular-gleichung | Supplement des aufsteigenden ☽ Knotens | Secular-gleichung |
|---|---|---|---|---|---|---|
| | Z. G. M. S. | + | Z. G. M. S. | + | Z. G. M. S. | — |
| 1800 | 11 5 38 12,3 | 10″,2 | 9 20 13 59,6 | 40″,8 | 10 26 44 16,6 | 7″,5 |
| 1801 | 3 15 1 17,2 | 10, 4 | 0 18 57 18,6 | 41, 6 | 11 16 3 59,9 | 7, 7 |
| 1802 | 7 24 24 22,1 | 10, 6 | 3 17 40 37,7 | 42, 4 | 0 5 23 43,3 | 7, 8 |
| 1803 | 0 3 47 27,0 | 10, 8 | 6 16 23 56,8 | 43, 2 | 0 24 43 26,7 | 8, 0 |
| 1804 S. | 4 26 21 6,9 | 11, 0 | 9 28 11 10,3 | 44, 0 | 1 14 6 20,7 | 8, 2 |
| 1805 | 9 5 44 11,7 | 11, 2 | 0 26 54 28,9 | 44, 8 | 2 3 26 4,0 | 8, 3 |
| 1806 | 1 15 7 16,6 | 11, 5 | 3 25 37 48,0 | 46, 0 | 2 22 45 47,4 | 8, 4 |
| 1807 | 5 24 30 21,5 | 11, 7 | 6 24 21 7,1 | 46, 8 | 3 12 5 30,7 | 8, 6 |
| 1808 S. | 10 17 4 1,4 | 12, 0 | 10 6 8 20,5 | 47, 6 | 4 1 28 24,7 | 8, 7 |
| 1809 | 2 26 27 6,3 | 12, 1 | 1 4 51 39,2 | 48, 4 | 4 20 48 8,1 | 8, 9 |
| 1810 | 7 5 50 11,2 | 12, 3 | 4 3 34 58,3 | 49, 2 | 5 10 7 51,5 | 9, 1 |
| 1811 | 11 15 13 16,0 | 12, 5 | 7 2 18 17,4 | 50, 0 | 5 29 27 34,8 | 9, 2 |
| 1812 S. | 4 7 46 56,0 | 12, 8 | 10 14 5 30,8 | 51, 2 | 6 18 50 28,8 | 9, 4 |
| 1813 | 8 17 10 0,8 | 13, 0 | 1 12 48 49,6 | 52, 0 | 7 8 10 12,2 | 9, 5 |
| 1814 | 0 26 33 5,7 | 13, 3 | 4 11 32 8,6 | 53, 2 | 7 27 29 55,5 | 9, 7 |
| 1815 | 5 5 56 10,6 | 13, 5 | 7 10 15 27,7 | 54, 0 | 8 16 49 38,9 | 9, 8 |
| 1816 S. | 9 28 29 50,6 | 13, 8 | 10 22 2 41,1 | 55, 2 | 9 6 12 32,9 | 10, 0 |
| 1817 | 2 7 52 55,4 | 14, 0 | 1 20 45 59,9 | 56, 0 | 9 25 32 15,3 | 10, 1 |
| 1818 | 6 17 16 0,2 | 14, 2 | 4 19 29 19,0 | 56, 8 | 10 14 51 59,6 | 10, 3 |
| 1819 | 10 26 39 5,1 | 14, 4 | 7 18 12 38,1 | 57, 6 | 11 4 11 43,0 | 10, 4 |
| 1820 S. | 3 19 12 45,1 | 14, 6 | 10 29 59 51,5 | 58, 4 | 11 23 34 37,0 | 10, 6 |

## Mittlere Bewegung des ☽ in ganzen Jahren.

| | Mittlere Lange ☽ | | | | Mittlere Anomalie ☽ | | | | Suppl. des ☊ | | | |
|---|---|---|---|---|---|---|---|---|---|---|---|---|
| Jahre | Z. | Gr. | M. | S. | Z. | Gr. | M. | S. | Z. | Gr. | M. | S. |
| 1 | 4 | 9 | 23 | 4,9 | 2 | 28 | 43 | 19,1 | 0 | 19 | 19 | 43,3 |
| 2 | 8 | 18 | 46 | 9,7 | 5 | 27 | 26 | 38,2 | 1 | 8 | 39 | 26,6 |
| 3 | 0 | 28 | 9 | 14,6 | 8 | 26 | 9 | 57,3 | 1 | 27 | 59 | 10,0 |
| S. 4 | 5 | 20 | 42 | 54,4 | 0 | 7 | 57 | 10,3 | 2 | 17 | 22 | 3,9 |
| 5 | 10 | 0 | 5 | 59,3 | 3 | 6 | 40 | 29,4 | 3 | 6 | 41 | 47,2 |
| 6 | 2 | 9 | 29 | 4,2 | 6 | 5 | 23 | 48,5 | 3 | 26 | 1 | 30,5 |
| 7 | 6 | 18 | 52 | 9,1 | 9 | 4 | 7 | 7,6 | 4 | 15 | 21 | 13,9 |
| S. 8 | 11 | 11 | 25 | 48,8 | 0 | 15 | 54 | 20,6 | 5 | 4 | 44 | 7,8 |
| 9 | 3 | 20 | 48 | 53,7 | 3 | 14 | 37 | 39,7 | 5 | 24 | 3 | 51,1 |
| 10 | 8 | 0 | 11 | 58,5 | 6 | 13 | 20 | 58,8 | 6 | 13 | 23 | 34,4 |
| S. 20 | 4 | 13 | 34 | 32,1 | 1 | 9 | 45 | 51,6 | 0 | 26 | 50 | 19,5 |
| S. 40 | 8 | 27 | 9 | 4,2 | 2 | 19 | 31 | 43,2 | 1 | 23 | 40 | 39,0 |
| S. 60 | 1 | 10 | 43 | 36,3 | 3 | 29 | 17 | 34,8 | 2 | 20 | 30 | 58,5 |
| S. 80 | 5 | 24 | 18 | 8,4 | 5 | 9 | 3 | 26,4 | 3 | 17 | 21 | 18,0 |
| S. 100 | 10 | 7 | 52 | 43,2 | 6 | 18 | 49 | 17,8 | 4 | 14 | 11 | 48,0 |
| Gem. 100 | 9 | 24 | 42 | 8,2 | 6 | 5 | 45 | 23,8 | 4 | 14 | 8 | 31,4 |

## Mittlere Bewegung des ☽ in ganzen Monaten.

| Monate | Mittlere ☽ Länge | | | | Mittlere Anomalie | | | | Supplement des ☊ | | | |
|---|---|---|---|---|---|---|---|---|---|---|---|---|
| | Z. | G. | M. | S. | Z. | G. | M. | S. | Z. | G. | M. | S. |
| 28. Februar | 1 | 27 | 24 | 26,6 | 1 | 20 | 50 | 4,2 | 0 | 3 | 7 | 27,7 |
| 31 Martz | 3 | 15 | 52 | 32,4 | 3 | 5 | 50 | 59,3 | 0 | 4 | 45 | 57,5 |
| 30. April | 4 | 21 | 10 | 3,2 | 4 | 7 | 47 | 56,4 | 0 | 6 | 21 | 16,7 |
| 31. May | 6 | 9 | 38 | 9,1 | 5 | 22 | 48 | 49,5 | 0 | 7 | 59 | 46,5 |
| 30. Juny | 7 | 14 | 55 | 39,9 | 6 | 24 | 45 | 48,6 | 0 | 9 | 35 | 5,7 |
| 31. July | 9 | 3 | 23 | 45,7 | 8 | 9 | 46 | 41,7 | 0 | 11 | 13 | 35,5 |
| 31. August | 10 | 21 | 51 | 51,6 | 9 | 24 | 47 | 34,7 | 0 | 12 | 52 | 5,4 |
| 30. Septemb. | 11 | 27 | 9 | 22,4 | 10 | 26 | 44 | 33,8 | 0 | 14 | 27 | 24,5 |
| 31. October | 1 | 15 | 37 | 28,2 | 0 | 11 | 45 | 26,9 | 0 | 16 | 5 | 54,3 |
| 30. Nov. | 2 | 20 | 54 | 59,0 | 1 | 13 | 42 | 26,0 | 0 | 17 | 41 | 13,5 |
| 31. Dec. | 4 | 9 | 23 | 4,9 | 2 | 28 | 43 | 19,1 | 0 | 19 | 19 | 43,4 |

## Bewegung des ☽ für den Januar-Monat.

| im Schalt Jahr | im Gem. Jahr | Mittlere ☽ Länge | Mittlere Anomalie | Supplement des ☊ |
|---|---|---|---|---|
| 1 | 0 | 0 0 0 0 | 0 0 0 0 | 0 0 0 0 |
| 2 | 1 | 0 13 10 35,0 | 0 13 3 54,0 | 0 0 3 10,6 |
| 3 | 2 | 0 26 21 10,1 | 0 26 7 47,9 | 0 0 6 21,3 |
| 4 | 3 | 1 9 31 45,1 | 1 9 11 41,9 | 0 0 9 31,9 |
| 5 | 4 | 1 22 42 20,1 | 1 22 15 35,9 | 0 0 12 42,6 |
| 6 | 5 | 2 5 52 55,1 | 2 5 19 29,9 | 0 0 15 53,2 |
| 7 | 6 | 2 19 3 30,2 | 2 18 23 23,8 | 0 0 19 3,8 |
| 8 | 7 | 3 2 14 5,2 | 3 1 27 17,8 | 0 0 22 14,5 |
| 9 | 8 | 3 15 24 40,2 | 3 14 31 11,8 | 0 0 25 25,1 |
| 10 | 9 | 3 28 35 15,3 | 3 27 35 5,7 | 0 0 28 35,8 |
| 11 | 10 | 4 11 45 50,3 | 4 10 38 59,7 | 0 0 31 46,4 |
| 12 | 11 | 4 24 56 25,3 | 4 23 42 53,7 | 0 0 34 57,0 |
| 13 | 12 | 5 8 7 0,3 | 5 6 46 47,6 | 0 0 38 7,7 |
| 14 | 13 | 5 21 17 35,4 | 5 19 50 41,6 | 0 0 41 18,3 |
| 15 | 14 | 6 4 28 10,4 | 6 2 54 35,6 | 0 0 44 29,0 |
| 16 | 15 | 6 17 38 45,4 | 6 15 58 29,6 | 0 0 47 39,6 |
| 17 | 16 | 7 0 49 20,4 | 6 29 2 23,5 | 0 0 50 50,2 |
| 18 | 17 | 7 13 59 55,5 | 7 12 6 17,5 | 0 0 54 0,9 |
| 19 | 18 | 7 27 10 30,5 | 7 25 10 11,5 | 0 0 57 11,5 |
| 20 | 19 | 8 10 21 5,5 | 8 8 14 5,4 | 0 1 0 22,1 |
| 21 | 20 | 8 23 31 40,5 | 8 21 17 59,4 | 0 1 3 32,8 |
| 22 | 21 | 9 6 42 15,6 | 9 4 21 53,4 | 0 1 6 43,4 |
| 23 | 22 | 9 19 52 50,6 | 9 17 25 47,3 | 0 1 9 54,1 |
| 24 | 23 | 10 3 3 25,6 | 10 0 29 41,3 | 0 1 13 4,7 |
| 25 | 24 | 10 16 14 0,6 | 10 13 33 35,3 | 0 1 16 15,3 |
| 29 | 25 | 10 29 24 35,6 | 10 26 37 29,2 | 0 1 19 26,0 |
| 27 | 26 | 11 12 35 10,7 | 11 9 41 23,2 | 0 1 22 36,6 |
| 28 | 27 | 11 25 45 45,7 | 11 22 45 17,2 | 0 1 25 47,3 |
| 29 | 28 | 0 8 56 20,7 | 0 5 49 11,1 | 0 1 28 57,9 |
| 30 | 29 | 0 22 6 55,7 | 0 18 53 5,1 | 0 1 32 8,5 |
| 31 | 30 | 1 5 17 30,8 | 1 1 56 59,1 | 0 1 35 19,2 |
| 1 Febr. | 31 | 1 18 28 5,8 | 1 15 0 53,0 | 0 1 38 29,8 |

## Bewegung des ☽ in ganzen Stunden.

| | mittlere ☽ Lange | | | mittlere ☽ Anomalie | | | Supplem. des ☊ | |
|---|---|---|---|---|---|---|---|---|
| | G. | M. | S. | G. | M. | S. | M. | S. |
| 1 | 0 | 32 | 56,5 | 0 | 32′ | 39,7 | 0′ | 7,9 |
| 2 | 1 | 5 | 52,9 | 1 | 5 | 19,5 | 0 | 15,9 |
| 3 | 1 | 38 | 49,4 | 1 | 37 | 59,2 | 0 | 23,8 |
| 4 | 2 | 11 | 45,8 | 2 | 10 | 39,0 | 0 | 31,8 |
| 5 | 2 | 44 | 42,3 | 2 | 43 | 18,7 | 0 | 39,7 |
| 6 | 3 | 17 | 38,8 | 3 | 15 | 58,5 | 0 | 47,7 |
| 7 | 3 | 50 | 35,2 | 3 | 48 | 38,2 | 0 | 55,6 |
| 8 | 4 | 23 | 31,7 | 4 | 21 | 18,0 | 1 | 3,6 |
| 9 | 4 | 56 | 28,1 | 4 | 53 | 57,7 | 1 | 11,5 |
| 10 | 5 | 29 | 24,6 | 5 | 26 | 37,5 | 1 | 19,4 |
| 11 | 6 | 2 | 21,1 | 5 | 59 | 17,2 | 1 | 27,4 |
| 12 | 6 | 35 | 17,5 | 6 | 31 | 57,0 | 1 | 35,3 |
| 13 | 7 | 8 | 14,0 | 7 | 4 | 36,7 | 1 | 43,3 |
| 14 | 7 | 41 | 10,4 | 7 | 37 | 16,5 | 1 | 51,2 |
| 15 | 8 | 14 | 6,9 | 8 | 9 | 56,2 | 1 | 59,2 |
| 16 | 8 | 47 | 3,4 | 8 | 42 | 36,0 | 2 | 7,1 |
| 17 | 9 | 19 | 59,8 | 9 | 15 | 15,7 | 2 | 15,0 |
| 18 | 9 | 52 | 56,3 | 9 | 47 | 55,5 | 2 | 23,0 |
| 19 | 10 | 25 | 52,7 | 10 | 20 | 35,2 | 2 | 30,9 |
| 20 | 10 | 58 | 49,2 | 10 | 53 | 15,0 | 2 | 38,9 |
| 21 | 11 | 31 | 45,6 | 11 | 25 | 54,7 | 2 | 46,8 |
| 22 | 12 | 4 | 42,1 | 11 | 58 | 34,5 | 2 | 54,8 |
| 23 | 12 | 37 | 38,6 | 12 | 31 | 14,2 | 3 | 2,7 |
| 24 | 13 | 10 | 35,0 | 13 | 3 | 54,0 | 3 | 10,6 |

## Mittlere Bewegung des ☽ für Minuten und Secunden.

| Min. / Sec. | Länge m. s. / s. t. | Anomalie m. s. / s. t. | Suppl. ☊ s. / t. | Min. / Sec. | Länge m. s. / s. t. | Anomalie m. s. / s. t. | Suppl. ☊ s. / t. |
|---|---|---|---|---|---|---|---|
| 1 | 0 32,9 | 0 32,7 | 0,1 | 31 | 17 1,2 | 16 52,5 | 4,1 |
| 2 | 1 5,9 | 1 5,3 | 0,3 | 32 | 17 34,1 | 17 25,2 | 4,2 |
| 3 | 1 38,8 | 1 38,0 | 0,4 | 33 | 18 7,1 | 17 57,9 | 4,4 |
| 4 | 2 11,8 | 2 10,6 | 0,5 | 34 | 18 40,0 | 18 30,5 | 4,5 |
| 5 | 2 44,7 | 2 43,3 | 0,7 | 35 | 19 12,9 | 19 3,2 | 4,6 |
| 6 | 3 17,6 | 3 16,0 | 0,8 | 36 | 19 45,9 | 19 35,8 | 4,8 |
| 7 | 3 50,6 | 3 48,6 | 0,9 | 37 | 20 18,8 | 20 8,5 | 4,9 |
| 8 | 4 23,5 | 4 21,3 | 1,1 | 38 | 20 51,8 | 20 41,2 | 5,0 |
| 9 | 4 56,5 | 4 54,0 | 1,2 | 39 | 21 24,7 | 21 13,8 | 5,2 |
| 10 | 5 29,4 | 5 26,6 | 1,3 | 40 | 21 57,6 | 21 46,5 | 5,3 |
| 11 | 6 2,4 | 5 59,3 | 1,5 | 41 | 22 30,6 | 22 19,2 | 5,4 |
| 12 | 6 35,3 | 6 31,9 | 1,6 | 42 | 23 3,5 | 22 51,8 | 5,6 |
| 13 | 7 8,2 | 7 4,6 | 1,7 | 43 | 23 36,5 | 23 24,5 | 5,7 |
| 14 | 7 41,2 | 7 37,3 | 1,9 | 44 | 24 9,4 | 23 57,1 | 5,8 |
| 15 | 8 14,1 | 8 9,9 | 2,0 | 45 | 24 42,3 | 24 29,8 | 6,0 |
| 16 | 8 47,1 | 8 42,6 | 2,1 | 46 | 25 15,3 | 25 2,5 | 6,1 |
| 17 | 9 20,0 | 9 15,3 | 2,3 | 47 | 25 48,2 | 25 35,1 | 6,2 |
| 18 | 9 52,9 | 9 47,9 | 2,4 | 48 | 26 21,2 | 26 7,8 | 6,4 |
| 19 | 10 25,9 | 10 20,6 | 2,5 | 49 | 26 54,1 | 26 40,5 | 6,5 |
| 20 | 10 58,8 | 10 53,2 | 2,6 | 50 | 27 27,0 | 27 13,1 | 6,6 |
| 21 | 11 31,8 | 11 25,9 | 2,8 | 51 | 28 0,0 | 27 45,8 | 6,8 |
| 22 | 11 4,7 | 11 58,6 | 2,9 | 52 | 28 32,9 | 28 18,5 | 6,9 |
| 23 | 12 37,6 | 12 31,2 | 3,0 | 53 | 28 5,9 | 28 51,1 | 7,0 |
| 24 | 13 10,6 | 13 3,9 | 3,2 | 54 | 29 38,8 | 29 23,8 | 7,1 |
| 25 | 13 43,5 | 13 36,6 | 3,3 | 55 | 30 11,8 | 29 56,4 | 7,3 |
| 26 | 14 16,5 | 14 9,2 | 3,4 | 56 | 30 44,7 | 30 29,1 | 7,4 |
| 27 | 14 49,4 | 14 41,9 | 3,6 | 57 | 31 17,6 | 31 1,8 | 7,5 |
| 28 | 15 22,3 | 15 14,5 | 3,7 | 58 | 31 50,6 | 31 34,4 | 7,7 |
| 29 | 15 55,3 | 15 47,2 | 3,8 | 59 | 32 23,5 | 32 7,1 | 7,8 |
| 30 | 16 28,2 | 16 19,9 | 3,0 | 60 | 32 56,5 | 32 39,7 | 7,9 |

| Laplace'sche Gleichung<br>Argument. Apogaeum des ☽ + 2. Länge des ☊ − 3 Apogaeum ☉. | | | | Nutation<br>Argument Supplement des ☊ wird erst *nach der 28sten Gleichung* angebracht. | | | |
|---|---|---|---|---|---|---|---|
| Gr. | 0 + VI − | I + VII − | II + VIII − | 0 + VI − | I + VII − | II + VIII − | |
| | Sec. | Sec. | Sec. | Sec. | Sec. | Sec. | |
| 0 | 0,0 | 5,2 | 9,1 | 0,0 | 9,0 | 15,6 | 30 |
| 1 | 0,2 | 5,4 | 9,2 | 0,3 | 9,3 | 15,7 | 29 |
| 2 | 0,4 | 5,5 | 9,3 | 0,6 | 9,5 | 15,9 | 28 |
| 3 | 0,5 | 5,7 | 9,3 | 0,9 | 9,8 | 16,0 | 27 |
| 4 | 0,7 | 5,8 | 9,4 | 1,3 | 10,0 | 16,1 | 26 |
| 5 | 0,9 | 6,0 | 9,5 | 1,6 | 10,3 | 16,3 | 25 |
| 6 | 1,1 | 6,1 | 9,6 | 1,9 | 10,6 | 16,4 | 24 |
| 7 | 1,3 | 6,3 | 9,6 | 2,2 | 10,8 | 16,5 | 23 |
| 8 | 1,5 | 6,4 | 9,7 | 2,5 | 11,0 | 16,7 | 22 |
| 9 | 1,7 | 6,6 | 9,8 | 2,8 | 11,3 | 16,8 | 21 |
| 10 | 1,8 | 6,7 | 9,9 | 3,1 | 11,5 | 16,9 | 20 |
| 11 | 2,0 | 6,8 | 9,9 | 3,4 | 11,8 | 17,0 | 19 |
| 12 | 2,2 | 7,0 | 10,0 | 3,7 | 12,0 | 17,1 | 18 |
| 13 | 2,4 | 7,1 | 10,0 | 4,0 | 12,2 | 17,2 | 17 |
| 14 | 2,6 | 7,3 | 10,1 | 4,3 | 12,5 | 17,3 | 16 |
| 15 | 2,7 | 7,4 | 10,1 | 4,6 | 12,7 | 17,4 | 15 |
| 16 | 2,9 | 7,5 | 10,2 | 4,9 | 12,9 | 17,4 | 14 |
| 17 | 3,1 | 7,6 | 10,2 | 5,2 | 13,1 | 17,5 | 13 |
| 18 | 3,3 | 7,8 | 10,3 | 5,5 | 13,3 | 17,6 | 12 |
| 19 | 3,4 | 7,9 | 10,3 | 5,8 | 13,6 | 17,6 | 11 |
| 20 | 3,6 | 8,0 | 10,3 | 6,1 | 13,8 | 17,7 | 10 |
| 21 | 3,8 | 8,1 | 10,4 | 6,4 | 14,0 | 17,7 | 9 |
| 22 | 4,0 | 8,2 | 10,4 | 6,7 | 14,2 | 17,8 | 8 |
| 23 | 4,1 | 8,2 | 10,4 | 7,0 | 14,4 | 17,8 | 7 |
| 24 | 4,3 | 8,4 | 10,4 | 7,3 | 14,5 | 17,9 | 6 |
| 25 | 4,5 | 8,6 | 10,5 | 7,6 | 14,7 | 17,9 | 5 |
| 26 | 4,7 | 8,7 | 10,5 | 7,9 | 14,9 | 17,9 | 4 |
| 27 | 4,8 | 8,8 | 10,5 | 8,2 | 15,1 | 17,9 | 3 |
| 28 | 5,0 | 8,9 | 10,5 | 8,4 | 15,2 | 17,9 | 2 |
| 29 | 5,1 | 9,0 | 10,5 | 8,7 | 15,4 | 18,0 | 1 |
| 30 | 5,2 | 9,1 | 10,5 | 9,0 | 15,6 | 18,0 | 0 |
| | XI − V + | X − IV + | IX − III + | XI − V + | X − IV + | IX − III + | Gr. |

## I. Jährliche Gleichung.

Mittlere ⊙ Anomalie.

| | 0 + | | I + | | II + | | |
|---|---|---|---|---|---|---|---|
| Gr. | M. S. | Diff. | M. S. | Diff. | M. S. | Diff. | Gr. |
| 0 | 0 0 | | 5 30,7 | | 9 36,6 | | 30 |
| 1 | 0 11,5 | 11'',5 | 5 40,7 | 10'',0 | 9 42,5 | 5'',9 | 29 |
| 2 | 0 23,0 | 11, 5 | 5 50,6 | 9, 9 | 9 48,2 | 5, 7 | 28 |
| 3 | 0 34,5 | 11, 5 | 6 0,4 | 9, 8 | 9 53,8 | 5, 6 | 27 |
| 4 | 0 46,0 | 11, 5 | 6 10,1 | 9, 7 | 9 59,1 | 5, 3 | 26 |
| 5 | 0 57,5 | 11, 5 | 6 19,7 | 9, 6 | 10 4,3 | 5, 2 | 25 |
| 6 | 1 9,0 | 11, 5 | 6 29,2 | 9, 5 | 10 9,3 | 5, 0 | 24 |
| 7 | 1 20,4 | 11, 4 | 6 38,5 | 9, 3 | 10 14,1 | 4, 8 | 23 |
| 8 | 1 31,8 | 11, 4 | 6 47,7 | 9, 2 | 10 18,7 | 4, 6 | 22 |
| 9 | 1 43,2 | 11, 4 | 6 56,8 | 9, 1 | 10 23,1 | 4, 4 | 21 |
| 10 | 1 54,6 | 11, 4 | 7 5,9 | 9, 1 | 10 27,4 | 4, 3 | 20 |
| 11 | 2 5,9 | 11, 3 | 7 14,8 | 8, 9 | 10 31,5 | 4, 1 | 19 |
| 12 | 2 17,2 | 11, 3 | 7 23,6 | 8, 8 | 10 35,4 | 3, 9 | 18 |
| 13 | 2 28,5 | 11, 3 | 7 32,2 | 8, 6 | 10 39,1 | 3, 7 | 17 |
| 14 | 2 39,7 | 11, 2 | 7 40,7 | 8, 5 | 10 42,6 | 3, 5 | 16 |
| 15 | 2 50,9 | 11, 2 | 7 49,1 | 8, 4 | 10 45,9 | 3, 3 | 15 |
| 16 | 3 2,0 | 11, 1 | 7 57,3 | 8, 2 | 10 49,0 | 3, 1 | 14 |
| 17 | 3 13,1 | 11, 1 | 8 5,3 | 8, 0 | 10 51,9 | 2, 9 | 13 |
| 18 | 3 24,1 | 11, 0 | 8 13,3 | 8, 0 | 10 54,6 | 2, 7 | 12 |
| 19 | 3 35,0 | 10, 9 | 8 21,1 | 7, 8 | 10 57,2 | 2, 6 | 11 |
| 20 | 3 45,9 | 10, 9 | 8 28,7 | 7, 6 | 10 59,5 | 2, 3 | 10 |
| 21 | 3 56,7 | 10, 8 | 8 36,2 | 7, 5 | 11 1,6 | 2, 1 | 9 |
| 22 | 4 7,5 | 10, 8 | 8 43,6 | 7, 4 | 11 3,6 | 2, 0 | 8 |
| 23 | 4 18,2 | 10, 7 | 8 50,8 | 7, 2 | 11 5,3 | 1, 7 | 7 |
| 24 | 4 28,8 | 10, 6 | 8 57,8 | 7, 0 | 11 6,9 | 1, 6 | 6 |
| 25 | 4 39,3 | 10, 5 | 9 4,7 | 6, 9 | 11 8,2 | 1, 3 | 5 |
| 26 | 4 49,8 | 10, 5 | 9 11,4 | 6, 7 | 11 9,3 | 1, 1 | 4 |
| 27 | 5 0,1 | 10, 3 | 9 17,9 | 6, 5 | 11 10,2 | 0, 9 | 3 |
| 28 | 5 10,4 | 10, 3 | 9 24,3 | 6, 4 | 11 11,0 | 0, 8 | 2 |
| 29 | 5 20,6 | 10, 2 | 9 30,5 | 6, 2 | 11 11,5 | 0, 5 | 1 |
| 30 | 5 30,7 | 10, 1 | 9 36,6 | 6, 1 | 11 11,8 | 0, 3 | 0 |
| | XI − | Diff. | X − | Diff. | IX − | Diff. | Gr. |

## I. Jährliche Gleichung.

Mittlere ⊙ Anomalie.

| | III + | | IV + | | V + | | |
|---|---|---|---|---|---|---|---|
| Gr. | M. S. | Diff. | M. S. | Diff. | M. S. | Diff. | |
| 0 | 11 11,8 | 0″,0 | 9 47,0 | 5″,9 | 5 41,1 | 10″,3 | 30 |
| 1 | 11 11,8 | 0, 0 | 9 41,1 | 6, 0 | 5 30,8 | 10, 4 | 29 |
| 2 | 11 11,8 | 0, 2 | 9 35,1 | 6, 2 | 5 20,4 | 10, 6 | 28 |
| 3 | 11 11,6 | 0, 5 | 9 28,9 | 6, 4 | 5 9,8 | 10, 6 | 27 |
| 4 | 11 11,1 | 0, 8 | 9 22,5 | 6, 6 | 4 59,2 | 10, 7 | 26 |
| 5 | 11 10,3 | 0, 9 | 9 15,9 | 6, 8 | 4 48,5 | 10, 8 | 25 |
| 6 | 11 9,4 | 1, 2 | 9 9,1 | 6, 9 | 4 37,7 | 10, 9 | 24 |
| 7 | 11 8,2 | 1, 3 | 9 2,2 | 7, 1 | 4 26,8 | 11, 0 | 23 |
| 8 | 11 6,9 | 1, 6 | 8 55,1 | 7, 2 | 4 15,8 | 11, 1 | 22 |
| 9 | 11 5,3 | 1, 7 | 8 47,9 | 7, 4 | 4 4,7 | 11, 1 | 21 |
| 10 | 11 3,6 | 1, 9 | 8 40,5 | 7, 5 | 3 53,6 | 11, 2 | 20 |
| 11 | 11 1,7 | 2, 1 | 8 33,0 | 7, 7 | 3 42,4 | 11, 3 | 19 |
| 12 | 10 59,6 | 2, 4 | 8 25,3 | 7, 9 | 3 31,1 | 11, 3 | 18 |
| 13 | 10 57,2 | 2, 5 | 8 17,4 | 8, 1 | 3 19,8 | 11, 4 | 17 |
| 14 | 10 54,7 | 2, 8 | 8 9,3 | 8, 2 | 3 8,4 | 11, 5 | 16 |
| 15 | 10 51,9 | 3, 0 | 8 1,1 | 8, 4 | 2 56,9 | 11, 5 | 15 |
| 16 | 10 48,9 | 3, 2 | 7 52,7 | 8, 6 | 2 45,4 | 11, 6 | 14 |
| 17 | 10 45,7 | 3, 3 | 7 44,1 | 8, 7 | 2 33,8 | 11, 7 | 13 |
| 18 | 10 42,4 | 3, 6 | 7 35,4 | 8, 8 | 2 22,1 | 11, 7 | 12 |
| 19 | 10 38,8 | 3, 7 | 7 26,6 | 8, 9 | 2 10,4 | 11, 7 | 11 |
| 20 | 10 35,1 | 3, 9 | 7 17,7 | 9, 1 | 1 58,7 | 11, 8 | 10 |
| 21 | 10 31,2 | 4, 1 | 7 8,6 | 9, 2 | 1 46,9 | 11, 8 | 9 |
| 22 | 10 27,1 | 4, 3 | 6 59,4 | 9, 3 | 1 35,1 | 11, 8 | 8 |
| 23 | 10 22,8 | 4, 5 | 6 50,1 | 9, 5 | 1 23,3 | 11, 8 | 7 |
| 24 | 10 18,3 | 4, 8 | 6 40,6 | 9, 6 | 1 11,5 | 11, 9 | 6 |
| 25 | 10 13,5 | 4, 9 | 6 31,0 | 9, 7 | 0 59,6 | 11, 9 | 5 |
| 26 | 10 8,6 | 5, 1 | 6 21,3 | 9, 9 | 0 47,7 | 11, 9 | 4 |
| 27 | 10 3,5 | 5, 3 | 6 11,4 | 10, 0 | 0 35,8 | 11, 9 | 3 |
| 28 | 9 58,2 | 5, 5 | 6 1,4 | 10, 1 | 0 23,9 | 12, 0 | 2 |
| 29 | 9 52,7 | 5, 7 | 5 51,3 | 10, 2 | 0 11,9 | 11, 9 | 1 |
| 30 | 9 47,0 | | 5 41,1 | | 0 0,0 | | 0 |
| | VIII — | Diff. | VII — | Diff. | VI — | Diff. | Gr. |

**II.** Doppelte Entfernung des ☽ von der ⊙ + mittlere ⊙ Anomalie.

**III.** Doppelte Entfernung des ☽ von der ⊙ — mittlere ⊙ Anomalie.

| | II. | | | III. | | | |
|---|---|---|---|---|---|---|---|
| | 0 VI<br>− + | I VII<br>− + | II VIII<br>− + | 0 VI<br>− + | I VII<br>− + | I VIII<br>− + | |
| Gr. | Sec. | Sec. | Sec. | Sec. | M. Sec. | M. Sec. | |
| 0 | 0,0 | 27,0 | 46,7 | 0,0 | 0 38,2 | 1 6,3 | 30 |
| 1 | 0,9 | 27,8 | 47,1 | 1,3 | 0 39,4 | 1 6,9 | 29 |
| 2 | 1,9 | 28,6 | 47,6 | 2,7 | 0 40,5 | 1 7,5 | 28 |
| 3 | 2,8 | 29,4 | 48,0 | 4,0 | 0 41,7 | 1 8,1 | 27 |
| 4 | 3,8 | 30,1 | 48,4 | 5,4 | 0 42,8 | 1 8,7 | 26 |
| 5 | 4,7 | 30,9 | 48,8 | 6,7 | 0 43,9 | 1 9,3 | 25 |
| 6 | 5,6 | 31,7 | 49,2 | 8,0 | 0 45,0 | 1 9,9 | 24 |
| 7 | 6,6 | 32,4 | 49,6 | 9,3 | 0 46,1 | 1 10,4 | 23 |
| 8 | 7,5 | 33,1 | 50,0 | 10,7 | 0 47,1 | 1 10,9 | 22 |
| 9 | 8,5 | 33,9 | 50,3 | 12,0 | 0 48,2 | 1 11,4 | 21 |
| 10 | 9,4 | 34,6 | 50,7 | 13,3 | 0 49,2 | 1 11,9 | 20 |
| 11 | 10,3 | 35,3 | 51,0 | 14,6 | 0 50,2 | 1 12,3 | 19 |
| 12 | 11,2 | 36,0 | 51,3 | 15,9 | 0 51,2 | 1 12,7 | 18 |
| 13 | 12,1 | 36,7 | 51,6 | 17,2 | 0 52,2 | 1 13,1 | 17 |
| 14 | 13,0 | 37,4 | 51,8 | 18,5 | 0 53,2 | 1 13,5 | 16 |
| 15 | 13,9 | 38,1 | 52,1 | 19,8 | 0 54,1 | 1 13,9 | 15 |
| 16 | 14,8 | 38,8 | 52,3 | 21,1 | 0 55,0 | 1 14,2 | 14 |
| 17 | 15,7 | 39,4 | 52,5 | 22,4 | 0 55,9 | 1 14,5 | 13 |
| 18 | 16,6 | 40,0 | 52,7 | 23,6 | 0 56,8 | 1 14,8 | 12 |
| 19 | 17,5 | 40,7 | 52,9 | 24,9 | 0 57,7 | 1 15,1 | 11 |
| 20 | 18,4 | 41,3 | 53,1 | 26,2 | 0 58,6 | 1 15,3 | 10 |
| 21 | 19,3 | 41,9 | 53,2 | 27,4 | 0 59,5 | 1 15,5 | 9 |
| 22 | 20,2 | 42,5 | 53,4 | 28,6 | 1 0,3 | 1 15,7 | 8 |
| 23 | 21,0 | 43,1 | 53,5 | 29,9 | 1 1,1 | 1 15,9 | 7 |
| 24 | 21,9 | 43,6 | 53,6 | 31,1 | 1 1,9 | 1 16,1 | 6 |
| 25 | 22,8 | 44,2 | 53,7 | 32,3 | 1 2,7 | 1 16,2 | 5 |
| 26 | 23,6 | 44,7 | 53,8 | 33,5 | 1 3,5 | 1 16,3 | 4 |
| 27 | 24,5 | 45,2 | 53,8 | 34,7 | 1 4,2 | 1 16,4 | 3 |
| 28 | 25,3 | 45,7 | 53,9 | 35,8 | 1 4,9 | 1 16,4 | 2 |
| 29 | 26,2 | 46,2 | 53,9 | 37,0 | 1 5,6 | 1 16,5 | 1 |
| 30 | 27,0 | 46,7 | 53,9 | 38,2 | 1 6,3 | 1 16,5 | 0 |
| | + −<br>XI V | + −<br>X IV | + −<br>IX III | + −<br>XI V | + −<br>X IV | + −<br>IX III | Gr. |

## IV. Doppelte Entfernung des ☽ von der ☉ + mittlere ☽ Anomalie.

| | o VI | I VII | II VIII | |
|---|---|---|---|---|
| | + − | + − | + − | |
| Gr. | Sec. | Sec. | Sec. | |
| 0 | 0,0 | 28,9 | 50,1 | 30 |
| 1 | 1,0 | 29,8 | 50,6 | 29 |
| 2 | 2,0 | 30,7 | 51,1 | 28 |
| 3 | 3,0 | 31,5 | 51,5 | 27 |
| 4 | 4,0 | 32,4 | 52,0 | 26 |
| 5 | 5,0 | 33,2 | 52,4 | 25 |
| 6 | 6,0 | 34,0 | 52,8 | 24 |
| 7 | 7,0 | 34,8 | 53,2 | 23 |
| 8 | 8,0 | 35,6 | 53,6 | 22 |
| 9 | 9,0 | 36,4 | 54,0 | 21 |
| 10 | 10,0 | 37,2 | 54,3 | 20 |
| 11 | 11,0 | 38,0 | 54,6 | 19 |
| 12 | 12,0 | 38,7 | 54,9 | 18 |
| 13 | 13,0 | 39,5 | 55,2 | 17 |
| 14 | 14,1 | 40,2 | 55,5 | 16 |
| 15 | 15,0 | 40,9 | 55,8 | 15 |
| 16 | 15,9 | 41,6 | 56,1 | 14 |
| 17 | 16,9 | 42,3 | 56,3 | 13 |
| 18 | 17,8 | 43,0 | 56,5 | 12 |
| 19 | 18,8 | 43,6 | 55,7 | 11 |
| 20 | 19,7 | 44,3 | 56,9 | 10 |
| 21 | 20,6 | 45,0 | 57,1 | 9 |
| 22 | 21,6 | 45,6 | 57,2 | 8 |
| 23 | 22,5 | 46,2 | 57,4 | 7 |
| 24 | 23,5 | 46,8 | 57,5 | 6 |
| 25 | 24,4 | 47,4 | 57,6 | 5 |
| 26 | 25,3 | 48,0 | 57,7 | 4 |
| 27 | 26,2 | 48,5 | 57,7 | 3 |
| 28 | 27,1 | 49,1 | 57·8 | 2 |
| 29 | 28,0 | 49,6 | 57,8 | 1 |
| 30 | 28,9 | 50,1 | 57,8 | 0 |
| | − + | − + | − + | Gr. |
| | XI V | X IV | IX III | |

## V. Doppelte Entfernung des ☽ von der ☉ — mittlere ☽ Anomalie.

| | 0 — | | I — | | II — | | |
|---|---|---|---|---|---|---|---|
| Gr. | M. S. | Diff. | G. M. S. | Diff. | G. M. S. | Diff. | |
| 0 | 0 0,0 | | 0 39 44,1 | | 1 9 11,8 | | 30 |
| 1 | 1 23,1 | 1′23″,1 | 0 40 56,1 | 1′12″,0 | 1 9 53,9 | 42″,1 | 29 |
| 2 | 2 46,1 | 1 23, 0 | 0 42 7,4 | 1 11, 3 | 1 10 34,8 | 40, 9 | 28 |
| 3 | 4 9,1 | 1 23, 0 | 0 43 18,0 | 1 10, 6 | 1 11 14,5 | 39, 7 | 27 |
| 4 | 5 32,0 | 1 22, 9 | 0 44 27,8 | 1 9, 8 | 1 11 52,8 | 38, 3 | 26 |
| 5 | 6 54,8 | 1 22, 8 | 0 45 36,8 | 1 9, 0 | 1 12 29,9 | 37, 1 | 25 |
| 6 | 8 17,5 | 1 22, 7 | 0 46 45,0 | 1 8, 2 | 1 13 5,7 | 35, 8 | 24 |
| 7 | 9 40,0 | 1 22, 5 | 0 47 52,4 | 1 7, 4 | 1 13 40,1 | 34, 4 | 23 |
| 8 | 11 2,4 | 1 22, 4 | 0 48 59,0 | 1 6, 6 | 1 14 13,3 | 33, 2 | 22 |
| 9 | 12 24,5 | 1 22, 1 | 0 50 4,7 | 1 5, 7 | 1 14 45,1 | 31, 8 | 21 |
| 10 | 13 46,5 | 1 22, 0 | 0 51 9,5 | 1 4, 8 | 1 15 15,5 | 30, 4 | 20 |
| 11 | 15 8,2 | 1 21, 7 | 0 52 13,4 | 1 3, 9 | 1 15 44,6 | 29, 1 | 19 |
| 12 | 16 29,7 | 1 21, 5 | 0 53 16,4 | 1 2, 0 | 1 16 12,3 | 27, 7 | 18 |
| 13 | 17 50,9 | 1 21, 2 | 0 54 18,4 | 1 2, 0 | 1 16 38 7 | 26, 4 | 17 |
| 14 | 19 11,8 | 1 20, 9 | 0 55 19,5 | 1 1, 1 | 1 17 3,7 | 25, 0 | 16 |
| 15 | 20 32,3 | 1 20, 5 | 0 56 19,6 | 1 0, 1 | 1 17 27,2 | 23, 5 | 15 |
| 16 | 21 52,4 | 1 20, 1 | 0 57 18,7 | 0 59, 1 | 1 17 49,4 | 22, 2 | 14 |
| 17 | 23 12,2 | 1 19, 8 | 0 58 16,8 | 0 58, 1 | 1 18 10,2 | 20, 8 | 13 |
| 18 | 24 31,6 | 1 19, 4 | 0 59 13,8 | 0 57, 0 | 1 18 29,5 | 19, 3 | 12 |
| 19 | 25 50,5 | 1 18, 9 | 1 0 9,8 | 0 56, 0 | 1 18 47,5 | 18, 0 | 11 |
| 20 | 27 9,0 | 1 18, 5 | 1 1 4,7 | 0 53, 9 | 1 19 4,0 | 16, 5 | 10 |
| 21 | 28 27,0 | 1 18, 0 | 1 1 58,6 | 0 53, 9 | 1 19 19,1 | 15, 1 | 9 |
| 22 | 29 44,6 | 1 17, 6 | 1 2 51,3 | 0 52, 7 | 1 19 32,7 | 13, 6 | 8 |
| 23 | 31 1,6 | 1 17, 0 | 1 3 42,9 | 0 51, 6 | 1 19 44,9 | 12, 2 | 7 |
| 24 | 32 18,0 | 1 16, 4 | 1 4 33,4 | 0 50, 5 | 1 19 55,7 | 10, 8 | 6 |
| 25 | 33 33,9 | 1 15, 9 | 1 5 22,8 | 0 49, 4 | 1 20 5,0 | 9, 3 | 5 |
| 26 | 34 49,2 | 1 15, 3 | 1 6 11,0 | 0 48, 2 | 1 20 12,8 | 7, 8 | 4 |
| 27 | 36 3,9 | 1 14, 7 | 1 7 58,0 | 0 47, 0 | 1 20 19,1 | 6 3 | 2 |
| 28 | 37 18,0 | 1 14, 1 | 1 7 43,8 | 0 45, 8 | 1 20 24,1 | 5 0 | 2 |
| 29 | 38 31,4 | 1 13, 7 | 1 8 28,4 | 0 44, 6 | 1 20 27,5 | 3 4 | 1 |
| 30 | 39 44,1 | 1 12, 4 | 1 9 11,8 | 0 43, 4 | 1 20 29,5 | 2 0 | 0 |
| | XI + | | X + | | IX + | | Gr. |

## V. Doppelte Entfernung des ☽ von der ☉ — mittlere ☽ Anomalie.

| Gr. | III — G. M. S. | Diff. | IV — G. M. S. | Diff. | V — M. S. | Diff. | |
|---|---|---|---|---|---|---|---|
| 0 | 1 20 29,5 | | 1 10 13,1 | | 40 45,4 | | 30 |
| 1 | 1 20 30,0 | 0,″5 | 1 9 30,9 | 42,″2 | 39 31,4 | 1′ 14,″0 | 29 |
| 2 | 1 20 29,0 | 1, 0 | 1 8 47,5 | 43, 4 | 38 16,7 | 1 14, 7 | 28 |
| 3 | 1 20 26,6 | 2, 4 | 1 8 2,7 | 44, 8 | 37 1,2 | 1 15, 5 | 27 |
| 4 | 1 20 22,6 | 4, 0 | 1 7 16,7 | 46, 0 | 35 45,0 | 1 16, 2 | 26 |
| 5 | 1 20 17,3 | 5, 3 | 1 6 29,4 | 47, 3 | 34 28,1 | 1 16, 9 | 25 |
| 6 | 1 20 10,4 | 6, 9 | 1 5 40,8 | 48, 6 | 33 10,6 | 1 17, 5 | 24 |
| 7 | 1 20 2,2 | 8, 2 | 1 4 51,0 | 49, 8 | 31 52,5 | 1 18, 1 | 23 |
| 8 | 1 19 52,2 | 10, 0 | 1 4 0,0 | 51, 0 | 30 33,8 | 1 18, 7 | 22 |
| 9 | 1 19 41,9 | 11, 2 | 1 3 7,9 | 52, 1 | 29 14,4 | 1 19, 4 | 21 |
| 10 | 1 19 28,2 | 12, 8 | 1 2 14,5 | 53, 4 | 27 54,5 | 1 19, 9 | 20 |
| 11 | 1 19 14,0 | 14, 2 | 1 1 19,9 | 54, 6 | 26 34,1 | 1 20, 4 | 19 |
| 12 | 1 18 58,4 | 15, 6 | 1 0 24,2 | 55, 7 | 25 13,3 | 1 20, 8 | 18 |
| 13 | 1 18 41,2 | 17, 2 | 0 59 27,4 | 56, 8 | 23 51,9 | 1 21, 4 | 17 |
| 14 | 1 18 22,6 | 18, 6 | 0 58 29,4 | 58, 0 | 22 30,0 | 1 21, 9 | 19 |
| 15 | 1 18 2,6 | 20, 0 | 0 57 30,4 | 59, 0 | 21 7,7 | 1 22, 3 | 15 |
| 16 | 1 17 41,2 | 21, 4 | 0 56 30,2 | 60, 2 | 19 45,0 | 1 22, 7 | 14 |
| 17 | 1 17 18,3 | 22, 9 | 0 55 29,0 | 61, 2 | 18 21,9 | 1 23, 1 | 13 |
| 18 | 1 16 53,9 | 24, 4 | 0 54 26,8 | 62, 2 | 16 58,5 | 1 23, 4 | 12 |
| 19 | 1 16 28,2 | 25, 7 | 0 53 23,5 | 63, 3 | 15 34 8 | 1 23, 7 | 11 |
| 20 | 1 16 1,0 | 27, 2 | 0 52 19,2 | 64, 3 | 14 10,7 | 1 24, 1 | 10 |
| 21 | 1 15 32,4 | 28, 6 | 0 51 13,9 | 65, 3 | 12 46,4 | 1 24, 3 | 9 |
| 22 | 1 15 2,4 | 30, 0 | 0 50 7,7 | 66, 2 | 11 21,9 | 1 24, 5 | 8 |
| 23 | 1 14 31,0 | 31, 4 | 0 49 0,5 | 67, 2 | 9 57,1 | 1 24, 8 | 7 |
| 24 | 1 13 58,3 | 32, 7 | 0 47 52,4 | 68, 1 | 8 32,2 | 1 24, 9 | 6 |
| 25 | 1 13 24,1 | 34, 2 | 0 46 43,4 | 69, 0 | 7 7,1 | 1 25, 1 | 5 |
| 26 | 1 12 48,6 | 35, 5 | 0 45 33,5 | 69, 9 | 5 41,8 | 1 25, 3 | 4 |
| 27 | 1 12 11,7 | 39, 9 | 0 44 22,7 | 70, 8 | 4 16,4 | 1 25, 4 | 3 |
| 28 | 1 11 33,5 | 38, 2 | 0 43 11,1 | 71, 6 | 2 51,0 | 1 25, 4 | 2 |
| 29 | 1 10 54,0 | 39, 5 | 0 41 58,7 | 72, 4 | 1 25,5 | 1 25, 5 | 1 |
| 30 | 1 10 13,1 | 40, 9 | 0 40 45,4 | 73, 3 | 0 0,0 | 1 25, 5 | 0 |
| | VIII + | | VII + | | VI + | | Gr. |

## VI. Vtes Argument + Mittlere ☉ Anomalie.

| | O + VI − | I + VII − | II + VIII − | |
|---|---|---|---|---|
| Gr. | | | | |
| 0 | 0 0,0 | 1 2,3 | 1 47,9 | 30 |
| 1 | 0 2,2 | 1 4,2 | 1 49,0 | 29 |
| 2 | 0 4,4 | 1 6,0 | 1 50,0 | 28 |
| 3 | 0 6,5 | 1 7,9 | 1 51,1 | 27 |
| 4 | 0 8,7 | 1 9,7 | 1 52,0 | 26 |
| 5 | 0 10,9 | 1 11,5 | 1 52,9 | 25 |
| 6 | 0 13,0 | 1 13,3 | 1 53,8 | 24 |
| 7 | 0 15,2 | 1 15,0 | 1 54,7 | 23 |
| 8 | 0 17,4 | 1 16,7 | 1 55,5 | 22 |
| 9 | 0 19,5 | 1 18,4 | 1 56,3 | 21 |
| 10 | 0 21,6 | 1 20,1 | 1 57,1 | 20 |
| 11 | 0 23,7 | 1 21,8 | 1 57,8 | 19 |
| 12 | 0 25,8 | 1 23,4 | 1 58,5 | 18 |
| 13 | 0 28,0 | 1 25,0 | 1 59,1 | 17 |
| 14 | 0 30,1 | 1 26,6 | 1 59,7 | 16 |
| 15 | 0 32,2 | 1 28,1 | 2 0,3 | 15 |
| 16 | 0 34,3 | 1 29,6 | 2 0,8 | 14 |
| 17 | 0 36,3 | 1 31,1 | 2 1,4 | 13 |
| 18 | 0 38,4 | 1 32,5 | 2 1,9 | 12 |
| 19 | 0 40,5 | 1 34,0 | 2 2,3 | 11 |
| 20 | 0 42,6 | 1 35,4 | 2 2,7 | 10 |
| 21 | 0 44,6 | 1 36,8 | 2 3,1 | 9 |
| 22 | 0 46,6 | 1 38,1 | 2 3,4 | 8 |
| 23 | 0 48,7 | 1 39,5 | 2 3,6 | 7 |
| 24 | 0 50,7 | 1 40,8 | 2 3,9 | 6 |
| 25 | 0 52,7 | 1 42,1 | 2 4,1 | 5 |
| 26 | 0 54,7 | 1 43,3 | 2 4,3 | 4 |
| 27 | 0 56,6 | 1 44,5 | 2 4,4 | 3 |
| 28 | 0 58,5 | 1 45,7 | 2 4,5 | 2 |
| 29 | 1 0,4 | 1 46,8 | 2 4,6 | 1 |
| 30 | 1 2,3 | 1 47,9 | 2 4,6 | 0 |
| | XI − V + | X − IV + | IX − III + | Gr. |

## VII. Vtes Argument — mittlere ⊙ Anomalie.

| | O VI | I VII | II VIII | |
|---|---|---|---|---|
| | + − | + − | + − | |
| Gr. | S. | S. | S. | |
| 0 | 0,0 | 23,8 | 41,2 | 30 |
| 1 | 0,8 | 24,5 | 41,6 | 29 |
| 2 | 1,6 | 25,2 | 42,0 | 28 |
| 3 | 2,5 | 25,9 | 42,4 | 27 |
| 4 | 3,3 | 26,6 | 42,7 | 26 |
| 5 | 4,1 | 27,3 | 43,1 | 25 |
| 6 | 4,9 | 28,0 | 43,4 | 24 |
| 7 | 5,8 | 28,6 | 43,8 | 23 |
| 8 | 6,6 | 29,3 | 44,1 | 22 |
| 9 | 7,5 | 30,0 | 44,4 | 21 |
| 10 | 8,3 | 30,6 | 44,7 | 20 |
| 11 | 9,1 | 31,2 | 45,0 | 19 |
| 12 | 9,9 | 31,8 | 45,2 | 18 |
| 13 | 10,7 | 32,5 | 45,5 | 17 |
| 14 | 11,5 | 33,1 | 45,8 | 16 |
| 15 | 12,3 | 33,7 | 46,0 | 15 |
| 16 | 13,1 | 34,3 | 46,2 | 14 |
| 17 | 13,9 | 34,8 | 46,4 | 13 |
| 18 | 14,7 | 35,4 | 46,6 | 12 |
| 19 | 15,5 | 35,9 | 46,7 | 11 |
| 20 | 16,3 | 36,5 | 46,9 | 10 |
| 21 | 17,1 | 37,0 | 47,0 | 9 |
| 22 | 17,8 | 37,5 | 47,1 | 8 |
| 23 | 18,6 | 38,0 | 47,2 | 7 |
| 24 | 19,3 | 38,5 | 47,3 | 6 |
| 25 | 20,1 | 39,0 | 47,4 | 5 |
| 26 | 20,8 | 39,5 | 47,5 | 4 |
| 27 | 21,6 | 39,9 | 47,5 | 3 |
| 28 | 22,3 | 40,4 | 47,6 | 2 |
| 29 | 23,1 | 40,8 | 47,6 | 1 |
| 30 | 23,8 | 41,2 | 47,6 | 0 |
| | − + | − + | − + | Gr. |
| | XI V | X IV | IX III | |

## VIII. Mittlere ☽ Anomalie — mittlere ☉ Anomalie.

| | O + VI ± | I + VII − | II + VIII − | |
|---|---|---|---|---|
| Gr. | Sec. | Sec. | Sec. | |
| 0 | 0,0 | 19,6 | 34,0 | 30 |
| 1 | 0,7 | 20,2 | 34,3 | 23 |
| 2 | 1,4 | 20,8 | 34,7 | 28 |
| 3 | 2,0 | 21,3 | 35,0 | 27 |
| 4 | 2,7 | 21,8 | 35,3 | 26 |
| 5 | 3,4 | 22,5 | 35,6 | 25 |
| 6 | 4,1 | 23,1 | 35,9 | 24 |
| 7 | 4,8 | 23,6 | 36,1 | 23 |
| 8 | 5,4 | 24,2 | 36,4 | 22 |
| 9 | 6,1 | 24,8 | 36,6 | 21 |
| 10 | 6,8 | 25,3 | 36,9 | 20 |
| 11 | 7,5 | 25,8 | 37,2 | 19 |
| 12 | 8,2 | 26,3 | 37,4 | 18 |
| 13 | 8,8 | 26,8 | 37,6 | 17 |
| 14 | 9,5 | 27,3 | 37,8 | 16 |
| 15 | 10,2 | 27,8 | 38,0 | 15 |
| 16 | 10,8 | 28,3 | 38,2 | 14 |
| 17 | 11,5 | 28,7 | 38,3 | 13 |
| 18 | 12,1 | 29,2 | 38,5 | 12 |
| 19 | 12,8 | 29,7 | 38,6 | 11 |
| 20 | 13,4 | 30,1 | 38,7 | 10 |
| 21 | 14,0 | 30,5 | 38,8 | 9 |
| 22 | 14,7 | 30,9 | 38,9 | 8 |
| 23 | 15,3 | 31,4 | 39,0 | 7 |
| 24 | 16,0 | 32,2 | 39,0 | 6 |
| 25 | 16,6 | 31,8 | 39,1 | 5 |
| 26 | 17,2 | 32,6 | 39,2 | 4 |
| 27 | 17,8 | 32,9 | 39,2 | 3 |
| 28 | 18,4 | 33,3 | 39,2 | 2 |
| 29 | 19,0 | 33,6 | 39,3 | 1 |
| 30 | 19,6 | 34,0 | 39,3 | 0 |
| | − + XI V | − + X IV | − + IX III | Gr. |

## IX. Entfernung des Mondes von der Sonne — mittlere ☽ Anomalie.

|  | 0 − | I − | II ∓ | III + | IV + | V + |  |
|---|---|---|---|---|---|---|---|
| Gr. | Sec. | Sec. | Sec. | M. S. | M. S. | M. S. |  |
| 0 | 0,0 | 40,0 | 32,2 | 0 21,4 | 1 9,3 | 1 1,4 | 30 |
| 1 | 1,7 | 40,7 | 31,0 | 23,4 | 1 10,1 | 1 0,1 | 29 |
| 2 | 3,4 | 41,3 | 29,7 | 25,5 | 1 10,8 | 0 58,6 | 28 |
| 3 | 5,0 | 41,9 | 28,4 | 27,5 | 1 11,5 | 57,1 | 27 |
| 4 | 6,7 | 42,4 | 27,0 | 29,5 | 1 12,1 | 55,6 | 26 |
| 5 | 8,3 | 42,8 | 25,5 | 31,5 | 1 12,7 | 53,9 | 25 |
| 6 | 10,0 | 43,2 | 24,0 | 33,5 | 1 13,1 | 52,2 | 24 |
| 7 | 11,6 | 43,4 | 22,5 | 35,5 | 1 13,4 | 50,5 | 23 |
| 8 | 13,1 | 43,7 | 20,9 | 37,4 | 1 13,7 | 48,7 | 22 |
| 9 | 14,7 | 43,9 | 19,2 | 39,3 | 1 13,9 | 46,9 | 21 |
| 10 | 16,3 | 43,9 | 17,6 | 41,2 | 1 14,1 | 45,0 | 20 |
| 11 | 17,9 | 44,0 | 15,8 | 43,0 | 1 14,2 | 43,0 | 19 |
| 12 | 19,4 | 44,0 | 14,1 | 44,8 | 1 14,2 | 41,0 | 18 |
| 13 | 20,9 | 43,9 | 12,3 | 46,6 | 1 14,1 | 39,0 | 17 |
| 14 | 22,3 | 43,7 | 10,5 | 48,3 | 1 14,0 | 36,9 | 16 |
| 15 | 23,8 | 43,5 | 8,6 | 50,0 | 1 13,7 | 34,8 | 15 |
| 16 | 25,2 | 42,2 | 6,7 | 51,6 | 1 13,4 | 32,7 | 14 |
| 17 | 26,5 | 42,8 | 4,8 | 53,2 | 1 13,1 | 30,5 | 13 |
| 18 | 27,8 | 42,4 | 2,8 | 54,8 | 1 12,6 | 28,3 | 12 |
| 19 | 29,1 | 41,9 | 0,8 | 56,4 | 1 11,1 | 26,0 | 11 |
| 20 | 30,3 | 41,3 | 1,2 | 57,8 | 1 11,5 | 23,8 | 10 |
| 21 | 31,5 | 40,7 | 3,2 | 59,2 | 1 10,8 | 21,4 | 9 |
| 22 | 32,7 | 40,0 | 5,1 | 1 0,5 | 1 10,0 | 19,1 | 8 |
| 23 | 33,8 | 39,2 | 7,1 | 1 1,8 | 1 9,2 | 16,8 | 7 |
| 24 | 34,9 | 38,4 | 9,1 | 1 3,1 | 1 8,3 | 14,4 | 6 |
| 25 | 35,8 | 37,5 | 11,1 | 1 4,2 | 1 7,3 | 12,0 | 5 |
| 26 | 36,8 | 36,6 | 13,1 | 1 5,4 | 1 6,3 | 9,6 | 4 |
| 27 | 37,7 | 35,6 | 15,2 | 1 6,5 | 1 5,2 | 7,2 | 3 |
| 28 | 38,7 | 34,5 | 17,3 | 1 7,5 | 1 4,0 | 4,8 | 2 |
| 29 | 39,4 | 33,4 | 19,4 | 1 8,4 | 1 2,8 | 2,4 | 1 |
| 30 | 40,0 | 32,2 | 21,4 | 1 9,3 | 1 1,4 | 0,0 | 0 |
|  | XI + | X + | IX ± | VIII + | VII − | VI − | Gr. |

| X. Supplement des ☽ Knotens + wahre Länge der ☉. | | | | XI. Entfernung des ☽ von der ☉ + mittlere ☉ Anomalie. | | | |
|---|---|---|---|---|---|---|---|
| Gr. | 0 — VI — | I — VII — | II — VIII — | 0 — VI + | I — VII + | II — VIII + | |
| 0 | 0″,0 | 54″,1 | 54″,1 | 0″,0 | 5″,7 | 10″,0 | 30 |
| 1 | 2, 2 | 55, 2 | 53, 0 | 0, 2 | 5, 9 | 10, 1 | 29 |
| 2 | 4, 4 | 56, 2 | 51, 9 | 0, 4 | 6, 1 | 10, 1 | 28 |
| 3 | 6, 5 | 57, 1 | 50, 6 | 0, 6 | 6, 3 | 10, 2 | 27 |
| 4 | 8, 7 | 57, 9 | 49, 3 | 0, 8 | 6, 5 | 10, 3 | 26 |
| 5 | 10, 8 | 58, 7 | 47, 9 | 1, 0 | 6, 6 | 10, 4 | 25 |
| 6 | 13″,1 | 59″,4 | 49″,5 | 1, 2 | 6, 8 | 10, 5 | 24 |
| 7 | 15, 1 | 60, 1 | 45, 0 | 1, 4 | 6, 9 | 10, 6 | 23 |
| 8 | 17, 2 | 60, 7 | 43, 5 | 1, 6 | 7, 1 | 10, 7 | 22 |
| 9 | 19, 3 | 61, 1 | 41, 9 | 1, 8 | 7, 2 | 10, 7 | 21 |
| 10 | 21, 4 | 61, 5 | 40, 2 | 2, 0 | 7, 4 | 10, 8 | 20 |
| 11 | 23, 5 | 61, 9 | 38, 5 | 2, 2 | 7, 5 | 10, 9 | 19 |
| 12 | 25, 5 | 62, 2 | 36, 7 | 2, 4 | 7, 7 | 10, 9 | 18 |
| 13 | 27, 5 | 62, 4 | 34, 9 | 2, 6 | 7, 8 | 11, 0 | 17 |
| 14 | 29, 4 | 62, 5 | 33, 1 | 2, 8 | 8, 0 | 11, 0 | 16 |
| 15 | 31, 2 | 62, 5 | 31, 2 | 3, 0 | 8, 1 | 11, 1 | 15 |
| 16 | 33, 1 | 62, 5 | 29, 4 | 3, 2 | 8, 3 | 11, 2 | 14 |
| 17 | 35, 0 | 62, 4 | 27, 5 | 3, 4 | 8, 4 | 11, 2 | 13 |
| 18 | 36, 7 | 62, 2 | 25, 5 | 3, 6 | 8, 5 | 11, 2 | 12 |
| 19 | 38, 5 | 61, 9 | 23, 5 | 3, 7 | 8, 7 | 11, 3 | 11 |
| 20 | 40, 2 | 61, 5 | 21, 4 | 3, 9 | 8, 8 | 11, 3 | 10 |
| 21 | 41, 9 | 61, 1 | 19, 3 | 4, 1 | 8, 9 | 11, 3 | 9 |
| 22 | 43, 5 | 60, 6 | 17, 2 | 4. 3 | 9, 1 | 11, 4 | 8 |
| 23 | 45, 0 | 60, 1 | 15, 1 | 4, 5 | 9, 2 | 11, 4 | 7 |
| 24 | 46, 5 | 59, 4 | 13, 0 | 4, 7 | 9, 3 | 11, 4 | 6 |
| 25 | 47, 9 | 58, 7 | 10, 8 | 4, 8 | 9, 4 | 11, 5 | 5 |
| 26 | 49, 3 | 57, 9 | 8, 7 | 5, 0 | 9, 5 | 11, 5 | 4 |
| 27 | 50, 6 | 57, 1 | 6, 5 | 5, 2 | 9, 6 | 11, 5 | 3 |
| 28 | 51, 9 | 56, 2 | 4, 4 | 5, 4 | 9, 7 | 11, 5 | 2 |
| 29 | 53, 0 | 55, 2 | 2, 2 | 5, 6 | 9, 9 | 11, 5 | 1 |
| 30 | 54, 1 | 54, 1 | 0, 0 | 5, 7 | 10, 0 | 11, 5 | 0 |
| | + XI + V | + X + IV | + IX + III | XI + V — | X + IV — | IX + III — | Gr. |

XII. Entfernung des ☽ von der ⊙ — mittlere ⊙ Anomalie.

| Gr. | ⊙ — | I — | II — | III — | IV — | V — | |
|---|---|---|---|---|---|---|---|
| 0 | 0″,0 | 0″,2 | 2″,0 | 4″,9 | 6″,5 | 4″,7 | 30 |
| 1 | 0, 0 | 0, 2 | 2, 1 | 5, 0 | 6, 5 | 4, 6 | 29 |
| 2 | 0, 0 | 0, 3 | 2, 2 | 5, 1 | 6, 5 | 4, 4 | 28 |
| 3 | 0, 0 | 0, 3 | 2, 3 | 5, 2 | 6, 5 | 4, 3 | 27 |
| 4 | 0, 0 | 0, 4 | 2, 3 | 5, 2 | 6, 5 | 4, 2 | 26 |
| 5 | 0, 0 | 0, 4 | 2, 4 | 5, 3 | 6, 4 | 4, 1 | 25 |
| 6 | 0, 0 | 0, 4 | 2, 5 | 5, 4 | 6, 4 | 3, 9 | 24 |
| 7 | 0, 0 | 0, 4 | 2, 6 | 5, 5 | 6, 4 | 3, 8 | 23 |
| 8 | 0, 0 | 0, 5 | 2, 7 | 5, 6 | 6, 4 | 3, 6 | 22 |
| 9 | 0, 0 | 0, 5 | 2, 8 | 5, 6 | 6, 3 | 3, 5 | 21 |
| 10 | 0, 0 | 0, 5 | 2, 9 | 5, 7 | 6, 3 | 3, 3 | 20 |
| 11 | 0, 0 | 0, 6 | 3, 0 | 5, 8 | 6, 3 | 3, 2 | 19 |
| 12 | 0, 0 | 0, 7 | 3, 1 | 5, 8 | 6, 2 | 3, 0 | 18 |
| 13 | 0, 0 | 0, 7 | 3, 2 | 5, 9 | 6, 1 | 2, 9 | 17 |
| 14 | 0, 0 | 0, 8 | 3, 3 | 6, 0 | 6, 1 | 2, 7 | 16 |
| 15 | 0, 0 | 0, 9 | 3, 4 | 6, 1 | 6, 1 | 2, 6 | 15 |
| 16 | 0, 0 | 0, 9 | 3, 5 | 6, 1 | 6, 0 | 2, 4 | 14 |
| 17 | 0, 0 | 1, 0 | 3, 6 | 6, 2 | 5, 9 | 2, 2 | 13 |
| 18 | 0, 0 | 1, 1 | 3, 7 | 6, 2 | 5, 9 | 2, 1 | 12 |
| 19 | 0, 0 | 1, 1 | 3, 8 | 6, 3 | 5, 8 | 1, 9 | 11 |
| 20 | 0, 0 | 1, 2 | 3, 9 | 6, 3 | 5, 7 | 1, 7 | 10 |
| 21 | 0, 0 | 1, 3 | 4, 0 | 6, 3 | 5, 6 | 1, 6 | 9 |
| 22 | 0, 1 | 1, 3 | 4, 1 | 6, 4 | 5, 5 | 1, 4 | 8 |
| 23 | 0, 1 | 1, 4 | 4, 2 | 6, 4 | 5, 4 | 1, 2 | 7 |
| 24 | 0, 1 | 1, 5 | 4, 3 | 6, 4 | 5, 3 | 1, 0 | 6 |
| 25 | 0, 1 | 1, 6 | 4, 4 | 6, 4 | 5, 2 | 0, 9 | 5 |
| 26 | 0, 1 | 1, 7 | 4, 5 | 6, 4 | 5, 1 | 0, 7 | 4 |
| 27 | 0, 1 | 1, 7 | 4, 6 | 6, 4 | 5, 0 | 0, 5 | 3 |
| 28 | 0, 2 | 1, 8 | 4, 7 | 6, 5 | 4, 9 | 0, 3 | 2 |
| 29 | 0, 2 | 1, 9 | 4, 8 | 6, 5 | 4, 8 | 0, 2 | 1 |
| 30 | 0, 2 | 2, 0 | 4, 9 | 6, 5 | 4, 7 | 0, 0 | 0 |
| | XI + | X + | IX + | VIII + | VII + | VI + | Gr. |

XIII. Entfernung des ☽ von der ☉ + mittlere ☽ Anomalie.

| | ○ − | I − | II ∓ | III + | IV + | V + | |
|---|---|---|---|---|---|---|---|
| Gr. | Sec. | Sec. | Sec. | Sec. | Sec. | Sec. | |
| 0 | -0,0 | 2,7 | 1,7 | 2,6 | 6,2 | 5,3 | 30 |
| 1 | 0,1 | 2,7 | 1,6 | 2,8 | 6,3 | 5,1 | 29 |
| 2 | 0,2 | 2,7 | 1,5 | 2,9 | 6,3 | 5,0 | 28 |
| 3 | 0,3 | 2,8 | 1,4 | 3,1 | 6,4 | 4,9 | 27 |
| 4 | 0,4 | 2,8 | 1,3 | 3,2 | 6,4 | 4,7 | 26 |
| 5 | 0,6 | 2,8 | 1,2 | 3,4 | 6,4 | 4,6 | 25 |
| 6 | 0,7 | 2,8 | 1,0 | 3,5 | 6,5 | 4,5 | 24 |
| 7 | 0,8 | 2,8 | 0,9 | 3,7 | 6,5 | 4,3 | 23 |
| 8 | 0,9 | 2,8 | 0,8 | 3,8 | 6,5 | 4,1 | 22 |
| 9 | 1,0 | 2,8 | 0,6 | 4,0 | 6,5 | 4,0 | 21 |
| 10 | 1,1 | 2,8 | 0,5 | 4,1 | 6,5 | 3,8 | 20 |
| 11 | 1,2 | 2,8 | 0,4 | 4,3 | 6,5 | 3,7 | 19 |
| 12 | 1,3 | 2,8 | 0,2 | 4,4 | 6,5 | 3,5 | 18 |
| 13 | 1,4 | 2,8 | 0,1 | 4,5 | 6,5 | 3,3 | 17 |
| 14 | 1,5 | 2,8 | 0,1 | 4,7 | 6,5 | 3,1 | 16 |
| 15 | 1,6 | 2,7 | 0,2 | 4,8 | 6,4 | 3,0 | 15 |
| 16 | 1,7 | 2,7 | 0,4 | 4,9 | 6,4 | 2,8 | 14 |
| 17 | 1,8 | 2,6 | 0,5 | 5,0 | 6,4 | 2,6 | 13 |
| 18 | 1,9 | 2,6 | 0,7 | 5,2 | 6,3 | 2,4 | 12 |
| 19 | 2,0 | 2,5 | 0,8 | 5,3 | 6,3 | 2,2 | 11 |
| 20 | 2,1 | 2,5 | 1,0 | 5,4 | 6,3 | 2,0 | 10 |
| 21 | 2,1 | 2,4 | 1,1 | 5,5 | 6,2 | 1,8 | 9 |
| 22 | 2,2 | 2,3 | 1,3 | 5,6 | 6,1 | 1,6 | 8 |
| 23 | 2,3 | 2,2 | 1,5 | 5,7 | 6,0 | 1,4 | 7 |
| 24 | 2,4 | 2,2 | 1,6 | 5,8 | 5,9 | 1,2 | 6 |
| 25 | 2,4 | 2,1 | 1,7 | 5,9 | 5,8 | 1,0 | 5 |
| 26 | 2,5 | 2,1 | 1,9 | 5,9 | 5,7 | 0,8 | 4 |
| 27 | 2,5 | 2,0 | 2,1 | 6,0 | 5,6 | 0,6 | 3 |
| 28 | 2,6 | 1,9 | 2,3 | 6,1 | 5,5 | 0,4 | 2 |
| 29 | 2,6 | 1,8 | 2,4 | 6,2 | 5,4 | 0,2 | 1 |
| 30 | 2,7 | 1,7 | 2,6 | 6,2 | 5,3 | 0,0 | 0 |
| | XI + | X + | IX ± | VIII − | VII − | VI − | Gr. |

**XIV. Doppelte Entfernung des ☽ von der ☉ + Vtes Argument.**

**XV. Entfernung des ☽ vom ☊ — mittlere ☽ Anomalie.**

| Gr. | XIV. 0 + VI — | XIV. I + VII — | XIV. II + VIII — | XV. 0 — VI — | XV. I — VII — | XV. II — VIII — | |
|---|---|---|---|---|---|---|---|
| 0 | 0″,0 | 5″,3 | 9″,2 | 0″,0 | 5″,5 | 5″,5 | 30 |
| 1 | 0, 2 | 5, 5 | 9, 3 | 0, 2 | 5, 6 | 5, 4 | 29 |
| 2 | 0, 4 | 5, 6 | 9, 4 | 0, 4 | 5, 7 | 5, 3 | 28 |
| 3 | 0, 5 | 5, 8 | 9, 4 | 0, 7 | 5, 8 | 5, 2 | 27 |
| 4 | 0, 7 | 5, 9 | 9, 5 | 0, 9 | 5, 9 | 5, 0 | 26 |
| 5 | 0, 9 | 6, 1 | 9, 6 | 1, 1 | 6, 0 | 4, 9 | 25 |
| 6 | 1, 1 | 6, 2 | 9, 7 | 1, 3 | 6, 1 | 4, 7 | 24 |
| 7 | 1, 3 | 6, 4 | 9, 7 | 1, 5 | 6, 1 | 4, 5 | 23 |
| 8 | 1, 5 | 6, 5 | 9, 8 | 1, 8 | 6, 2 | 4, 4 | 22 |
| 9 | 1, 7 | 6, 7 | 9, 9 | 2, 0 | 6, 2 | 4, 3 | 21 |
| 10 | 1, 8 | 6, 8 | 10, 0 | 2, 2 | 6, 3 | 4, 1 | 20 |
| 11 | 2, 0 | 6, 9 | 10, 0 | 2, 4 | 6, 3 | 3, 9 | 19 |
| 12 | 2, 2 | 7, 1 | 10, 1 | 2, 6 | 6, 3 | 3, 7 | 18 |
| 13 | 2, 4 | 7, 2 | 10, 1 | 2, 8 | 6, 4 | 3, 6 | 17 |
| 14 | 2, 6 | 7, 4 | 10, 2 | 3, 0 | 6, 4 | 3, 4 | 16 |
| 15 | 2, 7 | 7, 5 | 10, 2 | 3, 2 | 6, 4 | 3, 2 | 15 |
| 16 | 2, 9 | 7, 6 | 10, 3 | 3, 4 | 6, 4 | 3, 0 | 14 |
| 17 | 3, 1 | 7, 7 | 10, 3 | 3, 6 | 6, 4 | 2, 8 | 13 |
| 18 | 3, 3 | 7, 9 | 10, 4 | 3, 7 | 6, 3 | 2, 6 | 12 |
| 19 | 3, 4 | 8, 0 | 10, 4 | 3, 9 | 6, 3 | 2, 4 | 11 |
| 20 | 3, 6 | 8, 1 | 10, 4 | 4, 1 | 6, 3 | 2, 2 | 10 |
| 21 | 3, 8 | 8, 2 | 10, 5 | 4, 3 | 6, 2 | 2, 0 | 9 |
| 22 | 4, 0 | 8, 3 | 10, 5 | 4, 4 | 6, 2 | 1, 8 | 8 |
| 23 | 4, 1 | 8, 3 | 10, 5 | 4, 6 | 6, 1 | 1, 5 | 7 |
| 24 | 4, 3 | 8, 5 | 10, 5 | 4, 7 | 6, 1 | 1, 3 | 6 |
| 25 | 4, 5 | 8, 7 | 10, 6 | 4, 9 | 6, 0 | 1, 1 | 5 |
| 26 | 4, 7 | 8, 8 | 10, 6 | 5, 0 | 5, 9 | 0, 9 | 4 |
| 27 | 4, 8 | 8, 9 | 10, 6 | 5, 2 | 5, 8 | 0, 7 | 3 |
| 28 | 5, 0 | 9, 0 | 10, 6 | 5, 3 | 5, 7 | 0, 5 | 2 |
| 29 | 5, 1 | 9, 1 | 10, 6 | 5, 4 | 5, 6 | 0, 2 | 1 |
| 30 | 5, 3 | 9, 2 | 10, 6 | 5, 5 | 5, 5 | 0, 0 | 0 |
| | XI — V + | X — IV + | IX — III + | XI + V + | X + IV + | IX + III + | Gr. |

| | XVI. IVtes Argument — doppelte Entfernung des ☽ vom ☊. | | | XVII. Vtes Argument — doppelte Entfernung des ☽ vom ☊. | | | |
|---|---|---|---|---|---|---|---|
| Gr. | 0 VI + − | I VII + − | II VIII + − | 0 VI − + | I VII − + | II VIII − + | |
| 0 | 0",0 | 4",4 | 7",6 | 0",0 | 3",4 | 6",0 | 30 |
| 1 | 0, 2 | 4, 5 | 7, 7 | 0, 1 | 3, 6 | 6, 0 | 29 |
| 2 | 0, 3 | 4, 7 | 7, 8 | 0, 2 | 3, 7 | 6, 1 | 28 |
| 3 | 0, 5 | 4, 8 | 7, 8 | 0, 4 | 3, 8 | 6, 1 | 27 |
| 4 | 0, 6 | 4, 9 | 7, 9 | 0, 5 | 3, 9 | 6, 2 | 26 |
| 5 | 0, 8 | 5, 1 | 7, 0 | 0, 6 | 4, 0 | 6, 2 | 25 |
| 6 | 0",9 | 5",2 | 8",0 | 0, 7 | 4, 1 | 6, 3 | 24 |
| 7 | 1, 1 | 5, 3 | 8, 1 | 0, 8 | 4, 1 | 6, 3 | 23 |
| 8 | 1, 2 | 5, 5 | 8, 2 | 1, 0 | 4, 2 | 6, 4 | 22 |
| 9 | 1, 4 | 5, 6 | 8, 3 | 1, 1 | 4, 3 | 6, 4 | 21 |
| 10 | 1, 5 | 5, 7 | 8, 3 | 1, 2 | 4, 4 | 6, 5 | 20 |
| 11 | 1",7 | 5",8 | 8",4 | 1, 3 | 4, 5 | 6, 5 | 19 |
| 12 | 1, 8 | 6, 0 | 8, 4 | 1, 4 | 4, 6 | 6, 6 | 18 |
| 13 | 2, 0 | 6, 1 | 8, 5 | 1, 5 | 4, 7 | 6, 6 | 17 |
| 14 | 2, 1 | 6, 2 | 8, 5 | 1, 7 | 4, 8 | 6, 6 | 16 |
| 15 | 2, 3 | 6, 3 | 8, 5 | 1, 8 | 4, 9 | 6, 7 | 15 |
| 16 | 2",4 | 6",4 | 8",6 | 1, 9 | 5, 0 | 6, 7 | 14 |
| 17 | 2, 6 | 6, 5 | 8, 6 | 2, 0 | 5, 0 | 6, 7 | 13 |
| 18 | 2, 7 | 6, 6 | 8, 6 | 2, 1 | 5, 1 | 6, 7 | 12 |
| 19 | 2, 9 | 6, 7 | 8, 7 | 2, 2 | 5, 2 | 6, 8 | 11 |
| 20 | 3, 0 | 6, 8 | 8, 7 | 2, 4 | 5, 3 | 6, 8 | 10 |
| 21 | 3",2 | 6",9 | 8",7 | 2, 5 | 5, 4 | 6, 8 | 9 |
| 22 | 3, 3 | 7, 0 | 8, 7 | 2, 6 | 5, 4 | 6, 8 | 8 |
| 23 | 3, 5 | 7, 0 | 8, 7 | 2, 7 | 5, 5 | 6, 8 | 7 |
| 24 | 3, 6 | 7, 1 | 8, 8 | 2, 8 | 5, 6 | 6, 9 | 6 |
| 25 | 3, 8 | 7, 2 | 8, 8 | 2, 9 | 5, 7 | 6, 9 | 5 |
| 26 | 3",9 | 7",3 | 8",8 | 3, 0 | 5, 7 | 6, 9 | 4 |
| 27 | 4, 1 | 7, 4 | 8, 8 | 3, 1 | 5, 8 | 6, 9 | 3 |
| 28 | 4, 2 | 7, 5 | 8, 8 | 3, 2 | 5, 8 | 6, 9 | 2 |
| 29 | 4, 3 | 7, 6 | 8, 8 | 3, 3 | 5, 9 | 6, 9 | 1 |
| 30 | 4, 4 | 7, 6 | 8, 8 | 3, 4 | 6, 0 | 6, 9 | 0 |
| | − + XI V | − + X IV | − + IX III | + − XI V | + − X IV | + − IX III | Gr. |

## XVIII. Supplement des aufsteigenden Mondsknotens.

| Gr. | O — VI + | I — VII + | II — VIII + | |
|---|---|---|---|---|
| 0 | 0'',0 | 3'',4 | 6'',0 | 30 |
| 1 | 0, 1 | 3, 6 | 6, 0 | 29 |
| 2 | 0, 2 | 3, 7 | 6, 1 | 28 |
| 3 | 0, 4 | 3, 8 | 6, 1 | 27 |
| 4 | 0, 5 | 3, 9 | 6, 2 | 26 |
| 5 | 0, 6 | 4, 0 | 6, 2 | 25 |
| 6 | 0, 7 | 4, 1 | 6, 3 | 24 |
| 7 | 0, 8 | 4, 1 | 6, 3 | 23 |
| 8 | 1, 0 | 4, 2 | 6, 4 | 22 |
| 9 | 1, 1 | 4, 3 | 6, 4 | 21 |
| 10 | 1, 2 | 4, 4 | 6, 5 | 20 |
| 11 | 1, 3 | 4, 5 | 6, 5 | 19 |
| 12 | 1, 4 | 4, 6 | 6, 5 | 18 |
| 13 | 1, 5 | 4, 7 | 6, 5 | 17 |
| 14 | 1, 7 | 4, 8 | 6, 5 | 16 |
| 15 | 1, 8 | 4, 9 | 6, 6 | 15 |
| 16 | 1, 9 | 5, 0 | 6, 6 | 14 |
| 17 | 2, 0 | 5, 0 | 6, 6 | 13 |
| 18 | 2, 1 | 5, 1 | 6, 6 | 12 |
| 19 | 2, 2 | 5, 2 | 6, 6 | 11 |
| 20 | 2, 4 | 5, 3 | 6, 7 | 10 |
| 21 | 2, 5 | 5, 4 | 6, 7 | 9 |
| 22 | 2, 6 | 5, 4 | 6, 7 | 8 |
| 23 | 2, 7 | 5, 5 | 6, 7 | 7 |
| 24 | 2, 8 | 5, 6 | 6, 8 | 6 |
| 25 | 2, 9 | 5, 7 | 6, 8 | 5 |
| 26 | 3, 0 | 5, 7 | 6, 8 | 4 |
| 27 | 3, 1 | 5, 8 | 6, 8 | 3 |
| 28 | 3, 2 | 5, 8 | 6, 8 | 2 |
| 29 | 3, 3 | 5, 9 | 6, 8 | 1 |
| 30 | 3, 4 | 6, 0 | 6, 8 | 0 |
| | XI + V — | X + IV — | IX + III — | Gr. |

| | XIX. IVtes Argument + Ites Argument. | | | XX. IVtes Argument — Ites Argument. | | | XXI. Vtes Argument — doppelte mittlere ☽ Anomalie. | | | |
|---|---|---|---|---|---|---|---|---|---|---|
| | 0 VI<br>+ − | I VII<br>+ − | II VIII<br>+ − | 0 VI<br>+ − | I VII<br>+ − | II VIII<br>+ − | 0 VI<br>+ − | I VII<br>+ − | II VIII<br>+ − | |
| Gr. | Sec. | Sec. | Sec. | Sec. | Sec. | Sec. | Sec. | Sec. | Sec. | |
| 0 | 0,0 | 1,1 | 1,9 | 0,0 | 0,6 | 1,1 | 0,0 | 1,1 | 1,8 | 30 |
| 5 | 0,2 | 1,3 | 2,0 | 0,1 | 0,7 | 1,2 | 0,2 | 1,2 | 1,9 | 25 |
| 10 | 0,4 | 1,4 | 2,1 | 0,2 | 0,8 | 1,2 | 0,4 | 1,3 | 2,0 | 20 |
| 15 | 0,6 | 1,6 | 2,1 | 0,3 | 0,9 | 1,3 | 0,5 | 1,5 | 2,0 | 15 |
| 20 | 0,7 | 1,7 | 2,2 | 0,4 | 1,0 | 1,3 | 0,7 | 1,6 | 2,1 | 10 |
| 25 | 0,9 | 1,8 | 2,2 | 0,5 | 1,0 | 1,3 | 0,9 | 1,7 | 2,1 | 5 |
| 30 | 1,1 | 1,9 | 2,2 | 0,6 | 1,1 | 1,3 | 1,1 | 1,8 | 2,1 | 0 |
| | − +<br>XI V | − +<br>X IV | − +<br>IX III | − +<br>XI V | − +<br>X IV | − +<br>IX III | − +<br>XI V | − +<br>X IV | − +<br>IX III | Gr. |

| | XXII. XIVtes Argum. — doppelte mittlere ☽ Anomalie. | | | XXIII. Doppelte mittlere ☽ Anomalie — IItes Arg. | | | XXIV. Ites Argument + IXtes Argument. | | | |
|---|---|---|---|---|---|---|---|---|---|---|
| | 0 VI<br>− + | I VII<br>− + | II VIII<br>− + | 0 VI<br>+ − | I VII<br>+ − | II VIII<br>+ − | 0 VI<br>+ − | I VII<br>+ − | II VIII<br>+ − | |
| Gr. | Sec. | Sec. | Sec. | Sec. | Sec. | Sec. | Sec. | Sec. | Sec. | |
| 0 | 0,0 | 0,6 | 0,9 | 0,0 | 0,6 | 1,0 | 0,0 | 0,5 | 0,9 | 30 |
| 5 | 0,1 | 0,6 | 1,0 | 0,1 | 0,7 | 1,1 | 0,1 | 0,6 | 1,0 | 25 |
| 10 | 0,2 | 0,7 | 1,0 | 0,2 | 0,8 | 1,1 | 0,2 | 0,7 | 1,0 | 20 |
| 15 | 0,3 | 0,8 | 1,1 | 0,3 | 0,8 | 1,2 | 0,3 | 0,8 | 1,1 | 15 |
| 20 | 0,4 | 0,8 | 1,1 | 0,5 | 0,9 | 1,2 | 0,4 | 0,8 | 1,1 | 10 |
| 25 | 0,5 | 0,9 | 1,1 | 0,5 | 0,9 | 1,2 | 0,4 | 0,9 | 1,1 | 5 |
| 30 | 0,6 | 0,9 | 1,1 | 0,6 | 1,0 | 1,2 | 0,5 | 0,9 | 1,1 | 0 |
| | + −<br>XI V | +<br>X IV | + −<br>IX III | − +<br>XI V | − +<br>X IV | − +<br>IX III | − +<br>XI V | − +<br>X IV | − +<br>IX III | Gr. |

## A. Verbesserung der mittlern Monds-Anomalie.

Argument. Mittlere ☉ Anomalie.

| Gr. | O + | I + | II + | III + | IV + | V + | |
|---|---|---|---|---|---|---|---|
| | M. S. | M. S. | M. S. | M. S. | M. S. | M. S. | |
| 0 | 0 0 | 10 59 | 19 9 | 22 17 | 19 28 | 11 18 | 30 |
| 1 | 0 23 | 11 19 | 19 20 | 22 17 | 19 16 | 10 58 | 29 |
| 2 | 0 46 | 11 39 | 19 32 | 22 17 | 19 4 | 10 37 | 28 |
| 3 | 1 9 | 11 58 | 19 43 | 22 17 | 18 52 | 10 16 | 27 |
| 4 | 1 32 | 12 18 | 19 53 | 22 16 | 18 39 | 9 55 | 26 |
| 5 | 1 55 | 12 37 | 20 4 | 22 14 | 18 26 | 9 34 | 25 |
| 6 | 2 18 | 12 56 | 20 13 | 22 12 | 18 12 | 9 12 | 24 |
| 7 | 2 40 | 13 14 | 20 23 | 22 10 | 17 59 | 8 50 | 23 |
| 8 | 3 3 | 13 33 | 20 32 | 22 7 | 17 44 | 8 29 | 22 |
| 9 | 3 26 | 13 51 | 20 41 | 22 4 | 17 30 | 8 7 | 21 |
| 10 | 3 48 | 14 9 | 20 50 | 22 1 | 17 15 | 7 44 | 20 |
| 11 | 4 11 | 14 26 | 20 58 | 21 57 | 17 0 | 7 22 | 19 |
| 12 | 4 34 | 14 44 | 21 5 | 21 52 | 16 45 | 7 0 | 18 |
| 13 | 4 56 | 15 1 | 21 13 | 21 48 | 16 29 | 6 37 | 17 |
| 14 | 5 18 | 15 18 | 21 20 | 21 43 | 16 13 | 6 14 | 16 |
| 15 | 5 41 | 15 35 | 21 26 | 21 37 | 15 56 | 5 51 | 15 |
| 16 | 6 3 | 15 51 | 21 32 | 21 31 | 15 40 | 5 29 | 14 |
| 17 | 6 25 | 16 7 | 21 38 | 21 25 | 15 23 | 5 6 | 13 |
| 18 | 6 47 | 16 23 | 21 44 | 21 18 | 15 6 | 4 42 | 12 |
| 19 | 7 9 | 16 38 | 21 49 | 21 11 | 14 48 | 4 19 | 11 |
| 20 | 7 30 | 16 54 | 21 53 | 21 4 | 14 30 | 3 56 | 10 |
| 21 | 7 52 | 17 9 | 21 57 | 20 56 | 14 12 | 3 33 | 9 |
| 22 | 8 13 | 17 23 | 22 1 | 20 48 | 13 54 | 3 9 | 8 |
| 23 | 8 35 | 17 37 | 22 5 | 20 39 | 13 35 | 2 46 | 7 |
| 24 | 8 56 | 17 51 | 22 8 | 20 30 | 13 16 | 2 22 | 6 |
| 25 | 9 17 | 18 5 | 22 10 | 20 20 | 12 57 | 1 58 | 5 |
| 26 | 9 38 | 18 18 | 22 12 | 20 11 | 12 38 | 1 35 | 4 |
| 27 | 9 58 | 18 31 | 22 14 | 20 0 | 12 18 | 1 11 | 3 |
| 28 | 10 19 | 18 44 | 22 16 | 19 50 | 11 58 | 0 47 | 2 |
| 29 | 10 39 | 18 57 | 22 17 | 19 39 | 11 38 | 0 24 | 1 |
| 30 | 10 59 | 19 9 | 22 17 | 19 28 | 11 18 | 0 0 | 0 |
| | XI — | X — | IX — | VIII — | VII — | VI — | Gr. |

## K. Verbesserung des Mondknoten-Supplements.

**Argument. Mittlere ☉ Anomalie.**

| Gr. | VI + | VII + | VIII + | IX + | X + | XI + | |
|---|---|---|---|---|---|---|---|
| | M. S. | M. S. | M. S. | M. S. | M. S. | M. S. | |
| 0 | 0 0 | 4 34 | 7 51 | 9 0 | 7 44 | 4 26 | 30 |
| 1 | 0 9 | 4 42 | 7 56 | 9 0 | 7 39 | 4 18 | 29 |
| 2 | 0 19 | 4 50 | 8 0 | 9 59 | 7 34 | 4 10 | 28 |
| 3 | 0 29 | 4 58 | 8 4 | 8 59 | 7 29 | 4 2 | 27 |
| 4 | 0 38 | 5 6 | 8 8 | 8 58 | 7 24 | 3 53 | 26 |
| 5 | 0 48 | 5 13 | 8 12 | 8 57 | 7 18 | 3 45 | 25 |
| 6 | 0 57 | 5 21 | 8 16 | 8 56 | 7 13 | 3 37 | 24 |
| 7 | 1 7 | 5 29 | 8 20 | 8 55 | 7 7 | 3 28 | 23 |
| 8 | 1 16 | 5 36 | 8 23 | 8 53 | 7 2 | 3 19 | 22 |
| 9 | 1 26 | 5 44 | 8 27 | 8 52 | 6 56 | 3 11 | 21 |
| 10 | 1 35 | 5 51 | 8 30 | 8 50 | 6 50 | 3 2 | 20 |
| 11 | 1 45 | 5 58 | 8 33 | 8 49 | 6 44 | 2 53 | 19 |
| 12 | 1 54 | 6 5 | 8 36 | 8 47 | 6 37 | 2 44 | 18 |
| 13 | 2 3 | 6 12 | 8 39 | 8 44 | 6 31 | 2 36 | 17 |
| 14 | 2 13 | 6 19 | 8 41 | 8 42 | 6 24 | 2 27 | 16 |
| 15 | 2 22 | 6 26 | 8 44 | 8 40 | 6 18 | 2 18 | 15 |
| 16 | 2 31 | 6 32 | 8 46 | 8 37 | 6 11 | 2 9 | 14 |
| 17 | 2 40 | 6 39 | 8 48 | 8 34 | 6 4 | 2 0 | 13 |
| 18 | 2 49 | 6 45 | 8 50 | 8 31 | 5 57 | 1 51 | 12 |
| 19 | 2 58 | 6 51 | 8 52 | 8 28 | 5 50 | 1 42 | 11 |
| 20 | 3 7 | 9 58 | 8 53 | 8 25 | 5 43 | 1 32 | 10 |
| 21 | 3 16 | 7 4 | 8 55 | 8 21 | 5 36 | 1 23 | 9 |
| 22 | 3 25 | 7 9 | 8 56 | 8 18 | 5 29 | 1 14 | 8 |
| 23 | 3 34 | 7 15 | 8 57 | 8 14 | 5 21 | 1 5 | 7 |
| 24 | 3 43 | 7 21 | 8 59 | 8 10 | 5 14 | 0 56 | 6 |
| 25 | 3 51 | 7 26 | 8 59 | 8 6 | 5 6 | 0 46 | 5 |
| 26 | 4 0 | 7 31 | 8 59 | 8 2 | 4 58 | 0 37 | 4 |
| 27 | 4 8 | 7 36 | 9 0 | 7 58 | 4 50 | 0 28 | 3 |
| 28 | 4 17 | 7 41 | 9 0 | 7 53 | 4 42 | 0 18 | 2 |
| 29 | 4 25 | 7 46 | 9 0 | 7 49 | 4 34 | 0 9 | 1 |
| 30 | 4 34 | 7 51 | 9 0 | 7 44 | 4 26 | 0 0 | 0 |
| | V − | IV − | III − | II − | I − | O − | |

## Mittelpunctsgleichung.

XXV. Mondsanomalie durch die Summe der 24 Gleichungen und durch die Gleichung A. verbessert.

| | O − | I − | II − | |
|---|---|---|---|---|
| Gr. Min. | G. M. S. | G. M. S. | G. M. S. | |
| 0 0 | 0 0 0,0 | 2 58 29,4 | 5 16 21,2 | 30 0 |
| 10 | 0 1 1,8 | 2 59 24,3 | 5 16 56,1 | 50 |
| 20 | 0 2 3,6 | 3 0 19,1 | 5 17 30,8 | 40 |
| 30 | 0 3 5,4 | 3 1 13,8 | 5 18 5,4 | 30 |
| 40 | 0 4 7,2 | 3 2 8,4 | 5 18 39,8 | 20 |
| 50 | 0 5 9,0 | 3 3 3,0 | 5 19 14,1 | 10 |
| 1 0 | 0 6 10,8 | 3 3 57,5 | 5 19 48,3 | 29 0 |
| 10 | 0 7 12,6 | 3 4 51,9 | 5 20 22,3 | 50 |
| 20 | 0 8 14,4 | 3 5 46,2 | 5 20 56,2 | 40 |
| 30 | 0 9 16,1 | 3 6 40,5 | 5 21 29,9 | 30 |
| 40 | 0 10 17,9 | 3 7 34,7 | 5 22 3,4 | 20 |
| 50 | 0 11 19,6 | 3 8 28,8 | 5 22 36,8 | 10 |
| 2 0 | 0 12 21,4 | 3 9 22,8 | 5 23 10,1 | 28 0 |
| 10 | 0 13 23,2 | 3 10 16,7 | 5 23 43,2 | 50 |
| 20 | 0 14 24,9 | 3 11 10,6 | 5 24 16,2 | 40 |
| 30 | 0 15 26,7 | 3 12 4,4 | 5 24 49,0 | 30 |
| 40 | 0 16 28,5 | 3 12 58,1 | 5 25 21,7 | 20 |
| 50 | 0 17 30,2 | 3 13 51,7 | 5 25 54,3 | 10 |
| 3 0 | 0 18 31,9 | 3 14 45,2 | 5 26 26,7 | 27 0 |
| 10 | 0 19 33,6 | 3 15 38,6 | 5 26 58,9 | 50 |
| 20 | 0 20 35,3 | 3 16 32,0 | 5 27 31,0 | 40 |
| 30 | 0 21 37,0 | 3 17 25,3 | 5 28 2,9 | 30 |
| 40 | 0 22 38,7 | 3 18 18,5 | 5 28 34,7 | 20 |
| 50 | 0 23 40,4 | 3 19 11,6 | 5 29 6,3 | 10 |
| 4 0 | 0 24 42,1 | 3 20 4,6 | 5 29 37,8 | 26 0 |
| 10 | 0 25 43,8 | 3 20 57,5 | 5 30 9,1 | 50 |
| 20 | 0 26 45,4 | 3 21 50,3 | 5 30 40,3 | 40 |
| 30 | 0 27 47,1 | 3 22 43,1 | 5 31 11,3 | 30 |
| 40 | 0 28 48,8 | 3 23 35,8 | 5 31 42,2 | 20 |
| 50 | 0 29 50,4 | 3 24 28,4 | 5 32 12,9 | 10 |
| 5 0 | 0 30 52,0 | 3 25 20,9 | 5 32 43,5 | 25 0 |
| | XI + | X + | IX + | Gr. Min. |

## Mittelpunctsgleichung.

| | III — | IV — | V — | |
|---|---|---|---|---|
| Gr. Min. | G. M. S. | G. M. S. | G. M. S. | |
| 0 0 | 6 17 35,0 | 5 38 42,7 | 3 20 57,5 | 30 0 |
| 10 | 6 17 39,4 | 5 38 12,2 | 3 19 58.0 | 50 |
| 20 | 6 17 43,6 | 5 37 41,5 | 3 18 58,4 | 40 |
| 30 | 6 17 47,6 | 5 37 10,6 | 3 17 58,7 | 30 |
| 40 | 6 17 51,4 | 5 36 39,5 | 3 16 58,9 | 20 |
| 50 | 6 17 55,1 | 5 36 8,2 | 3 15 58,9 | 10 |
| 1 0 | 6 17 58,6 | 5 35 36,8 | 3 14 58,8 | 29 0 |
| 10 | 6 18 1,9 | 5 35 5,2 | 3 13 58,6 | 50 |
| 20 | 6 18 4,9 | 5 34 33,4 | 3 12 58,3 | 40 |
| 30 | 6 18 7,8 | 5 34 1,4 | 3 11 57,9 | 30 |
| 40 | 6 18 10,5 | 5 33 29,2 | 3 10 57,3 | 20 |
| 50 | 6 18 13,0 | 5 32 56,8 | 3 9 56,7 | 10 |
| 2 0 | 6 18 15,3 | 5 32 24,2 | 3 8 55,9 | 28 0 |
| 10 | 6 18 17,4 | 5 31 51,4 | 3 7 55,0 | 50 |
| 20 | 6 18 19,3 | 5 31 18,4 | 3 6 54,0 | 40 |
| 30 | 6 18 21,1 | 5 30 45,3 | 3 5 52,9 | 30 |
| 40 | 6 18 22,6 | 5 30 12,0 | 3 4 51,7 | 20 |
| 50 | 6 18 23,9 | 5 29 38,5 | 3 3 50,3 | 10 |
| 3 0 | 6 18 25,1 | 5 29 4,8 | 3 2 48,8 | 27 0 |
| 10 | 6 18 26,1 | 5 28 30,9 | 3 1 47,2 | 50 |
| 20 | 6 18 26,9 | 5 27 56,8 | 3 0 45,6 | 40 |
| 30 | 6 18 27,5 | 5 27 22,6 | 2 59 43,8 | 30 |
| 40 | 6 18 27,9 | 5 26 48,2 | 2 58 41,9 | 20 |
| 50 | 6 18 28,1 | 5 26 13,6 | 2 57 39,9 | 10 |
| 4 0 | 6 18 28,1 | 5 25 38,8 | 2 56 37,8 | 26 0 |
| 10 | 6 18 27,9 | 5 25 3,8 | 2 55 35,6 | 50 |
| 20 | 6 18 27,5 | 5 24 28,7 | 2 54 33,3 | 40 |
| 30 | 6 18 27,0 | 5 23 53,4 | 2 53 30,8 | 30 |
| 40 | 6 18 26,3 | 5 23 17,9 | 2 52 28,3 | 20 |
| 50 | 6 18 25,3 | 5 22 42,2 | 2 51 25,7 | 10 |
| 5 0 | 6 18 24,1 | 5 22 6,3 | 2 50 22,9 | 25 0 |
| | VIII + | VII + | VI + | |

## Mittelpunctsgleichung.

| | O − | I − | II − | |
|---|---|---|---|---|
| Gr. Min. | G. M. S. | G. M. S. | G. M. S. | |
| 5 0 | 0 30 52,0 | 3 25 20,9 | 5 32 43,5 | 25 0 |
| 10 | 0 31 53,6 | 3 26 13,3 | 5 33 13,9 | 50 |
| 20 | 0 32 55,2 | 3 27 5,6 | 5 33 44,2 | 40 |
| 30 | 0 33 56,8 | 3 27 57,8 | 5 34 14,3 | 30 |
| 40 | 0 34 58,4 | 3 28 50,0 | 5 34 44,2 | 20 |
| 50 | 0 35 59,9 | 3 29 42,1 | 5 35 14,0 | 10 |
| 6 0 | 0 37 1,4 | 3 30 34,1 | 5 35 43,7 | 24 0 |
| 10 | 0 38 2,9 | 3 31 26,0 | 5 36 13,2 | 50 |
| 20 | 0 39 4,4 | 3 32 17,8 | 5 36 42,5 | 40 |
| 30 | 0 40 5,9 | 3 33 9,5 | 5 37 11,7 | 30 |
| 40 | 0 41 7,4 | 3 34 1,1 | 5 37 40,7 | 20 |
| 50 | 0 42 8,8 | 3 34 52,6 | 5 38 9,6 | 10 |
| 7 0 | 0 43 10,2 | 3 35 44,0 | 5 38 38,3 | 23 0 |
| 10 | 0 44 11,6 | 3 36 35,3 | 5 39 6,8 | 50 |
| 20 | 0 45 13,0 | 3 37 26,4 | 5 39 35,2 | 40 |
| 30 | 0 46 14,4 | 3 38 17,5 | 5 40 3,4 | 30 |
| 40 | 0 47 15,8 | 3 39 8,5 | 5 40 31,5 | 20 |
| 50 | 0 48 17,1 | 3 39 59,5 | 5 40 59,4 | 10 |
| 8 0 | 0 49 18,4 | 3 40 50,4 | 5 41 27,2 | 22 0 |
| 10 | 0 50 19,7 | 3 41 41,2 | 5 41 54,8 | 50 |
| 20 | 0 51 21,0 | 3 42 31,9 | 5 42 22,2 | 40 |
| 30 | 0 52 22,2 | 3 42 22,5 | 5 42 49,5 | 30 |
| 40 | 0 53 23,4 | 3 44 13,0 | 5 43 16,6 | 20 |
| 50 | 0 54 24,6 | 3 45 3,4 | 5 43 43,6 | 10 |
| 9 0 | 0 55 25,8 | 3 45 53,7 | 5 44 10,4 | 11 0 |
| 10 | 0 56 27,0 | 3 46 43,9 | 5 44 37,0 | 50 |
| 20 | 0 57 28,1 | 3 47 34,0 | 5 45 3,5 | 40 |
| 30 | 0 58 29,2 | 3 48 23,9 | 5 45 29,8 | 30 |
| 40 | 0 59 30,3 | 3 49 13,7 | 5 45 56,0 | 20 |
| 50 | 1 0 31,4 | 3 50 3,5 | 5 46 22,0 | 10 |
| 10 0 | 1 1 32,4 | 3 50 53,2 | 5 46 47,8 | 10 0 |
| | XI + | X + | IX + | Gr. Min. |

## Mittelpunctsgleichung.

| Gr. M. | III — Gr. M. S. | IV — Gr. M. S. | V — Gr. M. S. | |
|---|---|---|---|---|
| 5 0 | 6 18 24,1 | 5 22 6,4 | 2 50 22,9 | 25 0 |
| 10 | 6 18 22,7 | 5 21 30,2 | 2 49 20,0 | 50 |
| 20 | 6 18 21,2 | 5 20 53,9 | 2 48 17,1 | 40 |
| 30 | 6 18 19,5 | 5 20 17,5 | 2 47 14,0 | 30 |
| 40 | 6 18 17,5 | 5 19 40,9 | 2 46 10 8 | 20 |
| 50 | 6 18 15 4 | 5 19 4,1 | 2 45 7,6 | 10 |
| 6 0 | 6 18 13,1 | 5 18 27,1 | 2 44 4,2 | 24 0 |
| 10 | 6 18 10,6 | 5 17 49,9 | 2 43 0,7 | 50 |
| 20 | 6 18 7,9 | 5 17 12,6 | 2 41 57,1 | 40 |
| 30 | 6 18 5,0 | 5 16 35,1 | 2 40 53,5 | 30 |
| 40 | 6 18 1,9 | 5 15 57,4 | 2 39 49,7 | 20 |
| 50 | 6 18 58,7 | 5 15 19,5 | 2 38 45,8 | 10 |
| 7 0 | 6 17 55,2 | 5 14 41,4 | 2 37 41,6 | 23 0 |
| 10 | 6 17 51,5 | 5 14 3,1 | 2 36 37,8 | 50 |
| 20 | 6 17 47,7 | 5 13 24,7 | 2 35 33,6 | 40 |
| 30 | 6 17 43,6 | 5 12 46,1 | 2 34 29,3 | 30 |
| 40 | 6 17 39,4 | 5 12 7,3 | 2 33 24,9 | 20 |
| 50 | 6 17 34,9 | 5 11 28,3 | 2 32 20,5 | 10 |
| 8 0 | 6 17 30,2 | 5 10 49,2 | 2 31 16,0 | 22 0 |
| 10 | 6 17 25,4 | 5 10 9,9 | 2 30 11,4 | 50 |
| 20 | 6 17 20,4 | 5 9 30,4 | 2 29 6,7 | 40 |
| 30 | 6 17 15,2 | 5 8 50,7 | 2 28 1,9 | 30 |
| 40 | 6 17 9,8 | 5 8 10,8 | 2 26 57,0 | 20 |
| 50 | 6 17 4,2 | 5 30,8 | 2 25 52,0 | 10 |
| 9 0 | 6 16 58,4 | 5 6 50,6 | 2 24 46,9 | 21 0 |
| 10 | 6 16 52,4 | 5 6 10,2 | 2 23 41,7 | 50 |
| 20 | 6 16 46,2 | 5 5 29,6 | 2 22 36,5 | 40 |
| 30 | 6 16 39,8 | 5 4 48,9 | 2 21 31,1 | 30 |
| 40 | 6 16 33,3 | 5 4 8 0 | 2 20 25,6 | 20 |
| 50 | 6 16 26,5 | 5 3 26,9 | 2 19 20,1 | 10 |
| 10 0 | 6 16 19,5 | 5 2 45,6 | 2 18 14,5 | 20 0 |
| | VIII + | VII + | VI + | Gr. M. |

## Mittelpunctsgleichung.

| Gr. M. | 0 − G. M. S. | I − G. M. S. | II − G. M. S. | |
|---|---|---|---|---|
| 10 0 | 1 1 32,4 | 3 50 53,2 | 5 46 47,8 | 20 0 |
| 10 | 1 2 33,4 | 3 51 42,8 | 5 47 13,5 | 50 |
| 20 | 1 3 34,4 | 3 52 32,3 | 5 47 39,0 | 40 |
| 30 | 1 4 35,4 | 3 53 21,7 | 5 48 4,3 | 30 |
| 40 | 1 5 36,3 | 3 54 11,0 | 5 48 29,5 | 20 |
| 50 | 1 6 37,2 | 3 55 0,2 | 5 48 54,5 | 10 |
| 11 9 | 1 7 38,1 | 3 55 49,3 | 5 49 19,4 | 19 0 |
| 10 | 1 8 39,0 | 3 56 38,3 | 5 49 44,1 | 50 |
| 20 | 1 9 39,8 | 3 57 27,2 | 5 50 8,6 | 40 |
| 30 | 1 10 40,6 | 3 58 16,0 | 5 50 33,0 | 30 |
| 30 | 1 11 41,4 | 3 59 4,7 | 5 50 57,2 | 20 |
| 50 | 1 12 42,1 | 3 59 53,2 | 5 51 21,2 | 10 |
| 12 0 | 1 13 42,8 | 4 0 41,6 | 5 51 45,1 | 18 0 |
| 10 | 1 14 43,5 | 4 1 30,0 | 5 52 8,8 | 50 |
| 20 | 1 15 44,1 | 4 2 18,3 | 5 52 32,3 | 40 |
| 30 | 1 16 44,7 | 4 3 6,5 | 5 52 55,7 | 30 |
| 40 | 1 17 45,3 | 4 3 54,5 | 5 53 18,9 | 20 |
| 50 | 1 18 45,8 | 4 4 42,4 | 5 53 41,9 | 10 |
| 13 0 | 1 19 46,3 | 4 5 30,2 | 5 54 4,8 | 17 0 |
| 10 | 1 20 46,8 | 4 6 17,9 | 5 54 27,5 | 50 |
| 20 | 1 21 47,2 | 4 7 5,5 | 5 54 50,0 | 40 |
| 30 | 1 22 47,6 | 4 7 53,0 | 5 55 12,4 | 30 |
| 40 | 1 23 48,0 | 4 8 40,4 | 5 55 34,6 | 20 |
| 50 | 1 24 48,4 | 4 9 27,7 | 5 55 56,6 | 10 |
| 14 0 | 1 25 48,7 | 4 10 14,9 | 5 56 18,5 | 16 0 |
| 10 | 1 26 49,0 | 4 11 2,0 | 5 56 40,2 | 50 |
| 20 | 1 27 49,2 | 4 11 49,0 | 5 57 1,7 | 40 |
| 30 | 1 28 49,4 | 4 12 35,8 | 5 57 23,0 | 30 |
| 40 | 1 29 49,6 | 4 13 22,5 | 5 57 44,2 | 20 |
| 50 | 1 30 49,7 | 4 14 9,1 | 5 58 5,2 | 10 |
| 15 0 | 1 31 49,8 | 4 14 55,6 | 5 58 26,1 | 15 0 |
| | XI + | X + | IX + | Gr. M. |

## Mittelpunctsgleichung.

| | III — | IV — | V — | |
|---|---|---|---|---|
| Gr. Min. | G. M. S. | G. M. S. | G. M. S. | |
| 10 0 | 6 16 19,5 | 5 2 45,6 | 2 18 14,5 | 20 0 |
| 10 | 6 16 12,3 | 5 2 4,2 | 2 17 8,8 | 50 |
| 20 | 6 16 4,9 | 5 1 22,6 | 2 16 3,0 | 40 |
| 30 | 6 15 57,4 | 5 0 40,8 | 2 14 57,1 | 30 |
| 40 | 6 15 49,7 | 4 59 58,8 | 2 13 51,2 | 20 |
| 50 | 6 15 41,8 | 4 59 16,7 | 2 12 45,2 | 10 |
| 11 0 | 6 15 33,6 | 4 58 34,4 | 2 11 39,1 | 19 0 |
| 10 | 6 15 25,2 | 4 57 51,9 | 2 10 32,9 | 50 |
| 20 | 6 15 16,7 | 4 57 9,3 | 2 9 26,7 | 40 |
| 30 | 6 15 8,0 | 4 56 26,5 | 2 8 20,4 | 30 |
| 40 | 6 14 59,1 | 4 55 43,5 | 2 7 14,0 | 20 |
| 50 | 6 14 49,9 | 4 55 0,3 | 2 6 7,5 | 10 |
| 12 0 | 6 14 40,6 | 4 54 17,0 | 2 5 0,9 | 18 0 |
| 10 | 6 14 31,1 | 4 53 33,5 | 2 3 54,2 | 50 |
| 20 | 6 14 21,7 | 4 52 49,8 | 2 2 47,5 | 40 |
| 30 | 6 14 11,4 | 4 52 6,0 | 2 1 40,6 | 30 |
| 40 | 6 14 1,3 | 4 51 22,0 | 2 0 33,6 | 20 |
| 50 | 6 13 51,0 | 4 50 37,8 | 1 59 26,6 | 10 |
| 13 0 | 6 13 40,5 | 4 49 53,4 | 1 58 19,5 | 17 0 |
| 10 | 6 13 29,8 | 4 49 8,9 | 1 57 12,4 | 50 |
| 20 | 6 13 18,9 | 4 48 24,2 | 1 56 5,2 | 40 |
| 30 | 6 13 7,8 | 4 47 39,3 | 1 54 57,9 | 30 |
| 40 | 6 12 56,5 | 4 46 54,3 | 1 53 50,6 | 20 |
| 50 | 6 12 45,0 | 4 46 9,1 | 1 52 43,2 | 10 |
| 14 0 | 6 12 33,3 | 4 45 23,8 | 1 51 35,7 | 16 0 |
| 10 | 6 12 21,4 | 4 44 38,3 | 1 50 28,2 | 50 |
| 20 | 6 12 9,4 | 4 43 52,7 | 1 49 20,6 | 40 |
| 30 | 6 11 57,2 | 4 43 6,9 | 1 48 12,9 | 30 |
| 40 | 6 11 44,7 | 4 42 20,9 | 1 47 5,2 | 20 |
| 50 | 6 11 32,3 | 4 41 34,8 | 1 45 57,4 | 10 |
| 15 0 | 6 11 19,2 | 4 40 48,5 | 1 44 49,5 | 15 0 |
| | VIII + | VII + | VI + | |

## Mittelpunctsgleichung.

| | O − | I − | II − | |
|---|---|---|---|---|
| Gr. Min. | G. M. S. | G. M. S. | G. M. S. | |
| 15 0 | 1 31 49,8 | 4 14 55,6 | 5 58 26,1 | 15 0 |
| 10 | 1 32 49,9 | 4 15 42,6 | 5 58 46,8 | 50 |
| 20 | 1 33 49,9 | 4 16 28,4 | 5 59 7,3 | 40 |
| 30 | 1 34 49,9 | 4 17 14,6 | 5 59 27,6 | 30 |
| 40 | 1 35 49,8 | 4 18 0,7 | 5 59 47,7 | 20 |
| 50 | 1 36 49,7 | 4 18 46,7 | 6 0 7,7 | 10 |
| 16 0 | 1 37 49,5 | 4 19 32,6 | 6 0 27,5 | 14 0 |
| 10 | 1 38 49,3 | 4 20 18,4 | 6 0 47,1 | 50 |
| 20 | 1 39 49,1 | 4 21 4,0 | 6 1 6,6 | 40 |
| 30 | 1 40 48,8 | 4 21 49,5 | 6 1 25,9 | 30 |
| 40 | 1 41 48,5 | 4 22 34,9 | 6 1 45,0 | 20 |
| 50 | 1 42 48,1 | 4 23 20,2 | 6 2 5,0 | 10 |
| 17 0 | 1 43 47,7 | 4 24 5,3 | 6 2 22,8 | 13 0 |
| 10 | 1 44 47,3 | 4 24 50,3 | 6 2 41,2 | 50 |
| 20 | 1 45 46,8 | 4 25 35,2 | 6 2 59,8 | 40 |
| 30 | 1 46 46,3 | 4 26 20,0 | 6 3 18,1 | 30 |
| 40 | 1 47 45,7 | 4 27 4,7 | 6 3 36,2 | 20 |
| 50 | 1 48 45,1 | 4 27 49,3 | 6 3 54,1 | 10 |
| 18 0 | 1 49 44,4 | 4 28 33,7 | 6 4 11,8 | 12 0 |
| 10 | 1 50 43,7 | 4 29 18,0 | 6 4 29,3 | 50 |
| 20 | 1 51 42,9 | 4 30 2,2 | 6 4 46,7 | 40 |
| 30 | 1 52 42,1 | 4 30 46,3 | 6 5 3,9 | 30 |
| 40 | 1 53 41,2 | 4 31 30,3 | 6 5 20,9 | 20 |
| 50 | 1 54 40,3 | 4 32 14,2 | 6 5 37,8 | 10 |
| 19 0 | 1 55 39,4 | 4 32 57,9 | 6 5 54,5 | 11 0 |
| 10 | 1 56 38,4 | 4 33 41,5 | 6 6 11,0 | 50 |
| 20 | 1 57 37,4 | 4 34 25,0 | 6 6 27,3 | 40 |
| 30 | 1 58 36,3 | 4 35 8,4 | 6 6 43,5 | 30 |
| 40 | 1 59 35,1 | 4 35 51,7 | 6 6 59,5 | 20 |
| 50 | 2 0 33,9 | 4 36 34,8 | 6 7 15,3 | 10 |
| 20 0 | 2 1 32,6 | 4 37 17,8 | 6 7 30,9 | 10 0 |
| | XI + | X + | IX + | Gr. Min. |

## Mittelpunctsgleichung.

| Gr. M. | III — G. M. S. | IV — G. M. S. | V — G. M. S. | |
|---|---|---|---|---|
| 15 0 | 6 11 19,2 | 4 40 48,5 | 1 44 49,5 | 15 0 |
| 10 | 6 11 6,2 | 4 40 2,0 | 1 43 41,6 | 50 |
| 20 | 6 10 52,9 | 4 39 15,4 | 1 42 33,6 | 40 |
| 30 | 6 10 39,5 | 4 38 28,6 | 1 41 25,5 | 30 |
| 40 | 6 10 25,8 | 4 37 41,6 | 1 40 17,4 | 20 |
| 50 | 6 10 12,0 | 4 36 54,4 | 1 39 9,2 | 10 |
| 16 0 | 6 9 57,9 | 4 36 7,1 | 1 38 0,9 | 14 0 |
| 10 | 6 9 43,6 | 4 35 19,6 | 1 36 52,6 | 50 |
| 20 | 6 9 29,2 | 4 34 32,0 | 1 35 44,2 | 40 |
| 30 | 6 9 14,6 | 4 33 44,2 | 1 34 35,7 | 30 |
| 40 | 6 8 59,8 | 4 32 56,2 | 1 33 27,2 | 20 |
| 50 | 6 8 44,8 | 4 32 8,1 | 1 32 18,6 | 10 |
| 17 0 | 6 8 29,6 | 4 31 19,8 | 1 31 10,0 | 13 0 |
| 10 | 6 8 14,2 | 4 30 31,4 | 1 30 1,3 | 50 |
| 20 | 6 7 58,6 | 4 29 42,8 | 1 28 52,6 | 40 |
| 30 | 6 7 42,8 | 4 28 54,0 | 1 27 43,8 | 30 |
| 40 | 6 7 26,8 | 4 28 5,1 | 1 26 35,0 | 20 |
| 50 | 6 7 10,6 | 4 27 16,0 | 1 25 26,1 | 10 |
| 18 0 | 6 6 54,2 | 4 26 26,8 | 1 24 17,2 | 12 0 |
| 10 | 6 6 37,6 | 4 25 37,4 | 1 23 8,2 | 50 |
| 20 | 6 6 20,8 | 4 24 47,9 | 1 21 59,1 | 40 |
| 30 | 6 6 3,8 | 4 23 58,2 | 1 20 50,0 | 30 |
| 40 | 6 5 46,7 | 4 23 8,3 | 1 19 40,8 | 20 |
| 50 | 6 5 29,3 | 4 22 18,3 | 1 18 31,6 | 10 |
| 19 0 | 6 5 11,7 | 4 21 28,1 | 1 17 22,4 | 11 0 |
| 10 | 6 4 54,0 | 4 20 37,8 | 1 16 13,1 | 50 |
| 20 | 6 4 36,1 | 4 19 47,3 | 1 15 3,8 | 40 |
| 30 | 6 4 17,9 | 4 18 56,6 | 1 13 54,4 | 30 |
| 40 | 6 3 59,5 | 4 18 5,8 | 1 12 44,9 | 20 |
| 50 | 6 3 40,9 | 4 17 14,9 | 1 11 35,4 | 10 |
| 20 0 | 6 3 22,2 | 4 16 23,8 | 1 9 16,3 | 10 0 |
| | VIII + | VII + | VI + | Gr. M. |

## Mittelpunctsgleichung.

| Gr. M. | ○ − G. M. S. | I − G. M. S. | II − G. M. S. | |
|---|---|---|---|---|
| 20 0 | 2 1 32,6 | 4 37 17,8 | 6 7 30,9 | 10 0 |
| 10 | 2 2 31,3 | 4 38 0,7 | 6 7 46,3 | 50 |
| 20 | 2 3 30,0 | 4 38 43,5 | 6 8 1,6 | 40 |
| 30 | 2 4 28,6 | 4 39 26,1 | 6 8 16,7 | 30 |
| 40 | 2 5 27,2 | 4 40 6,6 | 6 8 31,6 | 20 |
| 50 | 2 6 25,7 | 4 40 51,0 | 6 8 46,3 | 10 |
| 21 0 | 2 7 24,1 | 4 41 33,3 | 6 9 0,8 | 9 0 |
| 10 | 2 8 22,5 | 4 42 15,5 | 6 9 15,1 | 50 |
| 20 | 2 9 20,8 | 4 42 57,5 | 6 9 29,3 | 40 |
| 30 | 2 10 19,1 | 4 43 39,4 | 6 9 43,3 | 30 |
| 40 | 2 11 17,3 | 4 44 21,2 | 6 9 57,1 | 20 |
| 50 | 2 12 15,5 | 4 45 2,8 | 6 10 10,8 | 10 |
| 22 0 | 2 13 13,6 | 4 45 44,3 | 6 10 24,3 | 8 0 |
| 10 | 2 14 11,7 | 4 46 25,7 | 6 10 37,6 | 50 |
| 20 | 2 15 9,7 | 4 47 7,0 | 6 10 50,7 | 40 |
| 30 | 2 16 7,6 | 4 47 48,1 | 6 11 3,6 | 30 |
| 40 | 2 17 5,5 | 4 48 29,1 | 6 11 16,3 | 20 |
| 50 | 2 18 3,3 | 4 49 10,0 | 6 11 28,9 | 10 |
| 23 0 | 2 19 1,1 | 4 49 50,7 | 6 11 41,3 | 7 0 |
| 10 | 2 19 58,8 | 4 50 31,3 | 6 11 53,5 | 50 |
| 20 | 2 20 56,4 | 4 51 11,8 | 6 12 5,5 | 40 |
| 30 | 2 21 54,0 | 4 51 52,2 | 6 12 17,4 | 30 |
| 40 | 2 22 51,5 | 4 52 32,5 | 6 12 29,0 | 20 |
| 50 | 2 23 49,0 | 4 53 12,6 | 6 12 40,5 | 10 |
| 24 0 | 2 24 46,4 | 4 53 52,6 | 6 12 51,8 | 6 0 |
| 10 | 2 25 43,8 | 4 54 32,4 | 6 13 2,9 | 50 |
| 20 | 2 26 41,1 | 4 55 12,1 | 6 13 13,8 | 40 |
| 30 | 2 27 38,3 | 4 55 51,7 | 6 13 24,6 | 30 |
| 40 | 2 28 35,4 | 4 56 31,1 | 6 13 35,2 | 20 |
| 50 | 2 29 32,5 | 4 57 10,4 | 6 13 45,5 | 10 |
| 25 0 | 2 30 29,6 | 4 57 49,6 | 6 13 55,6 | 5 0 |
| | XI + | X + | IX + | Gr. M. |

## Mittelpunctsgleichung.

| Gr. M. | III — G. M. S. | IV — G. M. S. | V — G. M. S. | |
|---|---|---|---|---|
| 20 0 | 6 3 22,2 | 4 16 23,8 | 1 10 25,9 | 10 0 |
| 10 | 6 3 3,2 | 4 15 32,6 | 1 9 16,3 | 50 |
| 20 | 6 2 44,1 | 4 14 41,2 | 1 8 6,7 | 40 |
| 30 | 6 2 24,8 | 4 13 49,6 | 1 6 57,1 | 30 |
| 40 | 6 2 5,2 | 4 12 57,9 | 1 5 47,4 | 20 |
| 50 | 6 1 45,5 | 4 12 6,1 | 1 4 37,7 | 10 |
| 21 0 | 6 1 25,6 | 4 11 14,1 | 1 3 27,9 | 9 0 |
| 10 | 6 1 5,5 | 4 10 22,0 | 1 2 18,1 | 50 |
| 20 | 6 0 45,2 | 4 9 29,7 | 1 1 8,2 | 40 |
| 30 | 6 0 24,7 | 4 8 37,2 | 0 59 58,3 | 30 |
| 40 | 6 0 4,0 | 4 7 44,6 | 0 58 48,4 | 20 |
| 50 | 6 59 43,1 | 4 6 51,9 | 0 57 38,4 | 10 |
| 22 0 | 5 59 22,0 | 4 5 59,0 | 0 56 28,4 | 8 0 |
| 10 | 5 59 0,7 | 4 5 6,0 | 0 55 18,4 | 50 |
| 20 | 5 58 39,3 | 4 4 12,8 | 0 54 8,3 | 40 |
| 30 | 5 58 17,6 | 4 3 19,5 | 0 52 58,1 | 30 |
| 40 | 5 57 55,8 | 4 2 26,0 | 0 51 48,0 | 20 |
| 50 | 5 57 33,7 | 4 1 32,4 | 0 50 37,8 | 10 |
| 23 0 | 5 57 11,4 | 4 0 38,6 | 0 49 27,6 | 7 0 |
| 10 | 5 56 48,9 | 4 59 44,7 | 0 48 17,4 | 50 |
| 20 | 5 56 26,2 | 3 58 50,7 | 0 47 7,1 | 40 |
| 30 | 5 56 3,4 | 3 57 56,5 | 0 45 56,8 | 30 |
| 40 | 5 55 40,4 | 3 57 2,2 | 0 44 46,5 | 20 |
| 50 | 5 55 17,2 | 3 56 7,7 | 0 43 36,1 | 10 |
| 24 0 | 5 54 53,8 | 3 55 13,1 | 0 42 25,7 | 6 0 |
| 10 | 5 54 30,2 | 3 54 18,4 | 0 41 15,3 | 50 |
| 20 | 5 54 6,4 | 3 53 23,5 | 0 40 4,9 | 40 |
| 30 | 5 53 42,4 | 3 52 28,5 | 0 38 54,4 | 30 |
| 40 | 5 53 18,2 | 3 51 33,3 | 0 37 43,9 | 20 |
| 50 | 5 52 53,8 | 3 50 38,0 | 0 36 33,4 | 10 |
| 25 0 | 5 52 29,2 | 3 49 42,5 | 0 35 22,9 | 5 0 |
| | VIII + | VII + | VI + | Gr. M. |

## Mittelpunctsgleichung.

| | 0 — | I — | II — | |
|---|---|---|---|---|
| Gr. Min. | G. M. S. | G. M. S. | G. M. S. | |
| 25 0 | 2 30 29,6 | 4 57 49,6 | 6 13 55,6 | 5 0 |
| 10 | 2 31 26,6 | 4 58 28,6 | 6 14 5,6 | 50 |
| 20 | 2 32 23,5 | 4 59 7,5 | 6 14 15,5 | 40 |
| 30 | 2 33 20,3 | 4 59 46,3 | 6 14 25,2 | 30 |
| 40 | 2 34 17,1 | 5 0 24,9 | 6 14 34,6 | 20 |
| 50 | 2 35 13,8 | 5 1 3.4 | 6 14 43,9 | 10 |
| 26 0 | 2 36 10,5 | 5 1 41,8 | 6 14 53,0 | 4 0 |
| 10 | 2 37 7,1 | 5 2 20,0 | 6 15 1,9 | 50 |
| 20 | 2 38 3,6 | 5 2 58,1 | 6 15 10,6 | 40 |
| 30 | 2 39 0,0 | 5 3 36,1 | 6 15 19,1 | 30 |
| 40 | 2 39 56.4 | 5 4 13,9 | 6 15 27,5 | 20 |
| 50 | 2 40 52,7 | 5 4 51,6 | 6 15 35,6 | 10 |
| 27 0 | 2 41 49,0 | 5 5 29,2 | 6 15 43,6 | 3 0 |
| 10 | 2 42 45,2 | 5 6 6,6 | 6 15 51,4 | 50 |
| 20 | 2 43 41,3 | 5 6 43,9 | 6 15 59,0 | 40 |
| 30 | 2 44 37,4 | 5 7 21,0 | 6 16 6,4 | 30 |
| 40 | 2 45 33,4 | 5 7 58,0 | 6 16 13,6 | 20 |
| 50 | 2 46 29,3 | 5 8 34,9 | 6 16 20,6 | 10 |
| 28 0 | 2 47 25,1 | 5 9 11,6 | 6 16 27,4 | 2 0 |
| 10 | 2 48 20,9 | 5 9 48,2 | 6 16 34,1 | 50 |
| 20 | 2 49 16,6 | 5 10 24,6 | 6 16 40,6 | 40 |
| 30 | 2 50 12,2 | 5 11 0,9 | 6 16 46,9 | 30 |
| 40 | 2 51 7,7 | 5 11 37,0 | 6 16 53,0 | 20 |
| 50 | 2 52 3,2 | 5 12 13,0 | 6 16 58,9 | 10 |
| 29 0 | 2 52 58,6 | 5 12 48,9 | 6 17 4,6 | 1 0 |
| 10 | 2 53 53,9 | 5 13 24,6 | 6 17 10,1 | 50 |
| 20 | 2 54 49,1 | 5 14 0,2 | 6 17 15,4 | 40 |
| 30 | 2 55 44,3 | 5 14 35,7 | 6 17 20,6 | 30 |
| 40 | 2 56 39,4 | 5 15 11,0 | 6 17 25,6 | 20 |
| 50 | 2 57 34,4 | 5 15 46,2 | 6 17 30,4 | 10 |
| 30 0 | 2 58 29,4 | 5 16 21,2 | 6 17 35,0 | 0 0 |
| | XI + | X + | IX + | Gr. Min. |

## Mittelpunctsgleichung.

| Gr. M. | III — G. M. S. | IV — G. M. S. | V — G. M. S. | |
|---|---|---|---|---|
| 25 0 | 5 52 29,2 | 3 49 42,5 | 0 35 22,9 | 5 0 |
| 10 | 5 52 4,4 | 3 48 46,9 | 0 34 12,4 | 50 |
| 20 | 5 51 39,4 | 3 47 51,2 | 0 33 1,8 | 40 |
| 30 | 5 51 14,2 | 3 46 55,4 | 0 31 51,2 | 30 |
| 40 | 5 50 48,9 | 3 45 59,4 | 0 30 40,6 | 20 |
| 50 | 5 50 23,4 | 3 45 3,3 | 0 29 30,0 | 10 |
| 26 0 | 5 49 57,7 | 3 44 7,0 | 0 28 19,3 | 4 0 |
| 10 | 5 49 31 8 | 3 43 10,6 | 0 27 8,6 | 50 |
| 20 | 5 49 5,7 | 3 42 14,1 | 0 25 57,9 | 40 |
| 30 | 5 48 39,4 | 3 41 17,4 | 0 24 47,2 | 30 |
| 40 | 5 48 12,9 | 3 40 20,6 | 0 23 36,5 | 20 |
| 50 | 5 47 46,2 | 3 39 23,7 | 0 22 25,8 | 10 |
| 27 0 | 5 47 19,3 | 3 38 26,6 | 0 21 15,0 | 3 0 |
| 10 | 5 46 52,2 | 3 37 29,4 | 0 20 4,3 | 50 |
| 20 | 5 46 24,9 | 3 36 32,1 | 0 18 53,5 | 40 |
| 30 | 5 45 57,5 | 3 35 34,6 | 0 17 42,7 | 30 |
| 40 | 5 45 29,8 | 3 34 37,0 | 0 16 31,9 | 20 |
| 50 | 5 45 1,9 | 3 33 39,3 | 0 15 21,1 | 10 |
| 28 0 | 5 44 33,9 | 3 32 41,5 | 0 14 10,3 | 2 0 |
| 10 | 5 44 5,7 | 3 31 43,5 | 0 12 59,5 | 50 |
| 20 | 5 43 37,3 | 3 30 45,4 | 0 11 48,6 | 40 |
| 30 | 5 43 8,7 | 3 29 47,2 | 0 10 37,8 | 30 |
| 40 | 5 42 39,9 | 3 28 58,8 | 0 9 26,9 | 20 |
| 50 | 5 42 10,9 | 3 27 50,3 | 0 8 16,1 | 10 |
| 29 0 | 5 41 41,7 | 3 26 51,7 | 0 7 5,2 | 1 0 |
| 10 | 5 41 12,3 | 3 25 53,0 | 0 5 54,4 | 50 |
| 20 | 5 40 42,7 | 3 24 54,2 | 0 4 43,5 | 40 |
| 30 | 5 40 13,0 | 3 23 55,2 | 0 3 32,6 | 30 |
| 40 | 5 39 43,1 | 3 22 56,1 | 0 2 21,7 | 20 |
| 50 | 5 39 13,0 | 3 21 56,9 | 0 1 10,9 | 10 |
| 30 0 | 5 38 42,7 | 3 20 57,5 | 0 0 0,0 | 0 0 |
| | VIII + | VII + | VI + | G. M. |

XXVI. Länge des ☽, durch den Betrag der 24 Gleichungen und durch die Mittelpunctsgleichung verbessert — wahre Länge der Sonne.

| | O + | Diff. | I + | Diff. | II ± | Diff. | |
|---|---|---|---|---|---|---|---|
| Gr. | M. S. | Sec. | M. S. | Sec. | M. S. | Sec. | |
| 0 | 0 0 | | 30 3,4 | | 29 2,7 | | 30 |
| 1 | 1 13,3 | 73,3 | 30 37,5 | 34,2 | 28 22,7 | 40,0 | 29 |
| 2 | 2 26,5 | 73,2 | 31 9,3 | 31,8 | 27 40,6 | 42,1 | 28 |
| 3 | 3 39,5 | 73,0 | 31 38,7 | 29,4 | 26 56,4 | 44,2 | 27 |
| 4 | 4 52,2 | 72,7 | 32 5,7 | 27,0 | 26 10,1 | 46,3 | 26 |
| 5 | 6 4,6 | 72,4 | 32 30,4 | 25,3 | 25 21,9 | 48,2 | 25 |
| 6 | 7 16,5 | 71,9 | 32 52,5 | 22,1 | 24 31,8 | 50,1 | 24 |
| 7 | 8 27,8 | 71,3 | 33 12,2 | 19,7 | 23 39,7 | 52,1 | 23 |
| 8 | 9 38,5 | 70,7 | 33 29,3 | 17,1 | 22 45,9 | 53,8 | 22 |
| 9 | 10 48,5 | 70,0 | 33 43,9 | 14,6 | 21 50,3 | 55,6 | 21 |
| 10 | 11 57,6 | 69,1 | 33 56,0 | 12,1 | 20 53,1 | 57,2 | 20 |
| 11 | 13 5,9 | 68,3 | 34 5,5 | 9,5 | 19 54,2 | 58,9 | 19 |
| 12 | 14 13,1 | 67,2 | 34 12,2 | 6,7 | 18 53,8 | 60,4 | 18 |
| 13 | 15 19,2 | 66,1 | 34 16,7 | 4,5 | 17 52,0 | 61,8 | 17 |
| 14 | 16 24,1 | 64,9 | 34 18,5 | 1,8 | 16 48,8 | 63,2 | 16 |
| | | | | — | | | |
| 15 | 17 27,9 | 63,8 | 34 17,7 | 0,8 | 15 44,3 | 64,5 | 15 |
| 16 | 18 30,3 | 62,4 | 34 14,3 | 3,4 | 14 38,5 | 65,8 | 14 |
| 17 | 19 31,3 | 61,0 | 34 8,2 | 6,1 | 13 31,6 | 66,9 | 13 |
| 18 | 20 30,8 | 59,5 | 33 59,6 | 8,6 | 12 23,6 | 68,0 | 12 |
| 19 | 21 28,7 | 57,9 | 33 48,5 | 11,2 | 11 14,6 | 69,0 | 11 |
| 20 | 22 24,9 | 56,2 | 33 34,8 | 13,6 | 10 4,7 | 69,9 | 10 |
| 21 | 23 19,5 | 54,6 | 33 18,5 | 16,3 | 8 54,0 | 70,7 | 9 |
| 22 | 24 12,3 | 52,8 | 32 59,8 | 18,7 | 7 42,5 | 71,5 | 8 |
| 24 | 25 3,2 | 50,9 | 32 38,5 | 21,3 | 6 30,4 | 72,1 | 7 |
| 2 | 25 52,3 | 49,1 | 32 14,8 | 23,7 | 5 17,7 | 72,7 | 6 |
| 25 | 26 39,4 | 47,1 | 31 48,7 | 26,1 | 4 4,6 | 73,1 | 5 |
| 26 | 27 24,5 | 45,1 | 31 20,1 | 28,6 | 2 51,0 | 73,6 | 4 |
| 27 | 28 7,4 | 42,9 | 30 49,2 | 30,9 | 1 37,1 | 73,9 | 3 |
| 28 | 28 48,2 | 40,8 | 30 16,0 | 33,2 | 0 23,0 | 74,0 | 2 |
| 29 | 29 26,9 | 38,7 | 29 40,4 | 35,6 | 0 51,2 | 74,2 | 1 |
| 30 | 30 3,3 | 36,4 | 29 2,7 | 37,7 | 2 5,4 | 74,2 | 0 |
| | VI — | | V — | | IV ∓ | | Gr. |

XXVI. Länge des ☽ durch den Betrag der 24 Gleichungen und durch die Mittelpunctsgleichung verbessert — wahre Länge der Sonne.

| | III — | Diff. | IV — | Diff. | V — | Diff. | |
|---|---|---|---|---|---|---|---|
| Gr. | M. S. | Sec. | M. S. | Sec. | M. S. | Sec. | |
| 0 | 2 5,4 | | 32 34,3 | | 31 58,8 | | 30 |
| 1 | 3 19,6 | 74,2 | 33 9,4 | 35,1 | 31 18,7 | 40,1 | 29 |
| 2 | 4 33,6 | 74,0 | 33 42,4 | 33,0 | 30 36,3 | 43,4 | 28 |
| 3 | 5 47,6 | 74,0 | 34 13,0 | 30,6 | 29 51,8 | 44,5 | 27 |
| 4 | 7 1,1 | 73,5 | 34 41,2 | 28,2 | 29 5,0 | 46,8 | 26 |
| 5 | 8 14,2 | 72,9 | 35 7,0 | 25,8 | 28 16,2 | 48,8 | 25 |
| 6 | 9 26,9 | 72,7 | 35 30,3 | 23,3 | 27 25,4 | 50,8 | 24 |
| 7 | 10 38,9 | 72,0 | 35 51,2 | 20,9 | 26 32,5 | 52,9 | 23 |
| 8 | 11 50,3 | 71,4 | 36 9,2 | 18,0 | 25 37,7 | 54,8 | 22 |
| 9 | 13 1,0 | 70,7 | 36 25,1 | 15,9 | 24 41,1 | 56,6 | 21 |
| 10 | 14 10,9 | 69,9 | 36 38,5 | 13,4 | 23 42,7 | 58,4 | 20 |
| 11 | 15 19,8 | 68,9 | 36 49,2 | 10,7 | 22 42,6 | 60,1 | 19 |
| 12 | 16 27,8 | 68,0 | 36 57,2 | 8,0 | 21 40,9 | 61,7 | 18 |
| 13 | 17 34,6 | 69,8 | 37 2,6 | 5,5 | 20 37,5 | 63,4 | 17 |
| 14 | 18 40,3 | 65,7 | 37 5,4 | 2,8 | 19 32,7 | 64,8 | 16 |
| 15 | 19 44,8 | 64,5 | 37 5,7 | 0,3 | 18 26,4 | 66,3 | 15 |
| 16 | 20 47,9 | 63,1 | 37 5,3 | — 2,4 | 17 18,8 | 67,6 | 14 |
| 17 | 21 49,7 | 61,8 | 36 58,2 | 5,1 | 16 10,0 | 68,8 | 13 |
| 18 | 22 49,9 | 60,2 | 36 50,5 | 7,7 | 15 0,0 | 70,0 | 12 |
| 19 | 23 48,7 | 58,8 | 36 40,1 | 10,4 | 13 48,8 | 71,2 | 11 |
| 20 | 24 45,9 | 57,2 | 36 27,3 | 12,8 | 12 36,7 | 72,1 | 10 |
| 21 | 25 41,3 | 55,1 | 36 11,8 | 15,5 | 11 23,7 | 73,0 | 9 |
| 22 | 26 35,0 | 53,7 | 35 53,6 | 18,2 | 10 9,8 | 73,9 | 8 |
| 23 | 27 26,9 | 51,9 | 35 33,0 | 20,6 | 8 55,2 | 74,6 | 7 |
| 24 | 28 16,9 | 50,0 | 35 9,7 | 23,3 | 7 40,0 | 75,2 | 6 |
| 25 | 29 5,0 | 48,1 | 34 44,1 | 25,6 | 6 24,4 | 75,6 | 5 |
| 26 | 29 51,0 | 46,0 | 34 15,9 | 28,2 | 5 7,9 | 76,5 | 4 |
| 27 | 30 35,0 | 44,0 | 33 45,2 | 30,7 | 3 51,3 | 76,6 | 3 |
| 28 | 31 16,9 | 41,9 | 33 12,1 | 33,1 | 2 34,3 | 77,0 | 2 |
| 29 | 31 56,6 | 39,7 | 32 36,6 | 35,5 | 1 17,3 | 77,0 | 1 |
| 30 | 32 34,3 | 37,7 | 31 58,8 | 37,8 | 0 0,0 | 77,3 | 0 |
| | VII + | | VII + | | VI + | | Gr. |

| | XXVII. Doppelte Entfernung des ☽ vom verbesserten ☊ — 25tes Argument. | | | XXVIII. Wahre Länge des ☽ in seiner Bahn + verbessertes Supplement des ☊. | | | |
|---|---|---|---|---|---|---|---|
| | 0 + VI — | I + VII — | II + VIII — | 0 — VI — | I — VII — | II — VIII — | |
| Gr. | Sec. | M. S. | M. S. | M. S. | M. S. | M S. | |
| 0 | 0,0 | 0 42,2 | 1 13,1 | 0 0,0 | 5 52,3 | 5 52,3 | 30 |
| 1 | 1,5 | 0 43,5 | 1 13,8 | 0 14,2 | 5 59,2 | 5 45,0 | 29 |
| 2 | 2,9 | 0 44,8 | 1 14,5 | 0 28,4 | 6 5,6 | 5 37,2 | 28 |
| 3 | 4,4 | 0 46,0 | 1 15,2 | 0 42,5 | 6 11,6 | 5 29,1 | 27 |
| 4 | 5,9 | 0 47,2 | 1 15,9 | 0 56,6 | 6 17,2 | 5 20,6 | 26 |
| 5 | 7,4 | 0 48,4 | 1 16,5 | 1 10,6 | 6 22,3 | 5 11,6 | 25 |
| 6 | 8,8 | 0 49,6 | 1 17,1 | 1 24,6 | 6 26,9 | 5 2,3 | 24 |
| 7 | 10,3 | 0 50,8 | 1 17,7 | 1 38,4 | 6 31,1 | 4 52,6 | 23 |
| 8 | 11,7 | 0 52,0 | 1 18,3 | 1 52,1 | 6 34,7 | 4 42,6 | 22 |
| 9 | 13,2 | 0 53,1 | 1 18,8 | 2 5,7 | 6 37,9 | 4 32,2 | 21 |
| 10 | 14,7 | 0 54,2 | 1 19,3 | 2 19,1 | 6 40,6 | 4 21,5 | 20 |
| 11 | 16,1 | 0 55,4 | 1 19,8 | 2 32,4 | 6 42,9 | 4 10,5 | 19 |
| 12 | 17,5 | 0 56,5 | 1 20,3 | 2 45,4 | 6 44,6 | 3 59,1 | 18 |
| 13 | 19,0 | 0 57,6 | 1 20,7 | 2 58,3 | 6 45,8 | 3 47,5 | 17 |
| 14 | 20,4 | 0 58,6 | 1 21,1 | 3 11,0 | 6 46,5 | 3 35,6 | 16 |
| 15 | 21,8 | 0 59.7 | 1 21,5 | 3 23,4 | 6 46,6 | 3 23,4 | 15 |
| 16 | 23,3 | 1 0,7 | 1 21,9 | 3 35,6 | 6 46,5 | 3 11,0 | 14 |
| 17 | 24,7 | 1 1,7 | 1 22,2 | 3 47,5 | 6 45,8 | 2 58,3 | 13 |
| 18 | 26,1 | 1 2,7 | 1 22,5 | 3 59,1 | 6 44,6 | 2 45,5 | 12 |
| 19 | 27,5 | 1 3,6 | 1 22,8 | 4 10,5 | 6 42,9 | 2 32,4 | 11 |
| 20 | 28,9 | 1 4,6 | 1 23,1 | 4 21,5 | 6 40,6 | 2 19,1 | 10 |
| 21 | 30,2 | 1 5,6 | 1 23,4 | 4 32,2 | 6 37,9 | 2 5,7 | 9 |
| 22 | 31,6 | 1 6,5 | 1 23,6 | 4 42,6 | 6 34,7 | 1 52,1 | 8 |
| 23 | 33,0 | 1 7,4 | 1 23,8 | 4 52,6 | 6 31,1 | 1 38,4 | 7 |
| 24 | 34.3 | 1 8,3 | 1 23,9 | 5 2,3 | 6 26,9 | 1 24,6 | 6 |
| 25 | 35.7 | 1 9,1 | 1 24,1 | 5 11,6 | 6 22,3 | 1 10,6 | 5 |
| 26 | 37,0 | 1 10,0 | 1 24,2 | 5 20,6 | 6 17,2 | 0 56,6 | 4 |
| 27 | 38,3 | 1 10,8 | 1 24,3 | 5 29,2 | 6 11,6 | 0 42,5 | 3 |
| 28 | 39,6 | 1 11,6 | 1 24,3 | 5 37,3 | 6 5,6 | 0 28,4 | 2 |
| 29 | 40,9 | 1 12,3 | 1 24,4 | 5 45,0 | 5 59,2 | 0 14,2 | 1 |
| 30 | 42,2 | 1 13,1 | 1 24,4 | 5 52,3 | 5 52,3 | 0 0,0 | 0 |
| | XI — V + | X — IV + | IX — III + | XI + V + | X + IV + | IX + III + | Gr. |

## Breitengleichungen nach *Laplace's* Theorie.

I. Mondslänge in orbita + Supplement des verbesserten Mondsknoten.

| G. M | ○ + VI − | I + VII − | II + VIII − | G. M. |
|---|---|---|---|---|
| 0 0 | 0 0 0,0 | 2 34 14,7 | 4 27 19,5 | 30 0 |
| 10 | 0 0 53,8 | 2 35 1,3 | 4 27 46,3 | 50 |
| 20 | 0 1 47,7 | 2 35 47,9 | 4 28 13,2 | 40 |
| 30 | 0 2 41,5 | 2 36 34,5 | 4 28 39,8 | 30 |
| 40 | 0 3 35,3 | 2 37 20,9 | 4 29 6,3 | 20 |
| 50 | 0 4 29,2 | 2 38 7,1 | 4 29 32,6 | 10 |
| 1 0 | 0 5 23,0 | 2 38 53,3 | 4 29 58,9 | 29 0 |
| 10 | 0 6 16,8 | 2 39 39,3 | 4 30 24,7 | 50 |
| 20 | 0 7 10,6 | 2 40 25,5 | 4 30 50,5 | 40 |
| 30 | 0 8 4,4 | 2 41 11,5 | 4 31 16,9 | 30 |
| 40 | 0 8 58,2 | 2 41 57,4 | 4 31 43,3 | 20 |
| 50 | 0 9 52,0 | 2 42 43,1 | 4 32 8,4 | 10 |
| 2 0 | 0 10 45,8 | 2 43 28,9 | 4 32 33,5 | 28 0 |
| 10 | 0 11 39,6 | 2 44 14,6 | 4 32 58,7 | 50 |
| 20 | 0 12 33,4 | 2 45 0,2 | 4 33 23,9 | 40 |
| 30 | 0 13 27,2 | 2 45 46,1 | 4 33 48,9 | 30 |
| 40 | 0 14 21,0 | 2 46 31,1 | 4 34 13,7 | 20 |
| 50 | 0 15 14,8 | 2 47 16,4 | 4 34 38,3 | 10 |
| 3 0 | 0 16 8,5 | 2 48 1,6 | 4 35 3,0 | 27 0 |
| 10 | 0 17 2,2 | 2 48 46,7 | 4 35 27,3 | 50 |
| 20 | 0 17 55,9 | 2 49 31,8 | 4 35 51,7 | 40 |
| 30 | 0 18 49,7 | 2 50 16,7 | 4 36 15,9 | 30 |
| 40 | 0 19 43,4 | 2 51 1,6 | 4 36 39,9 | 20 |
| 50 | 0 20 37,1 | 2 51 46,4 | 4 37 3,7 | 10 |
| 4 0 | 0 21 30,8 | 2 52 31,1 | 4 37 27,5 | 26 0 |
| 10 | 0 22 24,5 | 2 53 15,7 | 4 37 51,1 | 50 |
| 20 | 0 23 18,1 | 2 54 0,4 | 4 38 14,6 | 40 |
| 30 | 0 24 11,8 | 2 54 44,8 | 4 38 37,9 | 30 |
| 40 | 0 25 5,4 | 2 55 29,2 | 4 39 1,1 | 20 |
| 50 | 0 25 59,0 | 2 56 13,4 | 4 39 24,1 | 10 |
| 5 0 | 0 26 52,7 | 2 56 57,6 | 4 39 47,0 | 0 |
| | XI − V + | X − IV + | IX − III + | |

I. Mondslänge in orbita + Supplement des verbesserten Mondsknoten.

| | ○ + <br> VI − | I + <br> VII − | II + <br> VIII − | G. M. |
|---|---|---|---|---|
| 5 0 | 0 26 52,7 | 2 56 57,6 | 4 39 47,0 | 25 0 |
| 10 | 27 46,3 | 2 57 41,6 | 4 40 9,7 | 50 |
| 20 | 28 40,0 | 2 58 25,6 | 4 40 32,4 | 40 |
| 30 | 29 33,5 | 2 59 9,6 | 4 40 54,8 | 30 |
| 40 | 30 27,0 | 2 59 53,4 | 4 41 17,2 | 20 |
| 50 | 31 20,7 | 3 0 37,1 | 4 41 39,3 | 10 |
| 6 0 | 0 32 14,2 | 3 1 20,7 | 4 42 1,4 | 24 0 |
| 10 | 0 33 7,8 | 3 2 4,3 | 4 42 23,2 | 50 |
| 20 | 0 34 1,3 | 3 2 47,7 | 4 42 45,0 | 40 |
| 30 | 0 34 54,7 | 3 3 31,1 | 4 43 1,5 | 30 |
| 40 | 0 35 48,2 | 3 4 14,4 | 4 43 28,0 | 20 |
| 50 | 0 36 41,7 | 3 4 57,6 | 4 43 49,3 | 10 |
| 7 0 | 0 37 35,1 | 3 5 40,7 | 4 44 10,5 | 23 0 |
| 10 | 0 38 28,5 | 3 6 23,6 | 4 44 31,5 | 50 |
| 20 | 0 39 21,9 | 3 7 6,6 | 4 44 52,5 | 40 |
| 30 | 0 40 15,3 | 3 7 49,4 | 4 45 13,1 | 30 |
| 40 | 0 41 8,7 | 3 8 32,2 | 4 45 33,8 | 20 |
| 50 | 0 42 2,0 | 3 9 14,8 | 4 45 54,1 | 10 |
| 8 0 | 0 42 55,3 | 3 9 57,3 | 4 46 14,6 | 22 0 |
| 10 | 0 43 48,6 | 3 10 39,7 | 4 46 34,7 | 50 |
| 20 | 0 44 41,9 | 3 11 22,1 | 4 46 54,8 | 40 |
| 30 | 0 45 35,1 | 3 12 4,2 | 4 47 14,6 | 30 |
| 40 | 0 46 28,3 | 3 12 46,4 | 4 47 34,3 | 20 |
| 50 | 0 47 21,5 | 3 13 28,4 | 4 47 53,8 | 10 |
| 9 0 | 0 48 14,7 | 3 14 10,4 | 4 48 13,3 | 21 0 |
| 10 | 0 49 7,9 | 3 14 52,2 | 4 49 2,5 | 50 |
| 20 | 0 50 1,0 | 3 15 34,0 | 4 48 51,7 | 40 |
| 30 | 0 50 54,1 | 3 16 15,6 | 4 49 10,7 | 30 |
| 40 | 0 51 47,2 | 3 16 57,2 | 4 49 29,5 | 20 |
| 50 | 0 52 40,3 | 3 17 38,6 | 4 49 48,1 | 10 |
| 10 0 | 0 53 33,3 | 3 18 20,0 | 4 50 6,7 | 20 0 |
| | XI − <br> V + | X − <br> IV + | IX − <br> III + | |

I. Mondslänge in orbita + Supplement des verbesserten Mondsknoten.

| | O + VI − | I + VII − | II + VIII − | G. M. |
|---|---|---|---|---|
| 10 0 | 0 53 33,3 | 3 18 20,0 | 4 50 6,7 | 20 0 |
| 10 | 0 54 26,3 | 3 19 1,2 | 4 50 25,0 | 50 |
| 20 | 0 55 19,3 | 3 19 42,4 | 4 50 43,4 | 40 |
| 30 | 0 56 12,2 | 3 20 23,5 | 4 51 1,4 | 30 |
| 40 | 0 57 5,1 | 3 21 4,4 | 4 51 19,4 | 20 |
| 50 | 0 57 57,9 | 3 21 45,2 | 4 51 37,1 | 10 |
| 11 0 | 0 58 50,8 | 3 22 26,0 | 4 51 54,9 | 19 0 |
| 10 | 0 59 43,6 | 3 23 6,6 | 4 52 11,7 | 50 |
| 20 | 1 0 36,4 | 3 23 47,1 | 4 52 28,9 | 40 |
| 30 | 1 1 29,2 | 3 23 27,5 | 4 52 46,8 | 30 |
| 40 | 1 2 21,9 | 3 24 7,9 | 4 53 3,8 | 20 |
| 50 | 1 3 14,6 | 3 25 48,1 | 4 53 20,7 | 10 |
| 2 0 | 1 4 7,3 | 3 26 28,2 | 4 53 37,6 | 18 0 |
| 10 | 1 5 0,0 | 3 27 8,2 | 4 53 54,3 | 50 |
| 20 | 1 5 52,6 | 3 27 48,1 | 4 54 10,7 | 40 |
| 30 | 1 6 45,1 | 3 28 27,9 | 4 54 27,0 | 30 |
| 40 | 1 7 37,7 | 3 29 7,6 | 4 54 43,2 | 20 |
| 50 | 1 8 30,2 | 3 29 47,2 | 4 54 59,2 | 10 |
| 13 0 | 1 9 22,7 | 3 30 26,7 | 4 55 15,1 | 17 0 |
| 10 | 1 10 15,2 | 3 31 6,0 | 4 55 30,8 | 50 |
| 20 | 1 11 7,6 | 3 31 45,3 | 4 55 46,4 | 40 |
| 30 | 1 11 59,9 | 3 32 24,3 | 4 55 1,8 | 30 |
| 40 | 1 12 52,3 | 3 33 3,4 | 4 56 17,1 | 20 |
| 50 | 1 13 44,5 | 3 33 42,3 | 4 56 32,2 | 10 |
| 14 0 | 1 14 36,8 | 3 34 21,2 | 4 56 47,2 | 16 0 |
| 10 | 1 15 28,0 | 3 34 59,9 | 4 57 1,9 | 50 |
| 20 | 1 16 21,2 | 3 35 38,6 | 4 57 16,6 | 40 |
| 30 | 1 17 13,3 | 3 36 17,2 | 4 57 31,1 | 30 |
| 40 | 1 18 5,4 | 3 36 55,6 | 4 57 45,5 | 20 |
| 50 | 1 18 57,5 | 3 37 3,9 | 4 57 59,6 | 10 |
| 15 0 | 1 19 49,5 | 3 38 12,1 | 4 58 13,7 | 15 0 |
| | XI − V + | X − IV + | IX − III + | |

I. Mondslänge in orbita + Supplement des verbesserten Mondsknoten.

| | ○ + VI − | I + VII − | II + VIII − | G. M. |
|---|---|---|---|---|
| 15 0 | 1 19 49,5 | 3 38 12,1 | 4 58 13,7 | 15 0 |
| 10 | 1 20 41,5 | 3 38 50,1 | 4 58 27,6 | 10 |
| 20 | 1 21 33,4 | 3 39 28,2 | 4 58 41,4 | 20 |
| 30 | 1 22 25,3 | 3 40 6,1 | 4 58 55,0 | 30 |
| 40 | 1 23 17,2 | 3 40 43,8 | 4 59 8,4 | 40 |
| 50 | 1 24 9,0 | 3 41 21,4 | 4 59 21,6 | 50 |
| 16 0 | 1 25 0,8 | 3 41 59,0 | 4 59 34,9 | 14 0 |
| 10 | 1 25 52,5 | 3 42 36,3 | 4 59 47,8 | 10 |
| 20 | 1 26 44,3 | 3 43 13,7 | 5 0 0,7 | 20 |
| 30 | 1 27 35,9 | 3 43 50,9 | 5 0 13.4 | 30 |
| 40 | 1 28 27,5 | 3 44 27,9 | 5 0 25,9 | 40 |
| 50 | 1 29 19,1 | 3 45 4,8 | 5 0 38,2 | 50 |
| 17 0 | 1 30 10,6 | 3 45 41,7 | 5 0 50,5 | 13 0 |
| 10 | 1 31 2,0 | 3 46 18,3 | 5 1 2,5 | 10 |
| 20 | 1 31 53,4 | 3 46 55,0 | 5 1 14,6 | 20 |
| 30 | 1 33 44,8 | 3 47 31,5 | 5 1 26,3 | 30 |
| 40 | 1 33 36,1 | 3 48 7,9 | 5 1 37,9 | 40 |
| 50 | 1 34 27,3 | 3 48 44,1 | 5 1 49,3 | 50 |
| 18 0 | 1 35 18,6 | 3 49 20,3 | 5 2 0,7 | 12 0 |
| 10 | 1 36 18,8 | 3 49 56,3 | 5 2 11,8 | 10 |
| 20 | 1 37 0,9 | 3 50 32,2 | 5 2 22,9 | 20 |
| 30 | 1 37 52,0 | 3 51 8,0 | 5 2 33,7 | 30 |
| 40 | 1 38 43,1 | 3 51 43,7 | 5 2 44,4 | 40 |
| 50 | 1 39 34,0 | 3 52 19,2 | 5 2 54,9 | 50 |
| 19 0 | 1 40 25,0 | 3 52 54,7 | 5 3 5,3 | 11 0 |
| 10 | 1 41 15,8 | 3 53 30,0 | 5 3 15,5 | 50 |
| 20 | 1 42 6,7 | 3 54 5,3 | 5 3 25,6 | 40 |
| 30 | 1 42 57,5 | 3 54 40,3 | 5 3 35,6 | 30 |
| 40 | 1 43 48,2 | 3 55 15,3 | 5 3 45,3 | 20 |
| 50 | 1 44 38,8 | 3 55 50,1 | 5 3 55,1 | 10 |
| 20 0 | 1 45 29,5 | 3 56 24,9 | 5 4 4,4 | 10 0 |
| | XI − V + | X − IV + | IX − III + | |

I. Mondslänge in orbita + Supplement des verbesserten Mondsknoten.

| ☊ | ☉ + / VI − | I + / VII − | II + / VIII − | G. M. |
|---|---|---|---|---|
| 20 0 | 1 45 29,5 | 3 56 24,9 | 5 4 4,4 | 10 0 |
| 10 | 1 46 20,0 | 3 56 59,5 | 5 4 13,7 | 50 |
| 20 | 1 47 10,6 | 3 57 34,0 | 5 4 22,9 | 40 |
| 30 | 1 48 1,1 | 3 58 8,4 | 5 4 31,9 | 30 |
| 40 | 1 48 51,5 | 3 58 42,7 | 5 4 40,7 | 20 |
| 50 | 1 49 41,8 | 3 59 16,7 | 5 4 49,3 | 10 |
| 21 0 | 1 50 32,2 | 3 59 50,8 | 5 4 57,9 | 9 0 |
| 10 | 1 51 22,5 | 4 0 24,7 | 5 5 6,2 | 50 |
| 20 | 1 52 12,7 | 4 0 58,5 | 5 5 14,5 | 40 |
| 30 | 1 53 2,8 | 4 1 32,1 | 5 5 22,6 | 30 |
| 40 | 1 53 52,9 | 4 2 5,6 | 5 5 30,5 | 20 |
| 50 | 1 54 42,9 | 4 2 39,0 | 5 5 38,1 | 10 |
| 22 0 | 1 55 32,9 | 4 3 12,3 | 5 5 45,8 | 8 0 |
| 10 | 1 56 22,8 | 4 3 45,3 | 5 5 56,2 | 50 |
| 20 | 1 57 12,6 | 4 4 18,4 | 5 6 0,5 | 40 |
| 30 | 1 58 2,2 | 4 4 51,3 | 5 6 7,6 | 30 |
| 40 | 1 58 52,1 | 4 5 24,1 | 5 6 14,6 | 20 |
| 50 | 1 59 41,7 | 4 5 56,7 | 5 6 21,3 | 10 |
| 23 0 | 2 0 31,3 | 4 6 29,3 | 5 6 28,1 | 7 0 |
| 10 | 2 1 20,8 | 4 7 1,7 | 5 6 34,6 | 50 |
| 20 | 2 2 10,3 | 4 7 34,1 | 5 6 41,0 | 40 |
| 30 | 2 2 59,7 | 4 8 6,2 | 5 6 37,2 | 30 |
| 40 | 2 3 49,1 | 4 8 38,3 | 5 6 53,2 | 20 |
| 50 | 2 4 38,3 | 4 9 10,2 | 5 6 59,0 | 10 |
| 24 0 | 2 5 27,6 | 4 9 42,0 | 5 7 4,8 | 6 0 |
| 10 | 2 6 16,7 | 4 10 13,6 | 5 7 10,3 | 50 |
| 20 | 2 7 5,9 | 4 10 45,1 | 5 7 15,7 | 40 |
| 30 | 2 7 54,9 | 4 11 16,5 | 5 7 21,0 | 30 |
| 40 | 2 8 43,9 | 4 11 47,8 | 5 7 26,1 | 20 |
| 50 | 2 9 32,8 | 4 12 18,9 | 5 7 31,0 | 10 |
| 25 0 | 2 10 21,7 | 4 12 49,9 | 5 7 35,8 | 5 0 |
| | XI − / V + | X − / IV + | IX − / III + | |

I. Mondslänge in orbita + Supplement des verbesserten Mondsknoten.

| | O + VI − | I + VII − | II + VIII − | G. M. |
|---|---|---|---|---|
| 25 0 | 2 10 21,7 | 4 12 49,9 | 5 7 35,8 | 5 0 |
| 10 | 2 11 10,4 | 4 13 20,7 | 5 7 40,0 | 50 |
| 20 | 2 11 59,2 | 4 13 51,5 | 5 7 44,1 | 40 |
| 30 | 2 12 47,9 | 4 14 22,1 | 5 7 49,3 | 30 |
| 40 | 2 13 36,4 | 4 14 52,6 | 5 7 53,4 | 20 |
| 50 | 2 14 24,9 | 4 15 22,9 | 5 7 57,4 | 10 |
| 26 0 | 2 15 13,4 | 4 15 53,2 | 5 8 1,3 | 4 0 |
| 10 | 2 16 1,8 | 4 16 23,3 | 5 8 4,9 | 50 |
| 20 | 2 16 50,1 | 4 16 53,3 | 5 8 8,5 | 40 |
| 30 | 2 17 38,3 | 4 17 23,2 | 5 8 11,9 | 30 |
| 40 | 2 18 26,5 | 4 17 52,9 | 5 8 15,1 | 20 |
| 50 | 2 19 14,5 | 4 18 22,5 | 5 8 18,1 | 10 |
| 27 0 | 2 20 2,6 | 4 18 52,0 | 5 8 21,1 | 3 0 |
| 10 | 2 20 50,5 | 4 19 21,3 | 5 8 23,8 | 50 |
| 20 | 2 21 38,4 | 4 19 50,5 | 5 8 26,4 | 40 |
| 30 | 2 22 26,3 | 4 20 19,8 | 5 8 28,8 | 30 |
| 40 | 2 23 14,0 | 4 20 48,5 | 5 8 31,1 | 20 |
| 50 | 2 24 1,7 | 4 21 17,3 | 5 8 33,2 | 10 |
| 28 0 | 2 24 49,3 | 4 21 46,0 | 5 8 35,2 | 2 0 |
| 10 | 2 25 36,8 | 4 22 14,5 | 5 8 36,9 | 50 |
| 20 | 2 26 24,3 | 4 22 42,9 | 5 8 38,6 | 40 |
| 30 | 2 27 11 8 | 4 22 11,1 | 5 8 40,1 | 30 |
| 40 | 2 27 59,1 | 4 23 39 2 | 5 8 41,5 | 20 |
| 50 | 2 28 46,3 | 4 24 7,2 | 5 8 42,6 | 10 |
| 29 0 | 2 29 33,4 | 4 24 35,1 | 5 8 43,7 | 1 0 |
| 10 | 2 30 20,5 | 4 25 2,8 | 5 8 44,6 | 50 |
| 20 | 2 31 7,5 | 4 25 30,5 | 5 8 45,4 | 40 |
| 30 | 2 31 54,4 | 4 25 57,9 | 5 8 46 0 | 30 |
| 40 | 2 32 41,2 | 4 26 25,3 | 5 8 46,4 | 20 |
| 50 | 2 33 28,0 | 4 26 52,4 | 5 8 47,0 | 10 |
| 30 0 | 2 34 14,7 | 4 27 19,5 | 5 8 46,7 | 0 0 |
| | XI − V + | X − IV + | IX − III + | |

II. Doppelte Entfernung des ☽ in orbita von der ☉ — Ites Argument der Breite.

III. Ites Argum. der Breite — mittlere ☉ Anomalie.

| | O VI + − | I VII + − | II VIII + − | O VI + − | I VII + − | II VIII + − | |
|---|---|---|---|---|---|---|---|
| | M. S. | M. S. | M. S. | Sec. | Sec. | Sec. | |
| 0 | 0 0,0 | 4 23,5 | 7 36,3 | 0,0 | 0,7 | 1,3 | 30 |
| 1 | 0 9,2 | 4 31,3 | 7 40,8 | 0,0 | 0,8 | 1,3 | 29 |
| 2 | 0 18,2 | 4 39,2 | 7 45,2 | 0,0 | 0,8 | 1,3 | 28 |
| 3 | 0 27,6 | 4 47,0 | 7 49,5 | 0,1 | 0,8 | 1,3 | 27 |
| 4 | 0 36,7 | 4 54,6 | 7 53,6 | 0,1 | 0,8 | 1,3 | 26 |
| 5 | 0 45,9 | 4 2,3 | 7 57,6 | 0,1 | 0,9 | 1,4 | 25 |
| 6 | 0 55,2 | 5 9,7 | 8 1,4 | 0,2 | 0,9 | 1,4 | 24 |
| 7 | 1 4,2 | 5 17,1 | 8 5,1 | 0,2 | 0,9 | 1,4 | 23 |
| 8 | 1 13,4 | 5 24,4 | 8 8,6 | 0,2 | 0,9 | 1,4 | 22 |
| 9 | 1 22,5 | 5 31,5 | 8 12,0 | 0,2 | 0,9 | 1,4 | 21 |
| 10 | 1 31,5 | 5 38,7 | 8 15,2 | 0,3 | 1,0 | 1,4 | 20 |
| 11 | 1 40,5 | 5 45,7 | 8 18,3 | 0,3 | 1,0 | 1,4 | 19 |
| 12 | 1 49,5 | 5 52,6 | 8 21,1 | 0,3 | 1,0 | 1,4 | 18 |
| 13 | 1 58,5 | 5 59,4 | 8 23,8 | 0,3 | 1,0 | 1,4 | 17 |
| 14 | 2 7,5 | 6 6,1 | 8 26,4 | 0,4 | 1,0 | 1,4 | 16 |
| 15 | 2 16,4 | 6 12,6 | 8 28,9 | 0,4 | 1,1 | 1,4 | 15 |
| 16 | 2 25,3 | 6 19,0 | 8 31,2 | 0,4 | 1,1 | 1,4 | 14 |
| 17 | 2 34,4 | 6 25,3 | 8 33,4 | 0,4 | 1,2 | 1,5 | 13 |
| 18 | 2 43,0 | 6 31,5 | 8 35,4 | 0,5 | 1,1 | 1,5 | 12 |
| 19 | 2 51,8 | 6 37,6 | 8 37,2 | 0,5 | 1,1 | 1,5 | 11 |
| 20 | 3 0,3 | 6 43,6 | 8 38,9 | 0,5 | 1,1 | 1,5 | 10 |
| 21 | 3 9,0 | 6 49,5 | 8 40,4 | 0,5 | 1,2 | 1,5 | 9 |
| 22 | 3 17,6 | 6 55,2 | 8 41,8 | 0,6 | 1,2 | 1,5 | 8 |
| 23 | 3 26,1 | 7 0,8 | 8 43,0 | 0,6 | 1,2 | 1,5 | 7 |
| 24 | 3 34,3 | 7 6,3 | 8 44,0 | 0,6 | 1,2 | 1,5 | 6 |
| 25 | 3 42,7 | 7 11,6 | 8 44,9 | 0,6 | 1,2 | 1,5 | 5 |
| 26 | 3 51,1 | 7 16,8 | 8 45,6 | 0,7 | 1,3 | 1,5 | 4 |
| 27 | 3 59,3 | 7 21,8 | 8 46,2 | 0,7 | 1,3 | 1,5 | 3 |
| 28 | 4 7,5 | 7 26,8 | 8 46,6 | 0,7 | 1,3 | 1,5 | 2 |
| 29 | 4 15,6 | 7 31,6 | 8 46,8 | 0,7 | 1,3 | 1,5 | 1 |
| 30 | 4 23,5 | 7 36,3 | 8 46,9 | 0,7 | 1,3 | 1,5 | 0 |
| | − + XI V | − + X IV | − + IX III | − + XI V | − + X IV | − + IX III | |

| | IV. Ites Argum. der Breite + mittlere ☽ Anomalie. | | | V. Ites Argument der Breite — mittlere ☽ Anomalie. | | | |
|---|---|---|---|---|---|---|---|
| | 0 + VI — | I + VII — | II + VIII — | 0 — VI + | I — VII + | II — VIII + | |
| | Sec. | Sec. | Sec. | Sec. | Sec. | Sec. | |
| 0 | 0,0 | 0,6 | 1,1 | 0,0 | 8,9 | 15,4 | 30 |
| 1 | 0,0 | 0,7 | 1,1 | 0,3 | 9,1 | 15,5 | 29 |
| 2 | 0,0 | 0,7 | 1,1 | 0,6 | 9,4 | 15,7 | 28 |
| 3 | 0,1 | 0,7 | 1,1 | 0,9 | 9,7 | 15,8 | 27 |
| 4 | 0,1 | 0,7 | 1,2 | 1,2 | 9,9 | 15,9 | 26 |
| 5 | 0,1 | 0,7 | 1,2 | 1,5 | 10,2 | 16,1 | 25 |
| 6 | 0,1 | 0,7 | 1,2 | 1,9 | 10,5 | 16,2 | 24 |
| 7 | 0,1 | 0,8 | 1,2 | 2,2 | 10,7 | 16,3 | 23 |
| 8 | 0,2 | 0,8 | 1,2 | 2,5 | 11,0 | 16,5 | 22 |
| 9 | 0,2 | 0,8 | 1,2 | 2,8 | 11,2 | 16,6 | 21 |
| 10 | 0,2 | 0,8 | 1,2 | 3,1 | 11,5 | 16,7 | 20 |
| 11 | 0,2 | 0,8 | 1,2 | 3,4 | 11,7 | 16,8 | 19 |
| 12 | 0,3 | 0,9 | 1,2 | 3,7 | 11,9 | 16,9 | 18 |
| 13 | 0,3 | 0,9 | 1,2 | 4,0 | 12,1 | 17,0 | 17 |
| 14 | 0,3 | 0,9 | 1,2 | 4,3 | 12,4 | 17,1 | 16 |
| 15 | 0,3 | 0,9 | 1,2 | 4,6 | 12,6 | 17,2 | 15 |
| 16 | 0,3 | 0,9 | 1,2 | 4,9 | 12,8 | 17,3 | 14 |
| 17 | 0,4 | 0,9 | 1,3 | 5,2 | 13,0 | 17,3 | 13 |
| 18 | 0,4 | 1,0 | 1,3 | 5,5 | 13,2 | 17,4 | 12 |
| 19 | 0,4 | 1,0 | 1,3 | 5,8 | 13,4 | 17,5 | 11 |
| 20 | 0,4 | 1,0 | 1,3 | 6,1 | 13,6 | 17,5 | 10 |
| 21 | 0,5 | 1,0 | 1,3 | 6,4 | 13,8 | 17,5 | 9 |
| 22 | 0,5 | 1,0 | 1,3 | 6,7 | 14,0 | 17,6 | 8 |
| 23 | 0,5 | 1,0 | 1,3 | 7,0 | 14,2 | 17,6 | 7 |
| 24 | 0,5 | 1,0 | 1,3 | 7,2 | 14,4 | 17,7 | 6 |
| 25 | 0,5 | 1,1 | 1,3 | 7,5 | 14,6 | 17,7 | 5 |
| 26 | 0,6 | 1,1 | 1,3 | 7,8 | 14,8 | 17,7 | 4 |
| 27 | 0,6 | 1,1 | 1,3 | 8,1 | 15,0 | 17,8 | 3 |
| 28 | 0,6 | 1,1 | 1,3 | 8,4 | 15,2 | 17,8 | 2 |
| 29 | 0,6 | 1,1 | 1,3 | 8,6 | 15,4 | 17,8 | 1 |
| 30 | 0,6 | 1,1 | 1,3 | 8,9 | 15,6 | 17,8 | 0 |
| | XI — V + | X — IV + | IX — III + | XI + V — | X + IV — | IX + III — | |

| | VI. Vtes Argum. der Breite — mittlere ☽ Anomalie. | | | VII. VItes Argument der Breite — mittlere ☽ Anomalie. | | | |
|---|---|---|---|---|---|---|---|
| | 0 — VI + | I — VII + | II — VIII + | 0 + VI — | I + VII — | II + VIII — | |
| Gr. | Sec | Sec. | Sec. | Sec. | Sec. | Sec. | |
| 0 | 0,0 | 13,1 | 22,7 | 0,0 | 1,5 | 2,5 | 30 |
| 1 | 0,5 | 13,5 | 22,9 | 0,1 | 1,5 | 2,5 | 29 |
| 2 | 0,9 | 13,9 | 23,1 | 0,1 | 1,6 | 2,6 | 28 |
| 3 | 1,3 | 14,3 | 23,3 | 0,2 | 1,6 | 2,6 | 27 |
| 4 | 1,8 | 14,6 | 23,6 | 0,2 | 1,7 | 2,6 | 26 |
| 5 | 2,3 | 15,0 | 23,8 | 0,2 | 1,7 | 2,6 | 25 |
| 6 | 2,7 | 15,4 | 24,0 | 0,3 | 1,7 | 2,6 | 24 |
| 7 | 3,1 | 15,8 | 24,1 | 0,3 | 1,8 | 2,7 | 23 |
| 8 | 3,6 | 16,1 | 24,3 | 0,4 | 1,8 | 2,7 | 22 |
| 9 | 4,0 | 16,4 | 24,5 | 0,4 | 1,8 | 2,7 | 21 |
| 10 | 4,5 | 16,8 | 24,6 | 0,5 | 1,9 | 2,7 | 20 |
| 11 | 4,9 | 17,2 | 24,8 | 0,5 | 1,9 | 2,7 | 19 |
| 12 | 5,4 | 17,5 | 24,9 | 0,6 | 2,0 | 2,8 | 18 |
| 13 | 5,9 | 17,9 | 25,0 | 0,7 | 2,0 | 2,8 | 17 |
| 14 | 5,3 | 18,2 | 25,2 | 0,7 | 2,1 | 2,8 | 16 |
| 15 | 6,8 | 18,5 | 25,3 | 0,8 | 2,1 | 2,8 | 15 |
| 16 | 7,2 | 18,8 | 25,4 | 0,8 | 2,1 | 2,8 | 14 |
| 17 | 7,7 | 19,1 | 25,5 | 0,9 | 2,1 | 2,8 | 13 |
| 18 | 8,1 | 19,5 | 25,6 | 0,9 | 2,2 | 2,8 | 12 |
| 19 | 8,5 | 19,8 | 25,7 | 1,0 | 2,2 | 2,8 | 11 |
| 20 | 9,0 | 20,1 | 25,8 | 1,0 | 2,2 | 2,9 | 10 |
| 21 | 9,4 | 20,4 | 25,9 | 1,1 | 2,3 | 2,9 | 9 |
| 22 | 9,8 | 20,7 | 25,9 | 1,1 | 2,3 | 2,9 | 8 |
| 23 | 10,2 | 20,9 | 26,0 | 1,1 | 2,3 | 2,9 | 7 |
| 24 | 10,7 | 21,2 | 26,0 | 1,2 | 2,4 | 2,9 | 6 |
| 25 | 11,1 | 21,5 | 26,1 | 1,2 | 2,4 | 2,9 | 5 |
| 26 | 11,5 | 21,7 | 26,1 | 1,3 | 2,4 | 2,9 | 4 |
| 27 | 11,9 | 22,0 | 26,2 | 1,3 | 2,4 | 2,9 | 3 |
| 28 | 12,3 | 22,2 | 26,2 | 1,4 | 2,5 | 2,9 | 2 |
| 29 | 12,7 | 22,4 | 26,2 | 1,4 | 2,5 | 2,9 | 1 |
| 30 | 13,1 | 22,7 | 26,2 | 1,5 | 2,5 | 2,9 | 0 |
| | XI + V — | X + IV — | IX + III — | XI — V + | X — IV + | IX — III + | Gr. |

| VIII. IItes Argum. der Breite + mittlere ⊙ Anomalie. | | | | IX. IItes Argument der Breite — mittlere ⊙ Anomalie. | | | |
|---|---|---|---|---|---|---|---|
| | O — VI + | I — VII + | II — VIII + | O — VI + | I — VII + | II — VIII + | |
| Gr. | Sec. | Sec. | Sec. | Sec. | Sec. | Sec. | |
| 0 | 0,0 | 4,2 | 7,2 | 0,0 | 2,0 | 3,5 | 30 |
| 1 | 0,2 | 4,3 | 7,3 | 0,1 | 2,0 | 3,5 | 29 |
| 2 | 0,3 | 4,5 | 7,3 | 0,1 | 2,1 | 3,5 | 28 |
| 3 | 0,5 | 4,6 | 7,4 | 0,2 | 2,2 | 3,6 | 27 |
| 4 | 0,6 | 4,7 | 7,5 | 0,3 | 2,2 | 3,6 | 26 |
| 5 | 0,7 | 4,8 | 7,5 | 0,3 | 2,3 | 3,6 | 25 |
| 6 | 0,9 | 4,9 | 7,6 | 0,4 | 2,3 | 3,7 | 24 |
| 7 | 1,0 | 5,0 | 7,6 | 0,5 | 2,4 | 3,7 | 23 |
| 8 | 1,2 | 5,1 | 7,7 | 0,6 | 2,5 | 3,7 | 22 |
| 9 | 1,3 | 5,2 | 7,8 | 0,6 | 2,5 | 3,7 | 21 |
| 10 | 1,4 | 5,3 | 7,8 | 0,7 | 2,6 | 3,8 | 20 |
| 11 | 1,5 | 5,5 | 7,9 | 0,8 | 2,6 | 3,8 | 19 |
| 12 | 1,7 | 5,6 | 7,9 | 0,8 | 2,7 | 3,8 | 18 |
| 13 | 1,9 | 5,7 | 8,0 | 0,9 | 2,7 | 3,8 | 17 |
| 14 | 2,0 | 5,8 | 8,0 | 1,0 | 2,8 | 3,8 | 16 |
| 15 | 2,1 | 5,9 | 8,0 | 1,0 | 2,8 | 3,9 | 15 |
| 16 | 2,3 | 6,0 | 8,1 | 1,1 | 2,9 | 3,9 | 14 |
| 17 | 2,4 | 6,1 | 8,1 | 1,2 | 2,9 | 3,9 | 13 |
| 18 | 2,6 | 6,2 | 8,1 | 1,2 | 3,0 | 3,9 | 12 |
| 19 | 2,7 | 6,3 | 8,2 | 1,3 | 3,0 | 3,9 | 11 |
| 20 | 2,8 | 6,4 | 8,2 | 1,4 | 3,1 | 3,9 | 10 |
| 21 | 3,0 | 6,5 | 8,2 | 1,4 | 3,1 | 3,0 | 9 |
| 22 | 3,1 | 6,6 | 8,2 | 1,5 | 3,2 | 4,0 | 8 |
| 23 | 3,3 | 6,7 | 8,2 | 1,6 | 3,2 | 4,0 | 7 |
| 24 | 3,4 | 6,8 | 8,3 | 1,6 | 3,2 | 4,0 | 6 |
| 25 | 3,5 | 6,8 | 8,3 | 1,7 | 3,3 | 4,0 | 5 |
| 26 | 3,7 | 6,9 | 8,3 | 1,8 | 3,3 | 4,0 | 4 |
| 27 | 3,8 | 7,0 | 8,3 | 1,8 | 3,4 | 4,0 | 3 |
| 28 | 4,0 | 7,0 | 8,3 | 1,9 | 3,4 | 4,0 | 2 |
| 29 | 4,1 | 7,1 | 8,3 | 1,9 | 3,4 | 4,0 | 1 |
| 30 | 4,2 | 7,2 | 8,3 | 2,0 | 3,5 | 4,0 | 0 |
| | XI + V — | X + IV — | IX + III — | XI + V — | X + V — | IX + III — | Gr. |

X. IItes Argument der Breite + mittlere ☽ Anomalie. | XI. IItes Argument der Breite — mittlere ☽ Anomalie.

| | 0 — VI + | I — VII + | II — VIII + | 0 + VI — | I + VII — | II + VIII — | |
|---|---|---|---|---|---|---|---|
| | Sec. | Sec. | Sec. | Sec. | Sec. | Sec. | |
| 0 | 0,0 | 1,3 | 2,3 | 0,0 | 7,8 | 13,5 | 30 |
| 1 | 0,0 | 1,4 | 2,3 | 0,3 | 8,0 | 13,6 | 29 |
| 2 | 0,1 | 1,4 | 2,3 | 0,6 | 8,3 | 13,7 | 28 |
| 3 | 0,1 | 1,4 | 2,3 | 0,8 | 8,5 | 13,9 | 27 |
| 4 | 0,2 | 1,5 | 2,3 | 1,1 | 8,8 | 14,0 | 26 |
| 5 | 0,2 | 1,5 | 2,4 | 1,4 | 9,0 | 14,1 | 25 |
| 6 | 0,3 | 1,5 | 2,4 | 1,7 | 9,2 | 14,3 | 24 |
| 7 | 0,3 | 1,6 | 2,4 | 1,9 | 9,4 | 14,4 | 23 |
| 8 | 0,3 | 1,6 | 2,4 | 2,2 | 9,6 | 14,5 | 22 |
| 9 | 0,4 | 1,7 | 2,4 | 2,4 | 9,8 | 14,6 | 21 |
| 10 | 0,4 | 1,7 | 2,4 | 2,7 | 10,0 | 14,7 | 20 |
| 11 | 0,5 | 1,7 | 2,5 | 3,0 | 10,2 | 14,7 | 19 |
| 12 | 0,5 | 1,7 | 2,5 | 3,2 | 10,4 | 14,8 | 18 |
| 13 | 0,6 | 1,8 | 2,5 | 3,5 | 10,6 | 14,9 | 17 |
| 14 | 0,6 | 1,8 | 2,5 | 3,7 | 10,8 | 15,0 | 16 |
| 15 | 0,7 | 1,8 | 2,5 | 4,0 | 11,0 | 15,0 | 15 |
| 16 | 0,7 | 1,9 | 2,5 | 4,3 | 11,2 | 15,1 | 14 |
| 17 | 0,8 | 1,9 | 2,5 | 4,6 | 11,4 | 15,2 | 13 |
| 18 | 0,8 | 1,9 | 2,5 | 4,8 | 11,6 | 15,2 | 12 |
| 19 | 0,8 | 2,0 | 2,6 | 5,1 | 11,8 | 15,3 | 11 |
| 20 | 0,9 | 2,0 | 2,6 | 5,3 | 11,9 | 15,4 | 10 |
| 21 | 0,9 | 2,0 | 2,6 | 5,6 | 12,1 | 15,4 | 9 |
| 22 | 1,0 | 2,0 | 2,6 | 5,9 | 12,3 | 15,4 | 8 |
| 23 | 1,0 | 2,1 | 2,6 | 6,1 | 12,5 | 15,5 | 7 |
| 24 | 1,1 | 2,1 | 2,6 | 6,4 | 12,7 | 15,5 | 6 |
| 25 | 1,1 | 2,1 | 2,6 | 6,6 | 12,8 | 15,5 | 5 |
| 26 | 1,1 | 2,2 | 2,6 | 6,8 | 12,9 | 15,6 | 4 |
| 27 | 1,2 | 2,2 | 2,6 | 7,1 | 13,1 | 15,6 | 3 |
| 28 | 1,2 | 2,2 | 2,6 | 7,3 | 13,2 | 15,6 | 2 |
| 29 | 1,3 | 2,2 | 2,6 | 7,6 | 13,4 | 15,6 | 1 |
| 30 | 1,3 | 2,3 | 2,6 | 7,8 | 13,5 | 15,6 | 0 |
| | XI + V — | X + IV — | IX + III — | XI — V + | X — IV + | IX — III + | |

XII. XItes Argument der Breite — mittlere ☽ Anomalie. | XIII. Wahre Länge des ☽.

| | O — VI + | I — VII + | II — VII + | O — VI + | I — VII + | II — VII + | |
|---|---|---|---|---|---|---|---|
| Gr. | Sec. | Sec. | Sec. | Sec. | Sec. | Sec. | |
| 0 | 0,0 | 3,1 | 5,3 | 0,0 | 4,0 | 6,9 | 30 |
| 1 | 0,1 | 3,1 | 5,3 | 0,1 | 4,1 | 7,0 | 29 |
| 2 | 0,2 | 3,2 | 5,4 | 0,3 | 4,2 | 7,1 | 28 |
| 3 | 0,3 | 3,3 | 5,4 | 0,4 | 4,4 | 7,1 | 27 |
| 4 | 0,4 | 3,4 | 5,5 | 0,6 | 4,5 | 7,2 | 26 |
| 5 | 0,5 | 3,5 | 5,5 | 0,7 | 4,6 | 7,2 | 25 |
| 6 | 0,6 | 3,6 | 5,6 | 0,8 | 4,7 | 7,3 | 24 |
| 7 | 0,7 | 3,7 | 5,6 | 1,0 | 4,8 | 7,4 | 23 |
| 8 | 0,8 | 3,7 | 5,7 | 1,1 | 4,9 | 7,4 | 22 |
| 9 | 1,0 | 3,8 | 5,7 | 1,3 | 5,0 | 7,5 | 21 |
| 10 | 1,1 | 3,9 | 5,7 | 1,4 | 5,1 | 7,5 | 20 |
| 11 | 1,2 | 4,0 | 5,8 | 1,5 | 5,2 | 7,6 | 19 |
| 12 | 1,3 | 4,1 | 5,8 | 1,7 | 5,3 | 7,6 | 18 |
| 13 | 1,4 | 4,1 | 5,8 | 1,8 | 5,5 | 7,6 | 17 |
| 14 | 1,5 | 4,2 | 5,9 | 1,9 | 5,6 | 7,7 | 16 |
| 15 | 1,6 | 4,3 | 5,9 | 2,1 | 5,7 | 7,7 | 15 |
| 16 | 1,7 | 4,4 | 5,9 | 2,2 | 5,9 | 7,8 | 14 |
| 17 | 1,8 | 4,5 | 5,9 | 2,3 | 6,0 | 7,8 | 13 |
| 18 | 1,9 | 4,5 | 6,0 | 2,5 | 6,1 | 7,8 | 12 |
| 19 | 2,0 | 4,6 | 6,0 | 2,6 | 6,2 | 7,8 | 11 |
| 20 | 2,1 | 4,7 | 6,0 | 2,7 | 6,2 | 7,9 | 10 |
| 21 | 2,2 | 4,8 | 6,0 | 2,9 | 6,2 | 7,9 | 9 |
| 22 | 2,3 | 4,8 | 6,0 | 3,0 | 6,3 | 7,9 | 8 |
| 23 | 2,4 | 4,9 | 6,0 | 3,1 | 6,4 | 7,9 | 7 |
| 24 | 2,5 | 4,9 | 6,1 | 3,2 | 6,5 | 8,0 | 6 |
| 25 | 2,6 | 5,0 | 6,1 | 3,4 | 6,6 | 8,0 | 5 |
| 26 | 2,7 | 5,1 | 6,1 | 3,5 | 6,6 | 8,0 | 4 |
| 27 | 2,8 | 5,1 | 6,1 | 3,6 | 6,7 | 8,0 | 3 |
| 28 | 2,9 | 5,2 | 6,1 | 3,7 | 6,8 | 8,0 | 2 |
| 29 | 3,0 | 5,2 | 6,1 | 3,9 | 6,9 | 8,0 | 1 |
| 30 | 3,1 | 5,3 | 6,1 | 4,0 | 6,9 | 8,0 | 0 |
| | XI + V — | X + IV — | X + III — | XI + IV — | X + IV — | IX + III — | Gr. |

| | XIV. Doppelte Entf. des ☽ von der ☉ + Ites Argument. | | | XV. XIVtes Arg. der Breite — mittlere ☽ Anomalie | | | XVI. Doppelte Entf. des ☽ von der ☉ + VIItes Arg. d. Breite. | | | |
|---|---|---|---|---|---|---|---|---|---|---|
| | 0 VI<br>+ − | I VII<br>+ − | II VIII<br>+ − | 0 VI<br>+ − | I VII<br>+ − | II VIII<br>+ − | 0 VI<br>− + | I VII<br>− + | II VIII<br>− + | |
| Gr. | Sec. | Sec. | Sec. | Sec. | Sec. | Sec. | Sec. | Sec. | Sec. | |
| 0 | 0,0 | 0,5 | 0,9 | 0,0 | 0,3 | 0,5 | 0,0 | 0,3 | 0,5 | 30 |
| 5 | 0,1 | 0,6 | 0,9 | 0,0 | 0,3 | 0,6 | 0,0 | 0,3 | 0,6 | 25 |
| 10 | 0,2 | 0,6 | 0,9 | 0,1 | 0,4 | 0,6 | 0,1 | 0,4 | 0,6 | 20 |
| 15 | 0,3 | 0,7 | 1,0 | 0,2 | 0,4 | 0,6 | 0,2 | 0,4 | 0,6 | 15 |
| 20 | 0,3 | 0,8 | 1,0 | 0,2 | 0,5 | 0,6 | 0,2 | 0,5 | 0,6 | 10 |
| 25 | 0,4 | 0,8 | 1,0 | 0,3 | 0,5 | 0,6 | 0,3 | 0,5 | 0,6 | 5 |
| 30 | 0,5 | 0,9 | 1,0 | 0,3 | 0,5 | 0,6 | 0,3 | 0,5 | 0,6 | 0 |
| | − +<br>XI V | − +<br>X IV | − +<br>IX III | − +<br>XI V | − +<br>X IV | − +<br>IX III | + −<br>XI V | + −<br>X IV | + −<br>IX III | Gr. |

| | XVII. Doppelte Entf. des ☽ von der ☉ — 3faches *erstes* Arg. der Breite. | | | XVIII. Vierfache Entf. des ☽ v. d. ☉ — IVtes Arg. der Breite. | | | XIX. VIIItes Argum. der Breite — mittlere ☽ Anomalie. | | | |
|---|---|---|---|---|---|---|---|---|---|---|
| | 0 VI<br>+ − | I VII<br>+ − | II VIII<br>+ − | 0 VI<br>+ − | I VII<br>+ − | II VIII<br>+ − | 0 VI<br>− + | I VII<br>− + | II VIII<br>− + | |
| Gr. | Sec. | Sec. | Sec. | Sec. | Sec. | Sec. | Sec. | Sec. | Sec. | |
| 0 | 0,0 | 0,2 | 0,3 | 0,0 | 0,4 | 0,7 | 0,0 | 0,3 | 0,5 | 30 |
| 5 | 0,0 | 0,2 | 0,4 | 0,1 | 0,5 | 0,7 | 0,0 | 0,3 | 0,6 | 25 |
| 10 | 0,1 | 0,3 | 0,4 | 0,1 | 0,5 | 0,7 | 0,1 | 0,4 | 0,6 | 20 |
| 15 | 0,1 | 0,3 | 0,4 | 0,2 | 0,6 | 0,8 | 0,2 | 0,4 | 0,6 | 15 |
| 20 | 0,1 | 0,3 | 0,4 | 0,3 | 0,6 | 0,8 | 0,3 | 0,5 | 0,6 | 10 |
| 25 | 0,2 | 0,3 | 0,4 | 0,3 | 0,7 | 0,8 | 0,3 | 0,5 | 0,6 | 5 |
| 30 | 0,2 | 0,3 | 0,4 | 0,4 | 0,7 | 0,8 | 0,4 | 0,5 | 0,6 | 0 |
| | − +<br>XI V | − +<br>X IV | − +<br>IX III | − +<br>XI V | − +<br>X IV | − +<br>IX III | + −<br>XI V | + −<br>X IV | + −<br>IX III | Gr. |

XX. IXtes Argument der Breite — mittlere ☽ Anomalie.

| | O VI + − | I VII + − | II VIII + − |
|---|---|---|---|
| | Sec. | Sec. | Sec. |
| 0 | 0,0 | 0,4 | 0,6 |
| 5 | 0,1 | 0,4 | 0,6 |
| 10 | 0,1 | 0,5 | 0,7 |
| 15 | 0,2 | 0,5 | 0,7 |
| 20 | 0,2 | 0,5 | 0,7 |
| 25 | 0,3 | 0,6 | 0,7 |
| 30 | 0,4 | 0,6 | 0,7 |
| | − + XI V | − + X IV | − + IX III |

XXI. IXtes Argument der Breite — mittlere ⊙ Anomalie.

| O VI − + | I VII − + | II VIII − + | |
|---|---|---|---|
| Sec. | Sec. | Sec. | |
| 0,0 | 0,4 | 0,6 | 30 |
| 0,1 | 0,4 | 0,6 | 25 |
| 0,1 | 0,5 | 0,7 | 20 |
| 0 2 | 0,5 | 0,7 | 15 |
| 0,2 | 0,5 | 0,7 | 10 |
| 0,3 | 0,6 | 0,7 | 5 |
| 0,4 | 0,6 | 0,7 | 0 |
| + − XI V | + − X IV | + − IX III | |

XXII. XIItes Argum. der Breite — mittlere ☽ Anomalie.

| | O VI + − | I VII + − | II VIII + − |
|---|---|---|---|
| | Sec. | Sec. | Sec. |
| 0 | 0,0 | 0,4 | 0,6 |
| 5 | 0,1 | 0,4 | 0,6 |
| 10 | 0,1 | 0,5 | 0,7 |
| 15 | 0,2 | 0,5 | 0,7 |
| 20 | 0,2 | 0,6 | 0,7 |
| 25 | 0,3 | 0,6 | 0,7 |
| 30 | 0,4 | 0,6 | 0,7 |
| | − + XI V | − + X IV | − + IX III |

XXIII. Xtes Argument der Breite + mittlere ☽ Anomalie.

| O VI + − | I VII + − | II VIII + − | |
|---|---|---|---|
| Sec. | Sec. | Sec. | |
| 0,0 | 0,3 | 0,4 | 30 |
| 0,0 | 0,3 | 0,4 | 25 |
| 0,1 | 0,3 | 0,5 | 20 |
| 0,1 | 0,4 | 0,5 | 15 |
| 0,2 | 0,4 | 0,5 | 10 |
| 0,2 | 0,4 | 0,5 | 5 |
| 0,3 | 0,4 | 0,5 | 0 |
| − + XI V | − + X IV | − + IX III | |

## Parallaxen-Gleichungen nach *Laplace's* Theorie.

### I. Ites Argument der Länge. — II. IItes Argument der Länge.

| | I. 0 VI | I. I VII | I. II VIII | II. 0 VI | II. I VII | II. II VIII | |
|---|---|---|---|---|---|---|---|
| | + − | + − | + − | − + | − + | − + | |
| Gr. | Sec. | Sec. | Sec. | Sec. | Sec. | Sec. | |
| 0 | 0,4 | 0,3 | 0,2 | 0,7 | 0,6 | 0,4 | 30 |
| 5 | 0,4 | 0,3 | 0,2 | 0,7 | 0,6 | 0,3 | 25 |
| 10 | 0,4 | 0,3 | 0,2 | 0,7 | 0,5 | 0,3 | 20 |
| 15 | 0,4 | 0,3 | 0,1 | 0,7 | 0,5 | 0,2 | 15 |
| 20 | 0,4 | 0,2 | 0,1 | 0,7 | 0,5 | 0,2 | 10 |
| 25 | 0,3 | 0,2 | 0,0 | 0,6 | 0,4 | 0,1 | 5 |
| 30 | 0,3 | 0,2 | 0,0 | 0,6 | 0,4 | 0,0 | 0 |
| | + − | + − | + − | − + | − + | − + | |
| | XI V | X IV | IX III | XI V | X IV | IX III | |

### III. IIItes Argument der Länge.

| | 0 VI | I VII | II VII | |
|---|---|---|---|---|
| | − + | − + | − + | |
| Gr. | Sec. | Sec. | Sec. | |
| 0 | 0,8 | 0,7 | 0,4 | 30 |
| 5 | 0,8 | 0,7 | 0,3 | 25 |
| 10 | 0,8 | 0,6 | 0,3 | 20 |
| 15 | 0,8 | 0,6 | 0,2 | 15 |
| 20 | 0,8 | 0,5 | 0,2 | 10 |
| 25 | 0,7 | 0,5 | 0,1 | 5 |
| 30 | 0,7 | 0,5 | 0,0 | 0 |
| | − + | − + | − + | Gr. |
| | XI V | X IV | IX III | |

## IV. Vtes Argument der Länge.

| | 0 − | I − | II − | III ∓ | IV + | V + | |
|---|---|---|---|---|---|---|---|
| | Sec. | Sec. | Sec. | Sec. | Sec. | Sec. | |
| 0 | 37,1 | 32,3 | 18,9 | 0,4 | 18,5 | 32,7 | 30 |
| 1 | 37,1 | 32,0 | 18,3 | 0,3 | 19,2 | 33,0 | 29 |
| 2 | 37,1 | 31,6 | 17,8 | 0,9 | 19,8 | 33,3 | 28 |
| 3 | 37,0 | 31,3 | 17,2 | 1,6 | 20,3 | 33,6 | 27 |
| 4 | 37,0 | 30,9 | 16,7 | 2,3 | 20,8 | 33,9 | 26 |
| 5 | 37,0 | 30,6 | 16,1 | 2,9 | 21,4 | 34,2 | 25 |
| 6 | 36,9 | 30,2 | 15,5 | 3,6 | 21,9 | 34,5 | 24 |
| 7 | 36,8 | 29,9 | 14,9 | 4,2 | 22,5 | 34,8 | 23 |
| 8 | 36,7 | 29,5 | 14,3 | 4,8 | 23,0 | 35,1 | 22 |
| 9 | 36,7 | 29,1 | 13,7 | 5,4 | 23,6 | 35,3 | 21 |
| 10 | 36,6 | 28,7 | 13,1 | 6,1 | 24,1 | 35,5 | 20 |
| 11 | 36,5 | 28,2 | 12,5 | 6,7 | 24,5 | 35,8 | 19 |
| 12 | 36,4 | 27,8 | 11,8 | 7,4 | 25,0 | 36,0 | 18 |
| 13 | 36,2 | 27,4 | 11,2 | 8,1 | 25,5 | 36,2 | 17 |
| 14 | 36 0 | 27,0 | 10,6 | 8,8 | 26,0 | 36,4 | 16 |
| 15 | 35,9 | 26,5 | 10,0 | 9,4 | 26,5 | 36,6 | 15 |
| 16 | 35,7 | 26,1 | 9,4 | 10,0 | 27,0 | 36,7 | 14 |
| 17 | 35,5 | 25,6 | 8,8 | 10,6 | 27,4 | 36,9 | 13 |
| 18 | 35,3 | 25,2 | 8,1 | 11,2 | 27,9 | 7,0 | 12 |
| 19 | 35,1 | 24,7 | 7,4 | 11,8 | 28,4 | 37,2 | 11 |
| 20 | 34,9 | 24,2 | 6,8 | 12,5 | 28,8 | 37,3 | 10 |
| 21 | 34,7 | 23,7 | 6,1 | 13,2 | 29,2 | 37,4 | 9 |
| 22 | 34,5 | 23,2 | 5,5 | 13,8 | 29,6 | 37,5 | 8 |
| 23 | 34,2 | 22,6 | 5,0 | 14,3 | 30,1 | 37,6 | 7 |
| 24 | 34,0 | 22,1 | 4,3 | 14,8 | 30,5 | 37,7 | 6 |
| 25 | 33,7 | 21,6 | 3,6 | 15,4 | 30 9 | 37,8 | 5 |
| 26 | 33,5 | 21,1 | 3,0 | 16,1 | 31,3 | 37,8 | 4 |
| 27 | 33,2 | 20,5 | 2,3 | 16,8 | 31,6 | 37,8 | 3 |
| 28 | 32,9 | 20,0 | 1,7 | 17,4 | 32,0 | 37,9 | 2 |
| 29 | 32,6 | 19,4 | 1,0 | 18,0 | 32,3 | 37,9 | 1 |
| 30 | 32,3 | 18,9 | 0,4 | 18,5 | 32,7 | 37,9 | 0 |
| | XI − | X − | IX − | VIII ∓ | VII + | VI + | |

| V. VItes Argument d. Länge. | | | | VI. VIItes Argument der Länge. | | | VII. VIIItes Argum. d. Länge. | | | |
|---|---|---|---|---|---|---|---|---|---|---|
| | 0 VI + − | I VII + − | II VIII + − | 0 VI + − | I VII + − | II VIII + − | 0 VI + − | I VII + − | II VIII + − | |
| | Sec. | Sec. | Sec. | Sec. | Sec. | Sec. | Sec. | Sec. | Sec. | |
| 0 | 0,9 | 0,8 | 0,4 | 0,3 | 0,3 | 0,1 | 0,2 | 0,2 | 0,1 | 30 |
| 5 | 0,9 | 0,7 | 0,4 | 0,3 | 0,2 | 0,1 | 0,2 | 0,2 | 0,1 | 25 |
| 10 | 0,9 | 0,7 | 0,3 | 0,3 | 0,2 | 0,1 | 0,2 | 0,2 | 0,1 | 20 |
| 15 | 0,9 | 0,6 | 0,2 | 0,3 | 0,2 | 0,1 | 0,2 | 0,1 | 0,1 | 15 |
| 20 | 0,8 | 0,6 | 0,2 | 0,3 | 0,2 | 0,1 | 0,2 | 0,1 | 0,0 | 10 |
| 25 | 0,8 | 0,5 | 0,1 | 0,3 | 0,2 | 0,0 | 0,2 | 0,1 | 0,0 | 5 |
| 30 | 0,8 | 0,4 | 0,0 | 0,3 | 0,1 | 0,0 | 0,2 | 0,1 | 0,1 | 0 |
| | + − XI V | + − X IV | + − IX III | + − XI V | + − X IV | + − IX III | + − XI V | + − X IV | + − IX III | Gr. |

| VIII. IXtes Argument der Länge. | | | | | | | IX. Xtes Argument d. Länge. | | | | | | X. XItes Argum. d. Länge. | | | |
|---|---|---|---|---|---|---|---|---|---|---|---|---|---|---|---|---|
| | 0 + | I ± | II − | III − | IV ∓ | V + | 0 − | I ∓ | II + | III + | IV ± | V − | 0 VI − + | I VII + | II VIII − + | |
| | | | | | | | S. | S. | S. | S. | S. | S. | Sec. | Sec. | Sec. | |
| 0 | 1,8 | 0,9 | 0,9 | 1,8 | 0,9 | 0,9 | 0,1 | 0,0 | 0,0 | 0,1 | 0,0 | 0,0 | 0,1 | 0,1 | 0,0 | 30 |
| 5 | 1,8 | 0,6 | 1,2 | 1,8 | 0,6 | 1,2 | 0,1 | 0,0 | 0,1 | 0,1 | 0,0 | 0,1 | 0,1 | 0,1 | 0,0 | 25 |
| 10 | 1,7 | 0,3 | 1,4 | 1,7 | 0,3 | 1,4 | 0,1 | 0,0 | 0,1 | 0,1 | 0,0 | 0,1 | 0,1 | 0,1 | 0,0 | 20 |
| 15 | 1,6 | 0,0 | 1,6 | 1,6 | 0,0 | 1,6 | 0,1 | 0,0 | 0,1 | 0,1 | 0,0 | 0,1 | 0,1 | 0,1 | 0,0 | 15 |
| 20 | 1,4 | $\overline{0,3}$ | 1,7 | 1,4 | $\overline{0,3}$ | 1,7 | 0,1 | $\overline{0,0}$ | 0,1 | 0,1 | $\overline{0,0}$ | 0,1 | 0,1 | 0,1 | 0,0 | 10 |
| 25 | 1,2 | 0,6 | 1,8 | 1,2 | 0,6 | 1,8 | 0,1 | 0,0 | 0,1 | 0,1 | 0,0 | 0,1 | 0,1 | 0,0 | 0,0 | 5 |
| 30 | 0,9 | 0,9 | 1,8 | 0,9 | 0,9 | 1,8 | 0,0 | 0,0 | 0,1 | 0,0 | 0,0 | 0,1 | 0,1 | 0,0 | 0,0 | 0 |
| | + XI | ± X | − IX | − VIII | ∓ VII | + VI | + XI | ± X | − IX | − VIII | + VII | + VI | − + XI V | − + X IV | − + IX III | |

## XI. XXVtes Argument der Länge.

| | ○ + | | I + | | II + | | III + | | IV + | | V + | | |
|---|---|---|---|---|---|---|---|---|---|---|---|---|---|
| | M. | S. | M. | S. | M. | S. | M. | S. | M. | S. | M. | S. | |
| 0 | 54 | 2,7 | 54 | 23,2 | 55 | 22,0 | 56 | 49,8 | 58 | 27,8 | 59 | 47,0 | 30 |
| 1 | 54 | 2,7 | 54 | 24,6 | 55 | 24,5 | 56 | 53,0 | 58 | 30,9 | 59 | 48,9 | 29 |
| 2 | 54 | 2,8 | 54 | 26,0 | 55 | 27,1 | 56 | 56,3 | 58 | 34,0 | 59 | 50,8 | 28 |
| 3 | 54 | 2,9 | 54 | 27,4 | 55 | 29,7 | 56 | 59,6 | 58 | 37,1 | 59 | 52,6 | 27 |
| 4 | 54 | 3,1 | 54 | 29,0 | 55 | 32,4 | 57 | 2,8 | 58 | 40,1 | 59 | 54,4 | 26 |
| 5 | 54 | 3,3 | 54 | 30,5 | 55 | 35,0 | 57 | 6,1 | 58 | 43,1 | 59 | 56,1 | 25 |
| 6 | 54 | 3,5 | 54 | 32,1 | 55 | 37,8 | 57 | 9,4 | 58 | 46,1 | 59 | 57,7 | 24 |
| 7 | 54 | 3,8 | 54 | 33,7 | 55 | 40,5 | 57 | 12,7 | 58 | 49,0 | 59 | 59,3 | 23 |
| 8 | 54 | 4,2 | 54 | 35,4 | 55 | 43,2 | 57 | 16,0 | 58 | 52,0 | 60 | 0,8 | 22 |
| 9 | 54 | 4,5 | 54 | 37,1 | 55 | 46,0 | 57 | 19,3 | 58 | 54,9 | 60 | 2,3 | 21 |
| 10 | 54 | 5,0 | 54 | 38,9 | 55 | 48,8 | 57 | 22,6 | 58 | 57,8 | 60 | 3,7 | 20 |
| 11 | 54 | 5,5 | 54 | 40,7 | 55 | 51,6 | 57 | 25,9 | 59 | 0,7 | 60 | 5,1 | 19 |
| 12 | 54 | 6,0 | 54 | 42,6 | 55 | 54,6 | 57 | 29,2 | 59 | 3,5 | 60 | 6,3 | 18 |
| 13 | 54 | 6,6 | 54 | 44,4 | 55 | 57,5 | 57 | 32,5 | 59 | 6,3 | 60 | 7,5 | 17 |
| 14 | 54 | 7,2 | 54 | 46,3 | 56 | 0,3 | 57 | 35,8 | 59 | 9,0 | 60 | 8,7 | 16 |
| 15 | 54 | 7,9 | 54 | 48,3 | 56 | 3,2 | 57 | 39,1 | 59 | 11,7 | 60 | 9,8 | 15 |
| 16 | 54 | 8,6 | 54 | 50,3 | 56 | 6,2 | 57 | 42,4 | 59 | 14,4 | 60 | 10,8 | 14 |
| 17 | 54 | 9,4 | 54 | 52,3 | 56 | 9,2 | 57 | 45,7 | 59 | 17,0 | 60 | 11,7 | 13 |
| 18 | 54 | 10,2 | 54 | 54,4 | 56 | 12,2 | 57 | 49,0 | 59 | 19,6 | 60 | 12,6 | 12 |
| 19 | 54 | 11,0 | 54 | 56,5 | 56 | 15,2 | 57 | 52,3 | 59 | 22,1 | 60 | 13,4 | 11 |
| 20 | 54 | 11,9 | 54 | 58,6 | 56 | 18,3 | 57 | 55,6 | 59 | 24,6 | 60 | 14,1 | 10 |
| 21 | 54 | 12,8 | 55 | 0,8 | 56 | 21,4 | 57 | 58,9 | 59 | 27,1 | 60 | 14,8 | 9 |
| 22 | 54 | 13,8 | 55 | 3,0 | 56 | 24,4 | 58 | 2,1 | 59 | 29,5 | 60 | 15,4 | 8 |
| 23 | 54 | 14,8 | 55 | 5,3 | 56 | 27,6 | 58 | 5,3 | 59 | 31,8 | 60 | 15,9 | 7 |
| 24 | 54 | 15,9 | 55 | 7,6 | 56 | 30,7 | 58 | 8,6 | 59 | 34,1 | 60 | 16,4 | 6 |
| 25 | 54 | 17,0 | 55 | 9,9 | 56 | 33,8 | 58 | 11,8 | 59 | 36,4 | 60 | 16,8 | 5 |
| 26 | 54 | 18,1 | 55 | 12,2 | 56 | 37,0 | 58 | 15,1 | 59 | 38,6 | 60 | 17,1 | 4 |
| 27 | 54 | 19,3 | 55 | 14,6 | 56 | 40,2 | 58 | 18,3 | 59 | 40,8 | 60 | 17,3 | 3 |
| 28 | 54 | 20,6 | 55 | 17,1 | 56 | 43,4 | 58 | 21,5 | 59 | 42,9 | 60 | 17,5 | 2 |
| 29 | 54 | 21,9 | 55 | 19,5 | 56 | 46,6 | 58 | 24,7 | 59 | 45,0 | 60 | 17,7 | 1 |
| 30 | 54 | 23,2 | 55 | 22,0 | 56 | 49,8 | 58 | 27,8 | 59 | 47,0 | 60 | 17,7 | 0 |
| | XI + | | X + | | IX + | | VIII + | | VII + | | VI + | | |

## XII. XXVItes Argument der Länge.

| | ☉ + | I ± | II − | III − | IV ∓ | V + | |
|---|---|---|---|---|---|---|---|
| | Sec. | Sec. | Sec. | Sec. | Sec. | Sec. | |
| 0 | 25,7 | 12,3 | 13,8 | 26,1 | 12,5 | 13,9 | 39 |
| 1 | 25,7 | 11,4 | 14,5 | 26,1 | 11,7 | 14,7 | 29 |
| 2 | 25,7 | 10,5 | 15,3 | 26,0 | 10,9 | 15,5 | 28 |
| 3 | 25,6 | 9,6 | 16,0 | 25,9 | 10,1 | 16,3 | 27 |
| 4 | 25,5 | 8,8 | 16,7 | 25,8 | 9,3 | 17,1 | 26 |
| 5 | 25,4 | 7,9 | 17,4 | 25,6 | 8,5 | 17,8 | 25 |
| 6 | 25,2 | 7,0 | 18,0 | 25,4 | 7,7 | 18,5 | 24 |
| 7 | 25,0 | 6,1 | 18,7 | 25,2 | 6,8 | 19,2 | 23 |
| 8 | 24,8 | 5,2 | 19,2 | 25,0 | 6,0 | 19,9 | 22 |
| 9 | 24,5 | 4,3 | 19,8 | 24,7 | 5,1 | 20,6 | 21 |
| 10 | 24,2 | 3,5 | 20 3 | 24,4 | 4,2 | 21,2 | 20 |
| 11 | 23,8 | 2,6 | 20,9 | 24,0 | 3,3 | 21,8 | 19 |
| 12 | 23,4 | 1,7 | 21,5 | 23,6 | 2,4 | 22,4 | 18 |
| 13 | 22,9 | 0,8 | 22,0 | 23,1 | 1,5 | 23,0 | 17 |
| 14 | 22,5 | 0,1 | 22,4 | 22,6 | 0,4 | 23 5 | 16 |
| 15 | 22,0 | 1,1 | 22,9 | 22,1 | 0,5 | 24,0 | 15 |
| 16 | 21,5 | 2,0 | 23,3 | 21,6 | 1,4 | 24,5 | 14 |
| 17 | 21,0 | 2,9 | 23,7 | 21,1 | 2,3 | 24,9 | 13 |
| 18 | 20,4 | 3,8 | 24,1 | 20,6 | 3,2 | 25,3 | 12 |
| 19 | 19,9 | 4,7 | 24,5 | 20,0 | 4,1 | 25,7 | 11 |
| 20 | 19,3 | 5,5 | 24,8 | 19,4 | 5,1 | 26,0 | 10 |
| 21 | 18,7 | 6,4 | 25,0 | 18,8 | 6,1 | 26,3 | 9 |
| 22 | 18,0 | 7,3 | 25,3 | 18,1 | 7,1 | 26,6 | 8 |
| 23 | 17,4 | 8,2 | 25,5 | 17,5 | 7,9 | 26,8 | 7 |
| 24 | 16,7 | 9,1 | 25,6 | 16,8 | 8,8 | 27,0 | 6 |
| 25 | 16,0 | 9,9 | 25,8 | 16,1 | 9,7 | 27,2 | 5 |
| 26 | 15,3 | 10,7 | 25,9 | 15,4 | 10,6 | 27,4 | 4 |
| 27 | 14,6 | 11,6 | 26,0 | 14,7 | 11,4 | 27,5 | 3 |
| 28 | 13,8 | 12,3 | 26,1 | 14,0 | 12,3 | 27,6 | 2 |
| 29 | 13,1 | 13,1 | 26,1 | 13,3 | 13,1 | 27,7 | 1 |
| 30 | 12,3 | 13,8 | 26,1 | 12,5 | 13,9 | 27,7 | 0 |
| | XI + | X ± | IX + | VIII − | VII ± | VI + | Gr. |

| | XIII. XXVIItes Arg. d. Länge. | | | XIV. XXVIII-tès Arg. der Länge. | | | XV. XXtes Arg. der Länge. | | | |
|---|---|---|---|---|---|---|---|---|---|---|
| | 0 VI + − | I VII + − | II VIII + − | 0 VI + − | I VII + | II VIII + − | 0 VI + − | I VII + − | II VIII + − | |
| | Sec. | Sec. | Sec. | Sec. | Sec. | Sec. | Sec. | Sec | Sec. | |
| 0 | 0,8 | 0,7 | 0,4 | 0,1 | 0,1 | 0,0 | 0,1 | 0,1 | 0,0 | 30 |
| 5 | 0,8 | 0,7 | 0,3 | 0,1 | 0,1 | 0,0 | 0,1 | 0,1 | 0,0 | 25 |
| 10 | 0,8 | 0,7 | 0,3 | 0,1 | 0,1 | 0,0 | 0,1 | 0,1 | 0,0 | 20 |
| 15 | 0,8 | 0,6 | 0,2 | 0,1 | 0,1 | 0,0 | 0,1 | 0,0 | 0,0 | 15 |
| 20 | 0,8 | 0,6 | 0,2 | 0,1 | 0,1 | 0,0 | 0,1 | 0,0 | 0,0 | 10 |
| 25 | 0,7 | 0,5 | 0,1 | 0,1 | 0,1 | 0,0 | 0,1 | 0,0 | 0,0 | 5 |
| 30 | 0,7 | 0,4 | 0,0 | 0,1 | 0,1 | 0,0 | 0,1 | 0,0 | 0,0 | 0 |
| | + − XI V | + − X IV | + − IX III | + − XI V | + − X IV | + − IX III | + − XI V | + − X IV | + − IX III | |

| | XVI. Doppelte Entfernung des ☽ vom ☊ + mittl. ☽ Anomalie. | | | XVII. Mittlere ☉ Anomalie + mittlere ☽ Anomalie. | | | |
|---|---|---|---|---|---|---|---|
| | 0 VI + − | I VII + − | II VIII + − | 0 VI − + | I VII − + | II VIII − + | |
| | Sec. | Sec. | Sec. | | | | |
| 0 | 0,2 | 0,2 | 0,1 | 0,1 | 0,1 | 0,0 | 30 |
| 5 | 0,2 | 0,2 | 0,1 | 0,1 | 0,1 | 0,0 | 25 |
| 10 | 0,2 | 0,2 | 0,1 | 0,1 | 0,0 | 0,0 | 20 |
| 15 | 0,2 | 0,1 | 0,1 | 0,1 | 0.0 | 0,0 | 15 |
| 20 | 0,2 | 0,1 | 0,0 | 0,1 | 0,0 | 0,0 | 10 |
| 25 | 0,2 | 0,1 | 0,0 | 0,1 | 0,0 | 0,0 | 5 |
| 30 | 0,2 | 0,1 | 0,0 | 0,1 | 0,0 | 0,0 | 0 |
| | + − XI V | + − X IV | + − IX III | − + XI V | − + X IV | − + IX III | |

Das Verhältniſs der Mondparallaxe zum Halbmesser ist 60′ : 16′ 22,″55.

Man verlangt die ☽ Länge für den 21sten Februar 1803 9 Uhr 25′ m. Pariser Zeit zu wissen, da die ☉ Länge $11^{Z}$ $2^{o}$ 26′ 44′′,9 und ihre mittlere Anomalie $7^{Z}$ $21^{o}$ 17′ 7,′′1 war.

| | Mittlere ☽ Länge. | Mittlere Anomalie. | Supplement des ☊. |
|---|---|---|---|
| 1803. | $0^{Z}$ $3^{o}$47′27,′′0 | $6^{Z}16^{o}$23′56,′′8 | $0^{Z}24^{o}$43′26,′′6 |
| Jan. 31. | 1 18 28 5, 8 | 1 15 0 53, 0 | 0 1 38 29, 8 |
| 21 Tage | 9 6 42 15, 0 | 9 4 21 53, 4 | 0 1 6 43, 4 |
| 9 St. | 0 4 56 28, 1 | 0 4 53 57, 7 | 0 0 1 11, 5 |
| 25′. | 0 0 13 43, 5 | 0 0 13 36, 6 | 0 0 0 3, 3 |
| Sec. Gl. | 0 0 0 10, 8 | 0 0 0 43, 4 | 0 0 0 — 8, 0 |
| Lapl. Gl. | 0 0 0 0, 1 | 0 0 0 0, 1 | . |
| Mittlere Länge. | 11 4 8 10, 9 | 5 10 55 1, 0 | 0 27 29 46, 6 |

| | Argumente. | Gleichungen. + | Gleichungen. — |
|---|---|---|---|
| 1 | $7^{Z}21^{o}$17′ 7′′ | . . . . | 8′ 50,0 |
| 2 | 7 24 51 59 | 0′44,′′1 | . . . . |
| 3 | 4 12 17 45 | . . . . | 0 56,6 |
| 4 | 5 14 29 53 | 15,4 | . . . . |
| 5 | 6 22 39 51 | 31 26,1 | . . . . |
| 6 | 2 13 56 58 | 1 59,7 | . . . . |
| 7 | 11 1 22 44 | . . . . | 0 22,8 |
| 8 | 9 19 37 54 | . . . . | 0 37,0 |
| 9 | 6 20 52 25 | . . . . | 0 46,7 |
| 10 | 11 29 50 31 | 0 0,3 | . . . . |
| 11 | 7 23 4 33 | 0 9,2 | . . . . |
| 12 | 4 10 30 19 | . . . . | 0 6,3 |
| 13 | 5 12 42 27 | 0 3,4 | . . . . |
| 14 | 6 26 14 43 | . . . . | 0 4,7 |
| 15 | 6 20 42 57 | . . . . | 0 4,3 |
| 16 | 5 11 13 58 | 0 2,8 | . . . . |
| 17 | 6 19 23 56 | 0 2,3 | . . . . |
| 18 | 0 27 29 47 | . . . . | 0 3,1 |
| 19 | 8 0 50 . | . . . . | 0 1,9 |
| 20 | 9 23 13 . | . . . . | 0 1,2 |
| 21 | 1 5 47 . | 0 1,2 | . . . . |
| 22 | 8 4 35 . | 0 1,0 | . . . . |
| 23 | 2 26 58 . | 0 1,2 | . . . . |
| 24 | 2 12 10 . | 0 1,0 | . . . . |
| | | + 34′47,′′7 | — 11 54,6 |
| | | — 11 54,6 | |
| | Summa der 24 Gleich. | + 22′53,′′1 | |

| | |
|---|---|
| Sum. d. 24 Gl. | + 22′53,′′1 |
| Gleichung A | — 17′34,9 |
| | + 5 18,2 |
| Anomalie ☽ | 5 10 55 1,0 |
| 25tes Arg. | = $5^{Z}11^{o}$ 0′19,2 |
| 25ste Gl. | — $2^{o}$11′37,′′0 |
| Sa. der 24 Gl. | + 22 53,1 |
| Summe | — $1^{o}$48′43,′′9 |
| 26tes Arg. 11 29 58 40 | = — 1,6 |
| 27 — 6 18 52 30 | = — 27,3 |
| 28 — 11 29 56 0 | = + 0,9 |
| Nutation . . | = + 8,4 |
| Summe | = — $1^{o}$49′ 3,′′5 |
| mittl. ☽ Länge | = $11^{Z}$4 8 10,9 |
| Wahre ☽ Länge | = $11^{Z}$ $2^{o}$ 19′7,′′4 |

## Breite des Mondes.

| | Argumente. | Gleichungen. + | Gleichungen. − |
|---|---|---|---|
| 1 | 11 29° 56′ 0″ | . . | 0, 21″,5 |
| 2 | 0 0 24 0 | . . | 0, 1 |
| 3 | 4 8 38 53 | 0′ 1,″2 | . . |
| 4 | 5 10 51 1 | 0, 4 | . . |
| 5 | 6 19 0 59 | 5, 8 | . . |
| 6 | 7 8 5 58 | . . | 16, 1 |
| 7 | 7 27 10 57 | . . | 2, 4 |
| 8 | 7 21 17 31 | 6, 5 | . . |
| 9 | 4 8 43 17 | . . | 3, 1 |
| 10 | 5 10 55 25 | . . | 0, 8 |
| 11 | 6 19 5 23 | . . | 5, 1 |
| 12 | 1 8 10 22 | . . | 3, 7 |
| 13 | 11 2 19 8 | 3, 7 | . . |
| 14 | 0 3 30 52 | 0, 1 | . . |
| 15 | 6 22 35 51 | . . | 0, 3 |
| 16 | 8 0 45 49 | 0, 5 | . . |
| 17 | 0 3 46 52 | . . | . . |
| 18 | 6 26 18 43 | . . | 0, 3 |
| 19 | 2 10 22 30 | . . | 0, 6 |
| 20 | 10 27 48 16 | | 0, 4 |
| 21 | 8 17 26 10 | 7 | . . |
| 22 | 7 27 15 21 | | 0, 6 |
| 23 | 10 21 50 26 | | 0, 3 |
| | | + 18″,9 | − 0′55″,3 |
| | | | + 0 18, 9 |
| | | Südl. ☽ Breite | = 0′36″,4 |

## Parallaxe des Mondes.

| Längen-Argumente. | Gleichungen. + | Gleichungen. − |
|---|---|---|
| 1 | . . | 0′0″,2 |
| 2 | 0′ 0,″4 | . . |
| 3 | 0, 5 | . . |
| | . . | . . |
| 5 | 34, 9 | . . |
| 6 | 0, 2 | . . |
| 7 | 0, 3 | . . |
| 8 | 0, 1 | . . |
| 9 | 1, 4 | . . |
| 10 | 0, 1 | . . |
| 11 | 0, 1 | . . |
| 25 | 60′ 5, 1 | |
| 26 | 25, 7 | |
| 27 | . . | 0,8 |
| 28 | 0,1 | . . |
| 20 | . . | . . |
| XVI = 5.13.11 | . . | 0,2 |
| XVII = 1.2.12. | . . | 0,1 |
| | + 61 8,9 | − 1,3 |
| | − 1,3 | |
| Aeq. Parallaxe | = 61′7″,6 | |

☽ Halbmesser 16′ 41″,0

# Über die Richtung der Bewegung der Sonne und des Sonnen-Systems, vom Herrn Doctor *Herschel* *).

Die an Doppelsternen bemerkte veränderliche gegenseitige Stellungen deuten schon auf Bewegungen des einen oder andern, die ich bisher *eigene* genannt habe, und die neuere Maskelynsche Tafel (S. Jahrb. 1808 Seite 246) giebt solche für 36 der vornehmsten Sterne, nach den genauesten Beobachtungen an. Die Untersuchung dieser eigenen Bewegung der Sterne hat schon lange die Astronomen beschäftigt und bereits im Jahre 1783 leitete ich aus den bis dahin bekannten Beobachtungen mit gröſster Wahrscheinlichkeit eine Fortrükkung der Sonne mit ihrem System gegen λ Herkules her (S. Jahrb. 1787 Seite 224) zu deren Annehmung jetzt noch mehrere Gründe vorhanden sind, und genauere Berechnungen die eigentliche Richtung dieser Bewegung näher bestimmen.

Ich setze theoretische Beweise bey Seite und halte mich blos an Beobachtungen. Alle parallaktische Bewegungen zeigen offenbar an, daſs der Beobachter derselben seinen Ort verändert und es giebt dreyerley Arten der Bewegungen zu erklären, wovon die parallak-



*) Ein Auszug aus einer vom Verfasser bey der Königl. Societät der Wissenschaften zu London am 16. May 1805 vorgelesenen Abhandlung. *B.*

laktische die eine ist. Rückt die Sonne mit ihrem ganzen System nach irgend einer Gegend des Weltraums hin, so müssen die Sterne dem Erdbewohner in entgegengesetzter Richtung fortzurücken scheinen. In dem Dreyeck an der scheinbaren Himmelskugel $spa$ (Fig. 1 Taf. I.) sey $sp$ die parallaktische Bewegung eines Sterns im Bogen, hat nun derselbe keine eigene Bewegung, so ist $sp$ seine scheinbare Ortsveränderung. Wenn er aber in der nemlichen Zeit da seine parallaktische Bewegung ihn von $s$ zu $p$ führt, von $s$ nach $r$ sich wirklich bewegt, so sieht man ihn die Diagonale $sa$ in dem Parallelogram $srpa$ durchlaufen und $pa$ parallel und $= sr$ giebt seine wahre Bewegung für ein im Mittelpunct der Himmelskugel liegendes Auge. Es sey die Bewegung der Sonne $S$; der Abstand des Sterns von der ☉ $= d$ und der Sinus des Abstandes des Sterns von dem Ort, wohin sich die ☉ bewegt hat $\varphi$, so ist die parallaktische Bewegung $sp = \frac{\varphi \,.\, S}{r \,.\, d}$.

Der Bogen $pa$ den ich die wahre Bewegung nenne, ist eigentlich nur die scheinbare, denn es ist klar, daſs die wirkliche Fortrückung des Sterns sowol als ihre Geschwindigkeit wegen ihrer Neigung gegen uns immer unbekannt bleiben muſs und die gröſste Abänderung in der Richtung dabei statt findeu kann. Nur, wenn letztere unter einem rechten Winkel gegen das Auge geschieht, können wir den Bogen oder die Chorde der eigentlichen Ortsveränderung messen und bestimmen.

Da nun eine Bewegung der Sonne eine parallaktische Bewegung der Sterne veranlaſst, so muſs hingegen letztere, die erstere anzeigen, und um sich zu versichern welche von beyden wirklich statt hat, müssen die

die hellsten Sterne untersucht werden bey welchen am meisten die Wirkung der Sonnenbewegung ins Auge fallen kann da sie in der Nachbarschaft der Sonne gesetzt werden können. Nun finden wir in der Richtung ihrer Ortsveränderung eine Nachweisung zur Unterscheidung der parallaktischen Bewegungen von den wahren. Denn wenn die Bewegung der Sonne statt hat, so müssen alle parallaktische Bewegungen der Sterne nach einem jener entgegenliegenden Punct gerichtet seyn, da wirkliche Fortrückungen ohne Unterschied nach allen Gegenden des Weltraums hin, geschehen.

Dies angenommen, sind die beobachteten eigenen Bewegungen der Sterne zu untersuchen, denn weil die ☉ nicht in Ruhe ist, müssen diese entweder eine parallaktische oder doch eine aus der wahren und parallaktischen zusammengesetzte Bewegung haben; im letztern Falle zeigt sich was ich oben *sa* die scheinbare Bewegnng nenne.

Diesemnach verzeichnete ich auf einem Himmelsglob das Zusammentreffen der Bogen für die eigene Bewegung der 36 Sterne des Maskelyn. Verzeichnisses, und da alle gröſste Kreise der Sphäre sich in zwey einander entgegen liegenden Punkten durchschneiden, so nenne ich denjenigen wohin die Sonne rückt den *Scheitelpunkt* ihrer Bewegung, und den entgegengesetzten wohin die parallaktische Bewegung der Sterne geht, den parallaktischen Mittelpunkt. Wenn dieser zwischen uns unsichtbare Gestirne der südlichen Halbkugel fällt, so erwähne ich blos ihren entgegengesetzten Durchschnittspunkt, und von diesen finde ich nicht weniger als zehn bey Sternen erster Gröſse, in einer sehr beschränkten Gegend beym Gestirn des Herkules herum.

herum. In allen übrigen Räumen der Oberfläche des Globus liegen die Durchschnitte unordentlich durch einander, und nur ein einziger derselben wird von Sternen 1ster Grölse formirt.

Die zehn von Sternen 1ster Grölse gemachten Durchschnittspuncte sind folgende: 1) Beym *Sirius* und *Arctur*, im Maul des Drachen. 2) Bey *Sirius* und *Capella* nahe der östl. Hand des Herkules. 3) Bey *Sirius* und *Wega* zwischen der Hand und dem Knie des Herkules. 4) Bey *Sirius* und *Aldebaran* am östl. Schenkel des Herkules. 5) Bey *Arctur* und *Capella* Nordl. vom westl. Flügel des Schwans. 6) Bey *Arctur* und *Aldebaran*, am Hals des Drachen. 7) Beym *Arctur* und *Procyon*, im Westl. Fufs des Herkules. 8) Bey *Capella* und *Procyon* Südl. bey der östl. Hand des Herkules. 9) Bey *Wega* und *Procyon*, westlich bey der östl Schulter des Herkules, und 10) bey *Aldebaran* und *Procyon*, an der Brust des Herkules.

Folgende Tafel zeigt die gerade Aufst. und Nordl. Abw. dieser 10 Durchschnittspuncte.

| | | | | | | | | | |
|---|---|---|---|---|---|---|---|---|---|
| 1 | 255° | 18 | 53° | 18 | 6 | 267° | 2 | 56° | 3 |
| 2 | 275 | 10 | 25 | 38 | 7 | 235 | 3 | 43 | 38 |
| 3 | 272 | 24 | 31 | 37 | 8 | 272 | 52 | 16 | 52 |
| 4 | 263 | 26 | 45 | 20 | 9 | 266 | 47 | 23 | 12 |
| 5 | 290 | 1 | 57 | 53 | 10 | 260 | 1 | 29 | 0 |

Die Wirkung der Parallaxe ist aber auch an den Ortsveränderungen von Sternen geringerer Gröfse bemerkt. Von 15 finden sich wie bey denen der 1sten Gröſse an der Himmelskugel in derselben Gegend jene Durchschittspuncte. Diese sind folgende:

1) Bey *Sirius* und *β* ♉, am östl. Schenkel des Herkules, so wie 2) beym *Sirius* und *α* Andr. 3) Bey *Sirius* und *α* ♈ in der östl. Hand desselben. 4) Bey *Arctur* und *β* ♉ am Halse des Drachen. 5) Bey *Capella*

*pella*

*pella* und α Andr. zwischen der Leyer und dem nordl. Flügel des Schwans. 6) Bey *Capella* und α ♈ nahe bey der östl. Hand des Herk. 7) Bey *Wega* und β ♉ westl. beym Kopf des Herk. 8) Bey *Wega* und α Andr. zwischen *Wega* und dem nordl. Flügel des Schwans. 9) Bey *Wega* und α ♈ am östl. Arm. 10) Bey *Aldeb.* und β ♉. 11) Bey *Aldeb.* und α Andr. am östl. Schenkel. 12) Bey *Aldeb.* und α ♈ am Kopf. 13) Bey *Procyon* und β ♉ am östl. Arm. 14) Bey *Procyon* und α Andr. am Rücken. 15) Bey *Procyon* und α ♈ am östl. Arm des Herkules.

Dieses sich auf genaue Berechnungen und Beobachtungen gründende Resultat verdient Zutrauen, und obwol nur die vornehmsten Scheitel der 25 Sterne berechnet worden, so weichen dennoch die übrigeu 15 kaum 1° davon ab.

Unter den 56 von mir entdeckten und beschriebenen Doppelsternen, deuten wenigstens 28 ihrer veränderlichen relativen Stellung wegen, die Wirkung einer Parallaxe und zufolge ihrer Richtung zum entgegenliegenden parallaktischen Mittelpunct, den nemlichen Scheitel der ⊙ Bewegung an.

Gienge die eigene Bewegung der Sterne wirklich so vor sich wie sie uns erscheint, so würde eine gewisse unerklärbare Mischung einer grofsen Geschwindigkeit und aufserordentlichen Langsamkeit dabey statt finden.

Z. B. *Arctur* allein beschreibt jährlich einen Bogen von mehr als 2 Sec. *Aldeb.* kaum 0″,125. *Rigel* etwas mehr als 0″,150; *Wega* nur 0″,325 da *Procyon* fast 4mal schneller fortrückt. Von 36 Sternen die ich untersuchte erreicht die eigene jährl. Bewegung noch nicht 0″,2. β ♍ geht 0″,77 und *Deneb* nur 0″,06 fort. Wenn aber die

die Richtung und Geschwindigkeit der vorausgesetzten ⊙ Bewegung erklärt worden, werde ich zeigen, daſs diese anscheinende Wiedersprüche von einer scheinbaren Parallaxe herrühren, die so allgemein mit der wirklichen Bewegung vermischt ist, daſs Arctur kein von den übrigen in der Bewegung ausgezeichneter Stern ist.

Nach Maskelyns Tafel ist die jährl. eigene Bewegung dieses Sterns im Bogen — 1″,26 in ger. Aufst. und — 1″,72 in Abw. Aus der Verbindung beyder entsteht dessen Ortsveränderung 2″,08718 unter dem Winkel mit seinem Parallel 55° 29′ 42″ S. W. *Sirius* bewegt sich jährl. in ger. Aufst. — 0″,42 und in Abw. — 1″,04, hiernach rückt er im Parallel 1″,11528 unter dem Winkel 68° 49′ 41″ S. W. fort.

Die Berechnung giebt nun daſs die Bogen auf welche sich beyde Sterne bewegen fortgesetzt, in 75° 39′ 50″ ger. Aufst. und 53° 18′ 26″ Südl. Abw. zusammentreffen und ihren parallaktischen Mittelpunct bilden, welcher entgegengesetzt unter 255° 39′ 50″ und 53° 18′ 26″ Nordl. Abw. die angenommene Scheitel der ⊙ Bewegung liegt. Es sey der Abstand eines Sterns von der ⊙ = 1, und von jener Scheitel 90°, so ist dessen parallaktische Bewegung ein Gröſstes. Nun wollen wir die Geschwindigkeit der ⊙ aus diesem Stern gesehen = 2″,84825 setzen oder daſs der Stern bey uns so weit sich der Parallaxe wegen jährlich zu bewegen scheine, so finden wir für den Abstand des Arcturs vom Scheitel der ⊙ Bewegung 47° 7′ 6″, dessen parallaktische Bewegung = der Sinus jenes Abstands ist, daher 2″,08718 = seine eigene der Beobachtung zustimmende Bewegung.

Nehmen wir hiernächst Sirius als einen sehr groſsen Stern in dem Abstand 1,6809 von uns an, so wird seine Entfer-

Entfernung vom Scheitel der ☉ Bewegung 138° 50′ 14″,5. Hiermit ergiebt sich seine parallaktische Bewegung durch $\frac{\varphi \, . \, S}{r \, . \, d} = sp = 1'',11528$ welches wieder sehr gut mit der beobachteten eigenen Bewegung desselben zutrifft.

Aus der Natur der eigenen Bewegung folgt, daſs wenn ein dritter Stern uns nicht zu den nemlichen Scheitel der ☉ Bewegung führt, seine scheinb. Bewegung nicht durch die Wirkung der Parallaxe allein sich ergiebt. Jene Scheitel nehmen auch hiebey nicht im arithmetischen Verhältniſs mit der Sternen-Anzahl zu, sondern nach einem ganz andern. Z. B. wenn 2 Sterne allein genommen, eine Scheitel geben, so bringt ein dritter dazu genommen, drey, und zehn würden nicht weniger als 45 verschiedene dieser Scheitel anzeigen.

Nehmen wir nun Capella zu den beyden vorigen Sternen hinzu, so fällt der 1ste Scheitel, beym Arctur und Sirius, am Maul des Drachen, ein 2ter unter dem nordl. Flügel des Schwans bey Arctur und Capella und ein 3ter an der östl. Hand des Herkules bey Sirius und Capella, wie die vorige Tafel die Rechnung zeigt.

Die jährl. eigene Bewegung unsers 3ten Sterns ist + 0″,21 in ger. Aufst. und — 0″,44 in Abw. und dies giebt 0″,46374 jährl. Bewegung unter dem Winkel 71° 35′ 22″ S. O. mit der Parallele des Sterns. Der Abstand der Capella von der nemlichen vorhin berechneten Scheitel ist 80° 54′ 46″ und setzen wir wiederum die Geschwindigkeit der ☉ gegen den vorigen Punct, so verursacht dies bey der Capella eine parallaktische Bewegung in der Richtung von 89° 54′ 48″ S. O., von 2″,8125. Hiebey ist selbiger als ein Stern 1ster Gröſse mit Arctur in einem gleichen Abstand von uns gesetzt.

In

In dem Dreyeck, dessen Seiten die drey Bewegungen die ein jeder Stern der im Raum nicht stille steht, haben mufs, stellt die eine die scheinb. Bewegung des Sterns vor = 0'',4637 die andere dessen parallaktische Bewegung = 2'',8125 und der eingeschlossene Winkel 18° 19' 27''. Hieraus findet sich die 3te Seite = der wirkl. Bewegung des Sterns = 2'',3757 und deren Winkel mit der Parallele 86° 34' 11''. Aus der parallaktischen und wirkl. Bewegung nach diesen Richtungen folgt die scheinb. Bewegung der Beobachtungen gemäfs.

Hiernach habe ich aufser den 3 vorigen Sternen für *Wega* berechnet, den Richtungswinkel der scheinb. jährl. Beweg. 56° 20' 57'' N. O. ihre Gröfse 0'',32435 für *Aldeb.* jenem 76° 29' 37'' S. O. und diese 0'',12341; für *Procyon* jenem 50° 2' 24'' S. W. und diese 1'',23941. Die Summe der jährl. Bewegungen dieser 6 vornehmsten Sterne beträgt 5'',35337. Wenn nun *pa* die wahre Bewegung eines Sterns, in die Lage *ma*, die auf *sp* senkrecht steht, kömmt, so ist sie ein Kleinstes. Können wir nun bey der Wahl des Scheitels der ⊙Beweg. den Winkel *psa* verringern, so wird damit zugleich die wahre Bewegung geringer, um den Stern von der parallaktischen Linie *spm* zu der beobachteten Stellung *a* zu bringen.

Für Sirius und Arctur habe ich schon gezeigt, dafs wenn 2 Sterne allein gegeben sind, *sp* mit *sa* für beyde Sterne zusammenfallen, wodurch ihre wahre Bewegung auf o reducirt wird. Nehme ich aber Capella zu den beyden vorigen hinzu, so ist bewiesen dafs bey drey also verbundenen Sternen, irgend eine wahre Beweg. bey einen von beyden angenommen werden mufs. Da nun alle parallaktische Bewegungen zu den

nemli-

nemlichen Mittelpunct gehen, so kann eine einfache Linie die Wirkung ihrer Parallaxe darstellen, wie gleichfalls bey allen übrigen Sternen. Hiernach zeige also Fig. 2 *sP* oder *sS* die Richtung der parallaktischen Bewegung an, und da vorher die Winkel der scheinb. Beweg. von 6 Sternen mit dem Parallel eines jeden bemerkt sind, so muſs man die Richtung von *sP* oder *sS* mit dem nemlichen Parallel suchen, und dies kann geschehen, wenn erst ein Scheitel der ⊙ festgesetzt ist. Der Unterschied zwischen diesen Winkeln und den vorigen giebt die verschiedenen parallact. Winkel *Psa* oder *Ssa* zur Erfindung der einem jeden Stern zugehörigen *ma*.

Nun sey der Punct, gegen welchen die ⊙ sich bewegt, wie ich ehedem annahm, λ Herkules, so zeigt folgende Tafel für obige 6 Sterne die berechneten Winkel der Wirkung der parallact. Beweg. mit dem Parallel und β die Winkel der scheinbaren mit der parallactischen Bewegung.

| | α | β |
|---|---|---|
| Sirius | 32° 54′ 8″ S. W. | 35° 55′ 32″ S. O. |
| Arctur | 17 23 46 S. W. | 38 5 56 S. O. |
| Capella | 85 10 4 S. O. | 13 34 41 S. O. |
| Wega | 35 59 49 N. O. | 20 21 8 N. W. |
| Aldebaran | 71 21 35 S. O. | 5 8 2 S. W. |
| Procyon | 47 43 45 S. W. | 2 18 40 S. O. |

Die Winkel β sind die Unterschiede zwischen α und den vorhin für diese 6 Sterne angegebenen scheinb. Winkeln mit ihrem Parallel.

Vermittelst dieser Winkel und der Linie *sa* = der obigen jährlichen scheinb. Beweg. kann eine Fig. construirt werden, und dann ergeben sich die Werthe der auf *SP* perpendiculär gezogenen Linien *ma*, also: für *Sirius* 0″,05437; für *Arctur* 1″,28784; für *Capella* 0″,10887;

*) Hr. Herschel hat für diesen und den beyden folgenden Fällen besondere Figuren entworfen. *B.*

0'',10887; für *Wega* 6'',11281; für *Aldeb.* 0'',01104; für *Procyon* 0'',04998. Ihre Summe 2'',22491.

Hieraus folgt: daſs wenn wir annehmen, die Sonnenbewegung sey gegen λ Herkules gerichtet, so wird die jährl. eigene Bewegung unserer 6 Sterne, oder ihre Summe = 5'',3537 auf die wirkliche Bewegung von 2'',2249 heruntergesetzt.

Bey einer nähern Untersuchung ergiebt sich ein noch genauerer Punct der Sonnenscheitel wenn man die parallactische Linie *SP* der Linie *sa* näher bringt, weil dann die Beobachtungen besser mit unserer gegebenen Theorie zustimmen, und besonders die scheinb. Bewegung des Sirius gut dargestellt wird. Er liegt nahe bey dem östl. Knie des Herkules unter 270° 15' gerader Aufst. u. 35° 15' Abw. N. und dann ergeben sich folgende Winkel.

| | α | β | |
|---|---|---|---|
| Sirius | 68° 51' 5'' S. W. | 0° 1' 25'' S. W. | 0'',0004 |
| Arctur | 29 30 32 S. W. | 25 59 10 S. O. | 0, 9145 |
| Capella | 77 54 0 S. O. | 6 18 38 S. O | 0, 0510 |
| Wega | 27 38 47 N. O. | 28 42 9 N. W. | 0, 1558 |
| Aldeb. | 66 20 17 S. O. | 10 9 21 S. W. | 0, 0218 |
| Procyon | 64 48 27 S. O. | 14 46 1 S. W. | 0, 3159 |
| | | Summa | 1'',4594 |

Diese jährliche Beweg. der 6 Sterne ist also 0'',7655 geringer, als wenn nach der vorigen Tafel λ Herkules zur Sonnenscheitel angenommen wird.

Da aber Sirius nicht die gröſste eigene Bewegung hat, sondern Arctur, so kann man setzen daſs letzterer die gröſste ☉ Bewegung andeutet, und nehmen wir noch Sirius und Procyon hinzu, so harmonirt unsere Erklärung sehr gut und die Berechnung giebt einen Scheitel der ☉ Beweg. der der wahren gewiſs sehr nahe liegt, unter 245° 52' 30'' ger. Aufst. und 49° 38' Abw. N. und die

die dazu gehörigen Winkel an den Sternen folgendermassen.

| | α | β | |
|---|---|---|---|
| Sirius | 58° 24′ 56″ S. W. | 10° 24′ 44″ S. O. | 0″,20157 |
| Arctur | 55 29 45 S. W. | 0 0 3 S. W. | 0, 00003 |
| Capella | 83 44 17 S, W. | 24 40 21 S. O. | 0, 19358 |
| Wega | 36 28 33 S O. | 92 49 30 S. O. | 0, 32396 |
| Aldeb. | 89 48 35 S. W. | 13 18 58 S. O. | 0, 02842 |
| Procyon | 59 43 10 S. W. | 9 40 46 S. W. | 0, 20839 |
| | | Summe | 0″,95595 |

Diese Summe ist wieder um 0″,50343 kleiner als in der vorigen Tafel, und es ergiebt sich also, daſs die wahren Bewegungen dieser Sterne auf ihre möglichste kleinste Gröſse reducirt, nicht 0″,9559 übersteigt.

Obgleich übrigens die beobachtete gröſste eigene Bewegung von Arctur, Procyon und Sirius eine sichere Anzeige der Parallaxenwirkung ist, so ist es doch nicht wahrscheinlich, daſs ihre scheinb. veränderliche Stellungen einzig und allein einer ☉ Beweg. zugehören, sondern es ist augenscheinlich, daſs ihre eigene wahre Beweg. daran einen groſsen Antheil hat. Dann hat auch der verschiedene Abstand dieser Sterne von der ☉ hierauf einen bedeutenden Einfluſs, und da beydes nicht willkührlich anzunehmen ist, so steht es uns nicht frey die parallaktische Beweg. *sp* der Linie *sm* gleich zu setzen, sondern es folgt, daſs die wahre Beweg. nicht von *m* nach *a* zufolge der vorigen Berechnungen, sondern von *p* nach *a* gehen muſs. Es ist auſserdem sehr begreiflich, daſs wenn *ma* ein Kleinstes ist, dies auch bey der Linie *pa*, wenn *sp* gegeben worden, statt findet, und wenn alle Linien *ma* die kleinste Gröſse haben, so folgt auch, daſs alle vorkommenden *sp*, die *pa* so klein als möglich geben.

Was

Was daher auch immer die Summe der wahren Bewegungen, welche die Erklärung der scheinbaren eigenen Bewegungen erheischt, seyn mag, so können unsere vorige Beweisgründe von dem Erfolg nicht geschwächt werden, Denn da die Beobachtungen zeigen, daſs eigene Bewegungen vorhanden sind und unsere Sonnenbewegung solche gänzlich in eine Parallactische auflösen kann, so müssen wir derjenigen Richtung der Sonne den Vorzug geben, welche mehr als alle andere die wahre Bewegung wegschafft, und diese findet statt, wie gezeigt worden, wenn der Scheitel derselben unter 245° 52′ 30″ ger. Aufst. und 49° 38′ Abw. N. angenommen wird *).

## Untersuchung der wahren geographischen Länge von Portorico, vom Herrn *Jabbo Oltmanns.*

Don *Vincente Fosiño* hatte bereits im Jahre 1788 seinen Atlas maritimo herausgegeben, als die spanische Regierung einen ähnlichen Seeatlas von ihren weitläuftigen und wichtigen Besitzungen in America bilden zu lassen beschloſs. Die Fregatten-Capitaine Don *Joaguin Franceso Fidalgo* und Don *Cosme Churrucca* zwey verdienstvolle Männer, erhielten den Auftrag die astro-

*) Dieser Punct liegt zwischen π und V am Knie des Herkules. *B.*

stronomischen Operationen zu leiteu, und ausschliefslich die *westindischen Colonien* nebst den Küsten von *Terra firma* in geographischer und nautischer Hinsicht zu untersuchen. Sie kamen im Jahre 1793 mit 4 Brigantinen, 5 englischen Chronometern, unzähligen Ramsden'schen Quadranten, Theodoliten und Sextanten versehen, auf die Insel Trinidad, arbeiteten 8 Monate gemeinschaftlich zusammen, und bestimmten, nachdem sie die Cadixer Zeit durch ihre Chronometer überfahren hatten, die geographische Länge des Schlosses *Sant Andres de Puerto de España* über welches sie *den ersten Meridian des spanischen America's* legten, und auf ihn alle übrige in der Folge bestimmten Puncte bezogen. Gerade zu dieser Zeit fiel der erste Meridian und mit ihm alle Copien der von diesen geschickten Seefahrern entworfenen Charten in die Hände der Engländer. Fidalgo und Churrucca trennten sich. Dieser, von *Ferrer* und *Spinola* begleitet, wandte sich nach Norden, um die *Antillen* aufzunehmen; jener hingegen befuhr von *Noguera* und *Tiscar* unterstützt, die *Küsten von Terra firma*, von der gefährlichen Bocca de dragos an, bis nach Porto bello auf der Erdenge von Panama. *Churrucca* beobachtete nach seiner Landung zu *Portorico* in dieser Stadt die Bedeckung des α ♉ vom ☽ am 21. Oct. 1793, und zwar unter günstigen Umständen und mit einer exemplarischen Sorgfalt, daſs er auf das Resultat dieser Occultation durchaus die Geographie der *Antillen* gründete und seinen Längenuhren, die doch das Schloſs San Andres, mit einer im Maximum nur 4 bis 5′ Bogen Minuten betragenden Abweichung angegeben hatten, einen Fehler von 9′ 19″ zumuthen dürfte. Es giebt daher wohl schwerlich einen Punct, dessen geogr. Position von gröſserer Wichtigkeit wäre, als

*Porto-*

*Porto-Rico* *). Ich konnte meines Theils dadurch die Lage der *Havanna* bestimmen, welche für die von *Mexico* und *Veracruz* so wichtig ist. Hierzu kam noch, daſs Herr *von Humboldt* eine Menge ihm von Don *Ciriaco Cevallos* mitgetheilter Längenangaben besitzt, welche sämmtlich auf *Portorico* bezogen worden sind. Ich habe deswegen auf die geographische Bestimmung dieser Stadt eine besondere Sorgfalt verwandt, und alle mir dazu dienlich scheinende und mir bekannt gewordene Beobachtungen von neuem in Rechnung genommen. Das Resultat meiner Untersuchung weicht zwar ziemlich stark von dem was die spanischen Astronomen gefunden haben, ab; allein die Hülfsmittel welche mir die seitdem verbesserte Sternkunde gewährte, lassen mich hoffen, daſs das meinige sich ungleich mehr der Wahrheit nähere. Das Vertrauen, was übrigens meine Rechnung verdienen möge, werden die Astronomen am besten aus der Darstellung, welche ich ihnen jetzt davon vor Augen lege, beurtheilen können.

## I. Occultation $\alpha$ ♉ 21. Oct. 1793.

*Churrucca* beobachtete sie in Gesellschaft mehrerer Seeofficiere, mit der gröſsten Genauigkeit. Er sah den Eintritt um $12^u\ 15'\ 6'',4$, den Austritt um $12^u\ 42'\ 29'',3$ mittlere Zeit. Die Breite des Beobachtungsorts ist $18^\circ\ 29'\ 10''$ N. die supponirte Länge 4St. 34′ 14 von Paris. Nach

*) *Antillon* sagt in seiner Analysis de la Carta de la America Septentrional: „La Situation del Puerto, capital de Puerto-rico, „se mira como el origen de todas las longitudes que despues se „observáron en las varias islas". . .

Es wäre zu wunschen daſs man auch bey uns von wichtigen Charten eine solche Analysis hätte, man wüſste dann, worauf sie sich grundeten.

Nach angestellter Rechnung fand ich die Conjunction zu Portorico

aus dem Eintritte $13^s\ 17'\ 10'',90 - 3,45\ \Delta\beta$

aus dem Austritte $13^s.\ 17'\ 32'',31 + 13,99\ \Delta\beta$

Zu *Paris* wurde der Eintritt von *Messier* $1'',8$ östlich von der Kaiserlichen Sternwarte um $18^u\ 37'\ 59'',8$, der Austritt um $19^u\ 30'\ 7'',5$ m. Z. beobachtet. Der erste Moment gab die Conjunction $17^u\ 51'\ 9'',98 + 1,024\ \Delta\beta$ der zweite aber $17^u\ 51'\ 5'',8 - 1,348\ \Delta\beta$ beyde auf die K. St. reducirt; folglich die Länge von Portorico aus dem Eintritt: $4^s\ 33'\ 59'',98 + 4,47\ \Delta\beta$, aus dem Ende aber $4^s\ 33'\ 33'',49 - 15,348\ \Delta\beta$.

Die ☽ Breitenverbesserung folgte aus der Beobachtung zu Portorico $- 1'',228$ *) aus der pariser $- 1'',720$ im Mittel $- 1'',474$ und damit die Länge aus dem Eintritt $4^s\ 33'\ 52'',4$, aus dem Austritt $4^s\ 33'\ 56'',1$. Da hier die ☽ Breite so grofsen Einflufs äufsert, so hängt die Sicherheit des Resultats ganz von derjenigen ab, mit welcher wir die Breite kennen. Die europäischen Beobachtungen des Austritts fielen alle bey hellem Tage; ein Umstand welcher der Genauigkeit sehr nachtheilig seyn mufs. Bey der zu Portorico angestellten, wo der Austritt bald nach Mitternacht geschah, fällt diese Unsicherheit freylich weg; allein es tritt dafür eine andere an ihre Stelle. Da nehmlich der Stern beym Austritt ganz am Rande des ☽ hinschlich, so kann die geringste Ungleichheit oder Erhöhung desselben den

*) Man könnte mir mit Recht einwenden, dafs ich hier $\Delta\beta$ durch die Beobachtung zu Portorico nicht bestimmen könne, weil $\beta$ von der Orts-Länge abhängt. Ich mufs zu meiner Entschuldigung anführen, dafs sich *damals $\beta$ in einer Stunde nur um 6'' änderte*, und ich die Länge innerhalb den Grenzen von $\pm$ 30 Zeitsecunden zu kennen glaubte.

der Austritt um sehr vieles verzögert haben, nicht zu gedenken, wie schwierig es ist, ihn in solchen Fällen mit Sicherheit zu beobachten, wo der Stern der Tangente des hellen ☽ Randes folgt. Es kam also darauf an, die Breitenverbesserung *auf anderen Wegen* zu bestimmen. Ich wählte hierzu 1stens *Greenwicher Meridian-Beobachtungen,* und 2tens *beobachtete Immersionen bey welchen die Corrections-Coefficienten für die Breite so viel als möglich von einander verschieden waren.*

20. Oct. 13ᵘ 19′ 28″,4 m. Z. *zu Greenwich.*

| | Länge | | Breite |
|---|---|---|---|
| *beobachtete* ☽ Länge | 1ᶻ 20° 37′ 12″,7 | Breite | 4° 57′ 5″,2 S |
| die *Tafeln* gaben | 1 20 37 10, 0 | . . | 4 57 17, 9 S |
| *Verbesserung* . . | + 2″,7 | | — 12″,7 |

oder $\Delta\beta = + 12'',7$ (weil $\Delta\beta$ als eine Annäherung zum Nordpol angenommen ist).

27. Oct, 19ᵘ 10′ 17″,8 m. Z. *zu Greenwich.*

| | Länge | | Breite |
|---|---|---|---|
| *beobachtete* ☽ Länge | 4ᶻ 22° 23′ 11″,2 | Breite | 1° 2′ 31″,0 S |
| die *Tafeln* gaben | 4 22 22 58, 3 | . . | 1 2 32, 2 S |
| *Verbesserung* . . | + 12″,9 | . . . | — 1″,2 |

also $\Delta\beta = + 1'',2$.

Die erste von diesen Meridianbeobachtungen wurde 29 Stunden *vor* der Occultation des α ♉, die zweyte 6 Tage *nach* derselben angestellt. Ich liefs daher den Breitenfehler *der Zeit proportional* abnehmen und setzte ihn *für die Zeit der Bedeckung* zu 10″,7 an.

*Bouvard* beobachtete auf der K. Sternwarte den Eintritt um 18ᵘ 37′ 58″,7 m. Z. hieraus folgte die ☌

um $17^u 51' 10'',76 + 1,024\ \Delta\beta$;

nach *Messier's* Beob. $17\ 51\ 9,88 + 1,024\ \Delta\beta$

Conjunction zu *Paris* $17^u 51' 10'',32 + 1,024\ \Delta\beta$.

*v. Zach* sah den Eintritt *auf dem Seeberge* um 19ᵘ 17′ 41″,0, woraus sich die Zeit der ☌ = 18ᵘ 24′ 45″,12 + 1,670

+ 1,670 $\Delta\beta$ mithin die Länge 33′ 34″,80 + 0,646 $\Delta\beta$ ergab, statt daſs sie 33′ 35″ seyn sollte. Wir finden hieraus $\Delta\beta$ = + 0″,31.

*Piazzi* beobachtete zu *Palermo* den Eintritt um 19ᵘ 34′ 50″,4. Ich fand hieraus: die Zeit der Conjunction 18ᵘ 35′ 21″,39 + 0,091 $\Delta\beta$; die Länge von Palermo 44′ 11″,07 — 0,933 $\Delta\beta$ statt 44′ 6,0; also die Breitencorrection oder $\Delta\beta$ = + 5″,45. Mit v. Zach's Beobachtung verglichen, haben wir $\Delta\beta$ = + 3″,35.

Manche andere Beobachtung, wie die *Berliner*, wo die Zeitbestimmung als unsicher angegeben worden *), oder andere welche an minder zuverlaſsig bestimmten Orten angestellt wurden, muſste ich als zur Breitenverbesserung untaugliche, vernachläſsigen.

Wir haben für $\Delta\beta$ folgende Werthe gefunden, und zwar 1) aus der Beobachtung der Occultation selbst:

| | | |
|---|---|---|
| nach Messier | = — 1,″72 | im Mittel + 1″,8. |
| v. Zach, Bouvard und Messier | = + 0, 31 | |
| Piazzi, Bouvard, Messier | = + 5, 45 | |
| von Zach und Piazzi | = + 3, 35 | |

2) aus der Meridianbeobachtung + 10″,7; also aus beyden Methoden im Mittel + 6″,2.

Da aber die Resultate unter sich so sehr abweichen, und diese Unsicherheit auf die Zeit welche aus dem zu Portorico beobachteten Austritt folgt, einen so ungeheuer nachtheiligen Einfluſs äuſsert; so halte ich es für sicherer, die Länge bloſs aus dem Eintritte herzuleiten, als wobey jene Unsicherheit um 4 bis 5 mal verringert wird.



*) Sie gab daher die Länge von Berlin auch um einige Secunden zu klein, nehmlich nur 44′ 6½″.

Wir finden auf diese Weise die *Länge von Portorico* aus *Bouvards* u. *Messier's* Beobachtung $4^s\,34'\,27'',1$

| | | |
|---|---|---|
| *v. Zachs* | . . . | 34 32, 0 |
| *Piazzi's* | . . . | 34 26, 4 |
| | Im Mittel | $4^s\,34'\,28'',5$ |

*Triesnecker* fand die Länge aus dieser Bedeckung $4^s\,33'\,58'',6$, nach *Wurm's* Darstellung des Triesneckerischen Resultats aber $4^s\,34'\,10'',3$, nach Wurm's eigener Rechnung $4^s\,34'\,7'',6$, nach *la Lande* $4^s\,33'\,32''$, nach Don *Josef Joaquin de Ferrer* $4^s\,33'\,32'',9$. Die Abweichung dieser Resultate mag gröſstentheils der ☽ Breite zur Last fallen.

## II. Mondsabstände von der Sonne.

Don *Josef Joaquin de Ferrer* beobachtete im J. 1796 zu Portorico eine Reihe von ☽ Distanzen aus welchen er die geographische Länge zu bestimmen suchte. Seine Beobachtungen nebst den daraus berechneten Mittags-Differenzen stehen im Sept. Heft für 1802 der monatlichen Correspondenz. Wir wiederholen sie nicht, weil wir glauben, daſs dieses Werk sich in den Händen aller Geographen befinden müsse. Ich erhielt *durch Vergleichung mit Greenwicher Beobachtungen* folgende Resultate:

| | Länge von Portorico | | | |
|---|---|---|---|---|
| 1796 Jan. 30 | $4^s\,34'\,1''$ | 1796 März 3 | $4^s\,33'\,49\frac{1}{2}''$ | |
| 31 | 4 34 24 | 3 | 33 47 | |
| Febr. 2 | 34 10½ | 4 | 34 16½ | |
| 3 | 33 32 | 4 | 33 41½ | |
| 4 | 34 0½ | 5 | 33 28 | im Mittel |
| 12 | 33 21½ | 11 | 33 55½ | $4^s\,33'\,51''$. |
| 12 | 33 31½ | 14 | 33 6 | |
| 14 | 33 44½ | 15 | 33 57 | |
| 15 | 34 18½ | 15 | 34 10 | |
| 16 | 33 15½ | 16 | 34 28 | |

Die

Die Meridianbeobachtungen, worauf sich meine Resultate gründen, sind folgende:

α) Für die ☉.

| 1796 | beob. Länge | die Taf. gaben | Verb. |
|---|---|---|---|
| 30 Jan. | 10ᶻ 10 25′ 36″,7 | 10ᶻ 10° 25′ 29″,2 | + 7″,5 |
| 13 Febr. | 10 24 36 12, 3 | 10 24 36 6, 7 | + 5, 6 |
| 14 — | 10 25 36 47, 2 | 10 25 36 40, 3 | + 6, 9 |
| 15 — | 10 26 37 21, 1 | 10 26 37 6, 6 | + 14, 5 |
| 8 März. | 11 18 41 45, 6 | 11 18 41 35, 6 | + 10, 0 |
| 10 — | 11 20 41 26, 2 | 11 20 41 20, 5 | + 5, 7 |
| 14 — | 11 24 40 25, 2 | 11 24 40 18, 7 | + 6, 5 |
| 16 — | 11 26 39 41, 1 | 11 26 39 33, 6 | + 7, 5 |

β) Für den ☽.

| 1796 | M. Z. zu Greenwich | beobachtete ☽ Länge | berechnete | Verb. |
|---|---|---|---|---|
| 31 Jan. | 18ˢ 17′ 9″,5 | 7ᶻ 16° 18′ 5″,6 | 7ᶻ 16° 18′ 14″,0 | — 8″,4 |
| 1 Febr. | 19 1 9, 7 | 7 28 31 49, 5 | 7 28 31 49, 0 | + 0, 5 |
| 2 — | 19 46 43, 4 | 8 10 43 32, 0 | 8 10 43 31, 6 | + 0, 4 |
| 14 — | 4 49 34, 1 | 1 7 50 16, 2 | 1 7 50 0, 6 | + 15, 6 |
| 15 — | 5 41 43, 8 | 1 22 25 16, 0 | 1 22 24 59, 2 | + 16, 8 |
| 4 März | 20 54 54, 5 | 9 25 11 41, 6 | 9 25 11 45, 6 | — 4, 0 |
| 14 — | 5 32 6, 7 | 2 2 41 7, 2 | 2 2 41 1, 6 | — 5, 6 |
| 15 — | 5 29 14, 1 | 2 17 27 15, 4 | 2 17 27 12, 7 | + 2, 7 |

Die Beobachtungen des ☽ vom 14ten und 15ten Februar habe ich, weil es an diesen beyden Tagen nicht an allen Fäden beobachtet wurde, nnr den halben Werth zugestanden; um so mehr da auch der Fehler der ☉Tafeln am 15ten viel zu abweichend von den übrigen gefunden worden.

Die ☽Breite ist unverbessert beybehalten worden, welches aber auf das Resultat des Längenunterschiedes gar keinen Einfluſs äuſsern kann, der von nachtheiligen Folgen wäre. Denn da bekanntlich cos. der Distanz = cos. lat. ☽ × cos. (☽ ∾ ☉); so ist

$-\Delta D \sin. D = -\cos.(☽ \backsim ☉) . \sin. lat. \Delta\, lat.$ oder

$$\Delta D = \frac{\cos.\ (☽ \backsim ☉)\ \sin.\ lat.}{\sin.\ D}\ \Delta\ lat.\ ^{*)}$$

und da die ☽Breite im Maximo nur ungefähr $5\frac{1}{2}^{\circ}$ beträgt, $\Delta$lat. auch $8''$ nicht übersteigen dürfte, und $D$ gewöhnlich nicht kleiner als 40° angenommen wird, so kann im *schlimmsten* Fall jene Vernachläſsigung nur einen Fehler von $0'',9$ verursacht haben.

*Ferrer* giebt am angeführten Orte bloſs die Resultate seiner Beobachtungen, ohne die scheinbaren Abstände anzuführen. Es wäre mir lieber gewesen, wenn er diese oder doch wenigstens die Elemente, wenn auch nur die Quelle, woraus ér sie schöpfte, beygefügt hätte. Denn *so* bleibt noch immer die Ungewiſsheit zurück, ob *Ferrer* sich bey seinen Rechnungen der damals bekannten *neuesten* ☽Elemente bedient haben mag. Vorzüglich hatte ich die Parallaxe in Verdacht, indem es mir schien, als hätte er seine ☽s Abstände nach *englischen* ☽Tafeln und nach dem Nauticalalmanac reduzirt. Diese giebt aber für 1796 die Parallaxe um $10''$ zu groſs, den Halbmesser des ☽ also auch um $3''$ unrichtig an, und wenn beyde Fehler conspirirten, konnten sie den wahren geocentrischen Abstand oft um mehr als $10''$ verändern. Ich hielt es daher für nothwendig, dies etwas näher zu untersuchen; fand jedoch bald, dals dieser Umstand, selbst wenn mein Verdacht gegründet seyn sollte, wahrscheinlich von keinen erheblichen Folgen seyn könne. Ich nahm bey dieser Untersuchung an: der Fehler, wenn überhaupt einer begangen worden, liege in der *constanten Gröſse* der Parall-

*) Man wird hierfür immer $\Delta D = \sin.\ lat.\ \cot g.\ D$ setzen dürfen, weil bey ☉Distanzen $D$ nie viel gröſser als (☽ ∽ ☉) ist.

Parallaxe; so konnte ich jeder reducirten Distanz das ihr zuständige Differential der Parallaxe beyfügen. Wenn nehmlich $\alpha$ die scheinb. Höhe des Gestirns mit welchem man den ☽ vergleicht; $\beta$ die scheinb. Höhe des ☽ und $\delta$ den scheinbaren Abstand beyder bezeichnen, so haben wir hinlänglich genau,

$$\Delta D = \left\{\frac{\sin.\alpha}{\sin D.\cos\beta} - \text{cotang}\,\delta.\,\text{tang}\,B\right\} \Delta\,\text{d. Parallaxe}$$

Nach numerischer Entwickelung der Coefficienten von $\Delta$Parallaxe zeigt es sich, daſs ihre Zeichen gewöhnlich abwechselten, so wie auch daſs die Änderung des ☽ Halbmessers die Länge so oft vergröſserte als kleiner machte; weil bald östliche bald westliche Monds-Abstände genommen worden waren. Ich bin daher der Meinung, daſs das Resultat von Seiten der ☽ Parallaxe eben keine wesentliche Änderung zu befürchten habe, wie ich dies in einer Abhandlung, welche die Bestimmung der Länge von Portorico zum Gegenstande hat, und woraus ich diesen Aufsatz abgekürtzt entwerfe, weitläuftiger dargethan habe.

Wir kommen jetzt auf die

## III. Chronometrische Bestimmung.

*Fidalgo's* und *Churrucca's* Expedition fand die Länge des Schlosses *San Andres de puerto de Espanna* 55° 22′ 44″ westl. von Cadix = 3ˢ 41′ 31″,0 oder 4ˢ 16′ 1″5 westl. von Paris *). *Churruca* bestimmte den Meridian-Abstand des Schlosses *San Andres* von *Portorico*

*) Antillon, Analyse p. 35. „El primer meridiano se est able-„ció en el castello San Andres, cuja longitud se determinó por „los reloxes en 55° 22′ 44″ al O. del real obs. de Cadix pro „medio de los resultados de quatro reloxes, cujos limites estaban „8 en menos de 4′ en grados.“

*co* 4ˢ 35′ 15″ = 18′ 21″ gen Osten; also die Länge von *Portorico* 4ˢ 34′ 22″,5.

Nach einem von dem Piloten *Spinola* gezeichneten Plane ist der Mittags-Unterschied zwischen Portorico und San Andres 4° 34′ 0″ und demnach die Länge 4ˢ 34′ 17″,5; das Mittel aus beyden ist 4ˢ 34′ 20″,0.

*Churrucca* fand den Mittags-Unterschied zwischen *Portorico* und der *Havanna* 16° 9′ 30″, *Ferrer* aber 16° 8′ 22″. Nun ist die Länge der Havanna (Astr. Jahrb. 1810 p. 125 seq.) 5ˢ 38′ 55″, folglich die Länge von *Portorico* 4ˢ 34′ 19″,2.

Der Mittags-Unterschied zwischen Portorico und Veracruz ist nach *Ferrer*, *Isasnirivill*, *Hugarte*, *Montes* und *Churrucca* 29° 55′ 0″ = 1ˢ 59′ 40″; die Länge von *Veracruz* ist aber 6ˢ 33′ 56″
man ziehe 1ˢ 29′ 40″ ab; so haben wir die Länge von *Portorico* 4ˢ 34′ 16″.

Die absoluten Längen von der Havanna und Portorico gründen sich auf Beobachtungen, welche ich bereits früher in den astr. Jahrbüchern historisch angeführt habe.

Die Länge von *Cap Francois* auf St. Domingo wurde aus dem beobachteten Durchgange der Venus im Jahre 1769 74° 39′ 0″ gefunden *).

Nach *Ferrer* ist Samana 3° 0′ 42″ östl. von *Portorico*.

Cap Francois westl. von Samana 3° 5′ 30″ nach den fr. Academikern.

*Portorico* östl. von *C. Francois* 6° 6′ 12″, folglich die Länge der ersteren Stadt 68° 32′ 48″ = 4ˢ 34′ 11″,2.

*Ferrer* scheint die Position von Cap Francois (ville) etwas unsicher machen zu wollen; denn er sagt, daſs

*) Voyage fait par ordre du roi en 1771 1772. I p. p. 218. II p. 169.

dafs daselbst nur der äufsere Contact der ♀ und ☉ Ränder beym Eintritt beobachtet worden sey; allein dieser geschickte Seefahrer hat damals ohnstreitig die Voyage fait par ordre du roi en 1768 1769 nicht zur Hand gehabt. *Pingré, Fleurieu, de la Fillière* und *Saqui* beobachteten sowohl die erste *äufsere* als auch die erste *innere* Berührung der Ränder, und zwar mit solcher Genauigkeit, dafs die Abweichung der Zeitangaben bey den drey ersten Beobachtern nicht über 4″ ging. *Saqui* bediente sich eines Fernrohrs das nur zwey Fufs Länge hatte und überdem nicht achromatisch war, weshalb er denn auch die Berührungen 8″—9″ später als die drey übrigen gesehen haben mag. Den Mittags-Unterschied zwischen Samana und Portorico fand *Churruca* auf 2′ im Bogen mit Ferrer übereinstimmend. Die spanischen Geographen änderten daher und im Vertrauen auf die von ihnen berechnete Position von Portorico, *alle* an den Küsten von St. Domingo von *Verdun, Borda* und *Pingré* beobachtete Längen, um eine Quantität die ohngefähr 7 Bogenminuten betrug*). Uns scheint es nicht, als wenn sie dadurch vieles *verbessert hätten.*

Wir wollen nun die chronometrischen Bestimmungen unter einen Gesichtspunct stellen,

1) Länge von Portorico mit *S. Andres d. P. Espana* verglichen . . . . . . . . $4^s\ 34'\ 20''$
mit der *Havanna* . . . . . 34 19
*Veracruz* . . . . . . . . . 34 16
*Cap Francois* (Hauptstadt) . 34 11
Im Mittel $4^s\ 34'\ 16{,}5''$

Die Harmonie dieser Resultate ist, wie ich mir schmeichle, ein Beweis für die richtige Position der Örter

*) *Antillon*, Analysis &c. p. 37.

Örter, welche von mir bey den chronometrischen Bestimmungen zum Grunde gelegt worden sind.

Es ist die Länge von ***Portorico*:**

| | | | |
|---|---|---|---|
| 1) aus der Bedeckung ☾ ♉ | $4^s$ | $34'$ | $28\frac{1}{2}''$ |
| 2) aus den ☽ Distanzen | | 33 | 51 |
| 3) aus der chron. Bestimmung | | 34 | $16\frac{1}{2}$ |
| ***Portorico*** im Mittel | $4^s$ | $34'$ | $12''$ |

oder $68°\ 33'\ 0''$ westlich von der Kaiserlichen Sternwarte zu *Paris*. Die Connoissance des temps für 1808 giebt hiefür $68°\ 25'\ 34''$. *Chusrucca* machte sie im Almanac nautico de Cadix 1804, $68°\ 29'\ 39''$.

# Geographische Ortsbestimmungen und astronomische Beobachtungen in Schweden, von den Jahren 1801, 1803 und 1804 *).

## Längen und Breiten, mit einem Arnold'schen Chronometer und Ramsden'schen Spiegel-Sextanten, beobachtet vom Herrn *N. G. Schultén*, im Jahre 1801.

| | Länge G. M. S. | Breite G. M. S. | | Länge G. M. S. | Breite ° M. S. |
|---|---|---|---|---|---|
| Carlberg | 35 35 30 | | Östra Bogskaret | 37 56 24 | 59 29 57 |
| Landsorts Feuerbak | 35 25 30 | 58 43 0 | Finska, Feuer | 38 55 0 | 59 46 27 |
| Gottska | 36 46 39 | 58 20 38 | Lauters | 36 42 41 | 57 57 15 |
| Dagerorts Feuer | 39 44 7 | 58 54 38 | Lutterhorns Kalkbruch | 36 41 11 | 57 57 8 |

Holmsudde

*) Aus den Abhandlungen der Königl. Akad. der Wissensch. zu Stockholm, die mir die Akademie jährlich gütigst susendet, entlehnt. *B.*

| | Länge G. M. S. | Breite G. M. S. |
|---|---|---|
| Holmsudde | 36 57 27 | 57 56 50 |
| Farosunds Kalkbruch | 36 42 41 | 57 51 40 |
| Svarfverorts Feuerback | 39 42 11 | 57 54 12 |
| Visby | 35 57 41 | 57 38 30 |
| Grogarn | 36 31 57 | 57 27 12 |
| Hoburg | 35 49 31 | 56 55 7 |
| Klinte | 35 50 42 | 57 23 20 |

| | Länge G. M. S. | Breite G. M. S. |
|---|---|---|
| Böda | 34 38 42 | 57 15 12 |
| Callmar | 33 53 41 | 56 40 18 |
| Fliseryd | 33 47 32 | 57 8 4 |
| Lund | 34 5 49 | 57 41 24 |
| Fillinge | 33 31 54 | 58 19 29 |
| Linköping | 33 12 53 | 58 22 28 |
| Norrköping | 33 43 4 | 58 35 0 |
| Nyköping | 34 37 4 | 58 45 15. |

Mehrere dieser Angaben sind mit den neuen Schwedischen See-Atlas verglichen, wobey sich einige Unterschiede bis 5′ in der Breite und 9′ in der Länge fanden.

## Ortsbestimmungen mit einem Arnoldschen Chronometer und Syſsonschen Quadranten, von Herrn *C. P. Hallstrom*, in den Jahren 1798 und 1799.

| | Länge *) | Breite |
|---|---|---|
| Södertelge | 35°11′23″ | 59°11′31″ |
| Mariefred | 34 46 11 | 59 15 24 |
| Strengnas | 34 35 17 | 59 22 34 |
| Torshälla | 34 1 45 | 59 24 0 |

| | Länge | Breite |
|---|---|---|
| Sigtuna | 35°15 43″ | 59°37′33″ |
| Haga | 34 36 56 | 59 36 28 |
| Tornea | | 65 50 43 |
| Melderstein | | 65 56 50 |

Noch folgende Breiten: Grötnäs 65° 50′ 20″; Luleo 65° 38′ 28″; Pitea 65° 20′ 40″; Umea 63° 49′ 46″; sämmtlich mit einem Ramsden'schen Spiegel-Sextanten beobachtet.

Im Jahr 1800 fand Hr. *Hallstrom* im Mittel die Polhöhe von Noors 59° 43′ 47″; die Länge 35° 22′ 50″; von Järläsa 59° 55′ 8″ und 34° 46′ 59″.

## Beobachtungen vom Herrn *Schilling* zu Upsala.

Das Ende der Sonnenfinsterniſs vom 13. April 1801 mit einem 10f. achrom. Fernrohr um 6ᵘ 2′ 18″,8 Morg.

W. Z.

*) Stockholms Lange 35° 37′ 30″ gesetzt.

W. Z. Herr Adjunct ***Holmquist*** mit einem 8f. Fernrohr um $6^u$ 1′ 43″,8 und Herr Adj. ***Wallman*** mit einem 2f. Teleskop um $6^u$ 2′ 13″,8. Ferner:

Den 31. März Eintr. der *Spica* am hellen ☾Rand $3^u$ 10′ 29″,7 Morg. W. Z. Austr. am dunkeln ☾R. $4^u$ 14′ 24″,7; der Eintr. wurde mit einem 10f. Achrom. der Austr. mit einem 2f. Teleskop beobachtet, letzterer ungewiſs auf 2 bis 4″.

Den 24. May Eintr. Spica am dunkeln ☾R. $10^u$ 17′ 37″,7 Ab. W. Z. Austr. am hellen um $11^u$ 25′ 27″,7. Die Herrn Holmquist und Brändström sahen den Eintr. im gleichen Augenblick mit 2f. Telesk. und 8f. Fernrohr, den Austr. etwas verschieden.

Den 21. Jan. 1802 Eintr. des 1sten ♃R. hintern ☾ $10^u$ 20′ 51″,1 W. Z. des 2ten $10^u$ 22′ 55″,1; Austr. des 2ten ♃R. $11^u$ 19′ 17″,2.

Den 16. März beobachtete Doct. ***Bredman*** Eintr. des 1sten ♃R. hintern ☾ $10^u$ 58′ 38″,8 Ab. W. Z. des 2ten $11^u$ 0′ 22″,7, Austritt 1ster R. $12^u$ 0′ 31″,6, 2ter R. $12^u$ 2′ 9″,5.

Den 28. Aug. Ende der Sonnenfinsterniſs: Prof. ***Prosperin*** mit 10f. Achrom. $7^u$ 51′ 28″,6 Morg. W. Z. Doct. ***Bredman*** mit 8f. Fernrohr $7^u$ 51′ 28″,4. M. ***Hallström*** mit 4½f. Achrom. $7^u$ 51′ 29″,4; ich mit 2f. ☉Reflecktor $7^u$ 51′ 27″,4.

Austr. des ☿ aus der ☉ am 9. Nov. beobachtete:

| | 1. Rand | 2. Rand |
|---|---|---|
| Prof. ***Prosperin*** | $1^u$ 7′ 55″,5 | $1^u$ 9′ 26″,5 |
| Mag. ***Bredmann*** | 1 7 51, 5 | 1 9 17, 5 |
| Mag. ***Hallström*** | 1 7 43, 5 | 1 9 18, 5 |
| — ***Schilling*** | 1 7 26, 5 | 1 9 8, 5 |

Beob-

Beobachtung der Mondfinsternifs den 11. Sept. 1802, von Herrn *Liedtgren* zu Lund.

| Eintritt. | | Eintritt | |
|---|---|---|---|
| Der Halbschatten merklich | 10ᵘ 2′ 15″ | Pitheas | 10ᵘ 46′ 45″ |
| Anfang d. Finst. | 10 7 20 | Dionysius Anf. | 10 55 44 |
| Grimaldus Anf. | 10 13 24 | Manilius — | 10 59 32 |
| Galiläus — | 10 20 35 | Menelaus — | 11 5 8 |
| Tycho — | 10 26 8 | Plinius — | 11 9 38 |
| Kepler — | 10 29 58 | Censorinus | 11 13 12 |
| Copernicus ganz | 10 36 35 | Petavius, Anf. | 11 16 18 |
| Aristarch, Anf, | 10 38 33 | Mare Crisium Anf. | 11 19 12 |
| Austritt. | | Austritt. | |
| Aristarch | 11 47 48 | Plinius. R. | 12 14 33 |
| Pitheas | 11 50 3 | Dionysius. R. | 12 22 54 |
| Kepler 1ster R. | 11 56 50 | Langren. letzt. R. | 12 25 38 |
| Grimald. letzt. R. | 12 0 4 | Ende | 12 52 25 |
| Mare Crisium 1. R. | 12 5 51 | Halbschatten | 12 58 26 |

Den 9. Nov. 1802 ☿ 1ster Rand Austr. 1U. 11′ 15″, 2ter R. 1U. 13′ 34″ W. Z. beobachtet zu Abo von Hr. *Hallström*, mit 4f. Dollond. Von demselben, Anfang der Sonnenfinsternifs den 17. Aug. 1803 8U. 15′ 20″ Morg. W. Z., Ende 8U. 54′ 31″. Mag. *Palander* beobachtete das Ende 8U. 54′ 10″. Herr *Lidtgren* zu Lund, Anfang 7U. 4′ 36″,6 W. Z., Ende 8U. 26′ 24″. Letzterer beobachtete 1804 den 26. Jan. Anfang der Mondfinsternifs 8U. 56′ 55″ Ab. W. Z. den Eintr. folg. ☾ Flecken: Tycho 9U. 3′ 8″. Pitatus 9U. 11′ 55″. Snellius 9U. 32′ 25″. Langrenus 1. R. 10U. 1′ 35″. Austritt: Tycho 1. R. 10U. 39′ 9″. 2. R. 10U. 44′ 10″. Langrenus 10U. 50′ 58″. Der Schatten verläfst den ☾ 11U. 9′ 15″.

Orts-

Ortsbestimmungen, im Jahre 1804, von Herrn *Hallström*, mit einem Chronometer und Spiegel-Sextanten.

| | Länge | Breite | | Länge | Breite |
|---|---|---|---|---|---|
| Södertelge | 35°18′47″ | 59°13′ 0″ | Örebro | 32°53′ 5″ | 59°17′12″ |
| Trosa | 35 15 37 | 58 55 10 | Kumla | 32 49 35 | 59 7 30 |
| Nyköping | 34 41 32 | 58 45 33 | Bodarne | 32 13 55 | 58 58 54 |
| Norrköping | 33 51 14 | 58 36 5 | Näshulta | 33 56 39 | 59 13 28 |
| Krokek | 34 3 20 | 58 42 53 | Malmköping | 34 23 36 | 59 8 43 |
| Stora | 34 3 16 | 59 0 26 | Björnlund | 34 50 34 | 59 5 19 |
| Wingaker | 33 34 5 | 59 4 4 | Die Lange Sternwarte | der Stock 1 S. 2′55″ | holmer östl. v. Par. |

## Praecessions-Formeln, vom Herrn Prof. *Pfaff*, aus Dorpat,

unterm 20. Oct. 1807 eingesandt.

Unser 8füſsiges Transit von Dollond ist seit kurzem für die Sternwarte, deren Bau jetzt unternommen wird, angekommen, und ich hoffe solche im Sommer 1809 zu beziehen.

Ich habe mich mit der Praecessions-Rechnung beschäftigt und sende Ew. — die dahin gehörigen Formeln, welche auch sonst vorkommen können. Der Beweis derselben folgt aus dem Satz von der Reversion. Alles ist übrigens in Theilen des Halbmessers ausgedrückt.

§. 1.

1. Es sey $\sin a = Q \sin (a + \Delta a) = (Q + \Delta Q)$. So wird

$\Delta a$

$$\Delta a = \frac{\Delta Q}{\cos a} + \left(\frac{\Delta Q}{\cos a}\right)^2 \frac{\operatorname{tg} a}{2} + \left(\frac{\Delta Q}{\cos a}\right)^3 . \left(\tfrac{1}{6} + \tfrac{1}{2}\operatorname{tg}^2 a\right)$$

$$+ \left(\frac{\Delta Q}{\cos a}\right)^4 \left[\tfrac{3}{8}\operatorname{tg} a + \tfrac{5}{8}\operatorname{tg}^3 a\right] + \left(\frac{\Delta Q}{\cos a}\right)^5 \left[\tfrac{3}{40} + \tfrac{3}{4}\operatorname{tg}^2 a + \tfrac{7}{8}\operatorname{tg}^4 . a\right]$$

welche Reihe sich leicht fortsetzen läſst.

2. Es sey $\cos a = Q$; so wird

$$\Delta a = \frac{-\Delta Q}{\sin a} - \left(\frac{\Delta Q}{\sin a}\right)^2 \frac{\operatorname{cotg} a}{2} - \left(\frac{\Delta Q}{\sin a}\right)^3 \left(\tfrac{1}{6} + \tfrac{1}{2}\operatorname{cotg}^2 a\right) -$$

u. s. w.

Die Reihe hat die nehmlichen Coefficienten wie 1., nur ist sinus mit cosinus überall verwechselt, und alle Glieder negatif.

3. Es sey $\operatorname{tg} a = Q$; so wird

$$\Delta a = (\Delta Q . \cos^2 . a) + (\Delta Q . \cos^2 . a)^2 (-\operatorname{tg} a)$$
$$+ (\Delta Q \cos^2 a)^3 . (\operatorname{tg}^2 a - \tfrac{1}{3}) + (\Delta Q \cos^2 a)^4 (\operatorname{tg} a + \operatorname{tg}^3 . a)$$
$$+ (\Delta Q \cos^2 a)^5 . (1 - 10 \operatorname{tg}^2 a + 5 \operatorname{tg}^4 . a) \text{ u. s. w.}$$

## §. 2. Anwendung.

Die Coefficienten der ersten Formul seyen A, B, C, D, E.. der zweyten A′, B′, C′, D′... der dritten A″, B″, C″, D″... Ferner sey

$\alpha$ Rectascension, $\beta$ Breite, $\lambda$ Länge, $\delta$ Abweichung, $\varphi$ Pohlhöhe, $\varepsilon$ Schiefe der Ecliptik, $\tau$ Stundenwinkel.

1) Aus der Gleichung:

$$\cos(\varphi - \delta + x) = \cos(\varphi - \delta) - 2\sin^2 \tfrac{1}{2}\tau \cos\delta \cos\varphi,$$

wo $x$ die *Reduction* auf den Meridian ist, folgt, wenn

$$2\sin^2 \tfrac{1}{2}\tau \, \frac{\cos\delta . \cos\varphi}{\sin(\varphi - \delta)} = F \text{ gesetzt wird}$$

$$x = F - F.^2 \frac{\operatorname{cotg}(\varphi - \delta)}{2} + F^3 \left[\tfrac{1}{6} + \tfrac{1}{2}\cot.^2(\varphi - \delta)\right]$$
$$+ F^4 \left[\tfrac{3}{8}\operatorname{cotg}(\varphi - \delta) + \tfrac{5}{8}\operatorname{cotg}^3(\varphi - \delta)\right]$$
$$+ F^5 \left[\tfrac{3}{40} + \tfrac{3}{4}\operatorname{cotg}^2(\varphi - \delta) + \tfrac{7}{8}\operatorname{cotg}.^4(\varphi - \delta)\right]$$

u. s. w

u. s. w. welches im 3ten Gliede schon von des *de Lambreschen* nähernden abweicht; der Satz folgt aus der 2ten Formul.

2) Aus der Gleichung

$\sin\delta = \sin\varepsilon.\ \cos\beta.\ \sin\lambda + \cos\varepsilon.\ \sin\beta.$ folgt vermittelst des ersten Satzes, wenn die Veränderungen von $\delta$ gesucht werden, in sofern die *Länge* sich *wegen der Præcessio æquinoctiorum* um $\Delta\lambda$ geändert hat, wenn man $m = \cos\alpha.\ \sin\varepsilon.$ setzt; und nun in $A$, $B$, $C$, $D$,.. die Declination am Anfang der Epoche gesetzt wird; *Præcession in Declination* $= \Delta\delta$

$$\Delta\delta = \Delta\lambda.m + \Delta\lambda.^2\left(m^2 B - \frac{m}{2}\operatorname{tg}\lambda\right)$$

$$+ \Delta\lambda^3\left[m^3 C - m^2 B \operatorname{tg}\lambda - \frac{m}{6}\right]$$

$$+ \Delta\lambda^4\left[m^4 D - \tfrac{3}{2}\operatorname{tg}\lambda.m.^3 C + \left(\frac{\operatorname{tg}^2\lambda}{4} - \tfrac{1}{3}\right)m^2 B + \frac{m\operatorname{tg}\lambda}{24}\right]$$

$$+ \Delta\lambda^5\left[m^5 E - 2m^4 D\operatorname{tg}\lambda + \left(\tfrac{3}{4}\operatorname{tg}^2\lambda - \tfrac{1}{2}\right)m^3\ C\right.$$

$$\left. + \tfrac{3}{12}\operatorname{tg}\lambda\, m^2 B + \frac{m}{120}\right]$$

welches die Praecession in Declination.

3) Aus der Gleichung

$$\operatorname{tg}\alpha = \cos\varepsilon\ \operatorname{tg}\lambda - \frac{\sin\varepsilon\ \operatorname{tg}\beta.}{\cos.\ \lambda},\ \text{folgt}$$

wenn $n = \cos.\varepsilon + \sin\varepsilon\ \operatorname{tg}\delta.\ \sin\alpha$ gesetzt wird, und in den Coefficienten $A''$, $B''$,.. die Rectas. am Anfang der Epoche, und $q = \sin\varepsilon\ \frac{\cos\alpha}{\cos\delta}\ \sin\beta$, gesetzt wird, wo alles sich auf die Epoche des Anfangs bezieht; erhält man *Præcessio in Rectascension*

$$\Delta\alpha = \Delta\lambda.n + \Delta\lambda.^2\left[B'' n^2 + \operatorname{tg}\lambda.n - \tfrac{1}{2}q\right]$$

$$+ \Delta\lambda^3\left[C'' n^3 + 2B''\operatorname{tg}\lambda.n^2 + \left(\tfrac{1}{3} + \operatorname{tg}^2\lambda - B'' q\right)n - \tfrac{1}{2}\operatorname{tg}\lambda.q\right]$$

$$+ \Delta\lambda^4$$

$$+\Delta'\lambda^4\begin{cases} D''n^4+3\,C''\operatorname{tg}\lambda.\,n^3 \\ +\left((3\operatorname{tg}^2\lambda+\frac{2}{3})B''-\frac{3}{2}C''q\right)n^2 \\ +\frac{2}{3}\operatorname{tg}\lambda+\operatorname{tg}^3\lambda-2B''\operatorname{tg}\lambda.\,q)\,n \\ +\frac{1}{4}B''q^2-\frac{5}{24}q-\frac{1}{2}\operatorname{tg}^2\lambda.\,q \end{cases}$$

$$+\Delta\lambda^5\begin{cases} E''n^5+4\,D''\operatorname{tg}\lambda.\,n^4(C''+6\operatorname{tg}^2\lambda\,C''-2\,D''q)\,n^3 \\ +(2B''\operatorname{tg}\lambda+4B''\operatorname{tg}^3\lambda-\frac{9}{2}\operatorname{tg}\lambda.\,C''q)\,n^2 \\ +(\frac{2}{15}-\frac{3}{4}B''q+\frac{3}{4}C''q^2+\operatorname{tg}^2\lambda(1-3B''q)+\operatorname{tg}^4.\lambda)\,n \\ +\operatorname{tg}\lambda(B''\frac{1}{2}q^2-\frac{3}{8}q)-\frac{1}{2}q\operatorname{tg}^3\lambda. \end{cases}$$

Die Coefficienten von $\Delta\lambda$ schreiten nach Potenzen von $n$ fort, deren Factoren wieder nach Potenzen der Tangente $\lambda$ geordnet werden können; man könnte sie auch nach Potenzen der Tangente von $\lambda$ ordnen.

4) Nimmt man auf die Veränderlichkeit der Schiefe der Ecliptik Rücksicht, so würden die Formuln allgemein zu verwickelt; da nun $\Delta\lambda$, und $\Delta\varepsilon$ überhaupt verschiedene Perioden haben, so kann man sie trennen; und man erhält: *Änderung der Abweichung wegen veränderter Schiefe der Ecliptik*

$$=\Delta'\delta=\Delta\varepsilon\sin\alpha$$

$$+\Delta\varepsilon^2\left(B\sin^2\alpha-\frac{\operatorname{tg}\delta}{2}\right)$$

$$+\Delta\varepsilon^3\left(C\sin^3\alpha-B\operatorname{tg}\delta.\sin\alpha-\frac{\sin\alpha}{6}\right)$$

$$+\Delta\varepsilon^4\left(B\sin^4\alpha-\frac{3}{2}C\operatorname{tg}\delta+\left(\frac{\operatorname{tg}\delta^2}{4}-\frac{\sin\alpha^2}{3}\right)B\right.$$

$$\left.+\frac{\operatorname{tg}\delta}{2.3.4}\right).$$

In dieser Formel beziehen sich aber alle Gröſsen auf die durch das Vorrücken der Nachtgleichen schon verbesserte $\alpha$ und $\delta$; also auf das Ende der Epoche, oder den Zeitpunct selbst für den man sucht; nur $\varepsilon$ ist wie am Anfang der Fpoche.

5) Auf gleiche Weise erhält man unter den nämlichen Einschränkungen aus dem 3ten Satze wenn man $p = \mathrm{tg}\,\delta . \cos\alpha$ setzt: *Veränderung der Rectas. wegen Schiefe der Ecliptik*

$$\Delta^{1}\alpha = -\Delta\varepsilon . p$$
$$+\Delta\varepsilon^{2} . \left(B'' p^{2} - \frac{\sin 2\alpha}{4}\right) + \Delta\varepsilon^{3}\left[C'' p^{3} + \left(\frac{B'''}{2}\sin 2\alpha + \tfrac{1}{6}\right)p\right]$$
$$+\Delta\varepsilon^{4}\left[D'' p^{4} - \left(\frac{3\,C''}{2.}\sin 2\alpha + \tfrac{1}{3}B''\right)p^{2}\right.$$
$$\left. + \frac{\sin 2\alpha + 3\,B''}{2 . 24}(\sin 2\alpha^{2})\right] \text{u. s. w.}$$

In $A''$, $B''$, $C''$... ist die AR. am Ende der Periode zu setzen; wie sich denn alle Gröſsen, $\varepsilon$ *ausgenommen,* aufs Ende der Periode beziehen.

6) So sind allerdings die beiden letztern Formeln von den zwey erstern abhängig; welches ohne groſse Weitläuftigkeit nicht wohl vermieden wird, jedoch bey wirklicher Berechnung geschehen kann; die 2 erstern sind aber von einander unabhängig, daher auch die Verwicklung und Weitläuftigkeit der Coefficienten, besonders in $\Delta\alpha$; und wovon ich fast zweifle daſs sie in einfacherer Gestalt erscheinen möchten wenn man nicht unendliche Reihen zu Hülfe nimmt, wozu man freilich durch *La Granges* Reihe, von der Form

$$\alpha = \lambda + a\cos\lambda + b\sin 2\lambda + c\cos 3\lambda + d\cos 4\lambda + \ldots$$

lsehr eicht gelangen würde; die Coefficienten $A$, $B$, $C$, $D$.. sind einfach.

In der Folge werde ich für einige Sterne die Coefficienten berechnen, wobey es dann einfacher ist $\Delta Q$, $\Delta Q^{2}$ u. s. w. für sich zu berechnen, und nach den Grundformeln 1, 2, 3.. das Ganze zu sammlen.

Über

## Über das Problem, aus der mittleren Länge eines Planeten, dessen wahre Länge zu finden, von Herrn Hauptmann *Rohde* in Potsdam,

unterm 26. Jul. 1806 eingesandt.

Von einem sehr *schweren* und zugleich sehr nützlichen Problem, (welches von *de la Lande*, Astron. §. 3335; und von *Cagnoli* Traité de Trigonométrie S. 381, Zeile 1-5, nur so unvollständig aufgelöset ist, zumal in Beziehung auf *Pallas*, daſs man, was sie und Andere geliefert haben, nicht fortsetzen kann, ohne die endlose und schwer zu verifizirende Rechnung, ganz von vorne anzufangen,) von einem solchen Probleme, ist hier die *genaueste, leichteste* und welches besonders zu merken, die *vollendetste* Auflösung,

Es sey $L$ die mittlere Länge eines Planeten, $v$ dessen wahre Länge, beide in Orbita; $\delta v$ die Summe der Perturbationen, $n$ die Nutation (terrestrische), $e$ die Excentricität seiner Bahn, $\varpi$ die Länge seines *Perihelii;* und zur Abkürzung sey $E = \frac{e}{1+\sqrt{(1-e^2)}}$, folglich genau $E = \text{tang}\, \frac{1}{2}\psi$, wenn man nur das leichte $e = \sin\psi$ berechnet hat: so ist vollkommen genau,

$$L = v - \{(n+\delta v) - 2e.\sin(v-\varpi) + (2eE - \tfrac{2}{2}E^2).\sin 2(v-\varpi)$$
$$- (2eE^2 - \tfrac{4}{3}E^3).\sin 3(v-\varpi) + (2eE^3 - \tfrac{6}{4}E^4).\sin 4(v-\varpi)$$
$$- (2eE^4 - \tfrac{8}{5}E^5).\sin 5(v-\varpi) + (2eE^5 - \tfrac{10}{6}E^6).\sin 6(v-\varpi)$$

$$-(2eE^6-\tfrac{12}{7}E^7).\sin 7(v-\omega)+(2eE^7-\tfrac{14}{8}E^8).\sin 8(v-\omega)$$
$$-(2eE^8-\tfrac{16}{9}E^9).\sin 9(v-\omega)+(2eE^9-\tfrac{18}{10}E^{10}).\sin 10(v-\omega)$$
$$-(2eE^{10}-\tfrac{20}{11}E^{11}).\sin 11(v-\omega)+(2eE^{11}-\tfrac{22}{12}E^{12}).\sin 12(v-\omega)$$

u. s. w.

*Kurz:* das *allgemeine Glied* dieser Reihe ist,

$$\pm\left(2eE^{\mu-1}-2\frac{\mu-1}{\mu}E^{\mu}\right).\sin\mu v;$$

worin das *obere* Zeichen, für jede *gerade* Zahl $\mu$; das *untere*, für jede *ungerade* gilt; kleiner aber als 2, kann $\mu$ nicht seyn.

## Beweis.

1) Es sey $Q$ die Mittelpunctsgleichung; so ist bekanntlich, $v = L + Q + n + \delta v$; folglich

$$L = v - (n + \delta v) - Q.$$

Alles kommt also lediglich darauf an, *wie* man die Mittelpunctsgleichung $Q$, durch die wahre Anomalie $v-\omega$ ausdrücket.

2) Es sey $u$ die Anomalie des Excentri (circuli); auch vom Perihelio an gerechnet; so ist, wie man weiſs, nicht nur $L-\omega = u - e.\sin u$, sondern auch

3) $\sin u = \dfrac{\sin(v-\omega).\sqrt{(1-e^2)}}{1+e.\cos(v-\omega)}$, und zugleich

4) $\operatorname{tang}\frac{1}{2}u = \sqrt{\dfrac{1-e}{1+e}}.\operatorname{tang}\frac{1}{2}(v-\omega)$.

5) Vermittelst des schönen Theorems von *de la Grange* (Mém. de l'Acad. Roy. de Berlin, 1776, S. 222), folget genau aus No. 4,

$$u = v-\omega-2E.\sin(v-\omega)+\tfrac{2}{2}E^2.\sin 2(v-\omega)-\tfrac{2}{3}E^3.\sin 3(v-\omega)$$
$$+\tfrac{2}{4}E^4.\sin 4(v-\omega)-\tfrac{2}{5}E^5.\sin 5(v-\omega)+ \text{cet.}$$

6) Und, vermittelst *Eulers* Calc. Integr. Tom. I, Seite 198, folget eben so genau aus No. 3)

*e*

$$e.\sin u = 2\sqrt{(1-e^2)} \times [E.\sin(v-\omega) - E^2.\sin 2(v-\omega) + E^3.\sin 3(v-\omega) - E^4.\sin 4(v-\omega) + \text{cet.}].$$

7) Setzet man in No. 2) die beiden Werthe aus No. 5 und No. 6; so hat man, vermöge No. 1, auf der Stelle die erwünschte Reihe.

## Geographische Ortsbestimmung der k. Kreisstadt Pilsen in Böhmen, von Herrn Canonicus und Astronom *David* in Prag,

unterm 10. Dec. 1807 eingesandt.

Bei der Einführung der philosophischen Lehrinstitute in die Provinzialstädte Böhmens 1803 und 1804 unter der Regierung Sr. K. K. Majestät Franz dem Isten ward ein solches auch für Pilsen bestimmt, und die Besetzung mit den Professoren dem Hrn. Prälaten des Stiftes Tepl Chrysostom Pfrogner überlassen. Dieser würdige Prälat, dem nichts so sehr am Herzen liegt, als die Verbreitung nütslicher Kenntnisse und die Beförderung guter Sitten, sorgte nicht blos für taugliche Subjekte zu den philosophischen Lehrstellen, sondern er entschloſs sich auch im Schulgebäude eine kleine Sternwarte zu errichten, um dem Professor der Mathematik und Physik Gelegenheit zu verschaffen, sich in seinem Fache mehr und gründlichere Kenntnisse zu erwerben.

Schon vor dieser Anstalt lieſs ich es mir angelegen seyn, die Breite der K. Kreisstadt Pilsen mit meinem siebenzölligen Sextanten auf 49° 44′ 42″; den Längenunterunterschied aber zwischen Pilsen und Stift Tepl vermittelst des Chronometers von Emery auf 1′ 59″ in Zeit zu bestimmen. (Geogr. Ortsbest. des Güntherberges etc. S. 30 und 32).

Da nun Breite und Länge die ersten und nothwendigsten Elemente für eine Sternwarte sind, so fand ich es für nöthig, meine Angabe zu prüfen, sie zu berichtigen oder zu bestätigen.

1806 bestimmte ich mittelst Blickfeuer auf dem Georgenberg die Länge von Kupferberg und Engelhaus, führte diese Längenbestimmung von Engelhaus über Einsiedl bis nach Stift Tepl fort, und prüfte dadurch meine Längenbestimmung dieses Stiftes aus Sternbedeckungen, die ich da 1792 beobachtet hatte. Der K. K. Astronom zu Wien, Hr. Triesnecker, berechnete diese zwey Bedeckungen neuerdings, verglich sie mit mehrern Beobachtungen, und erhielt mittelst 1 ϑ ♉ Längenabstand des Stiftes Tepl von Paris in Zeit 42′ 14,″2
aus α ♉ aber - - - 42 14, 1

Folglich Stift Tepl von Prag 6 6.

Vermittelst der Blickfeuer erhielt ich Stift Tepl westlicher als Prag in Zeit - 6 9, 2

Aus der Bedecüung ζ ♊ 1806 den 8. Sept. 6 8, 3

Ungeachtet beide Resultate gut genug übereinstimmen, so bewogen mich doch mehrere Gründe den Längenabstand aus der Sternbedeckung für genauer anzunehmen. (Längenbest. durch Blickfeuer von Kupferberg und Engelhaus etc. S. 2, 80, 83). Will man aus der Längenbestimmung von 1792 und 1806 ein Mittel nehmen, so wird Stift Tepl westlicher als Prag in Zeit 6′ 7″. Die Tepler Länge ist daher auf eine Zeitsekunde genau bestimmt, und ich glaubte nichts Besseres thun zu können, um die Länge von Pilsen zu prüfeu, fen, als diese von Tepl aus durch Blickfeuer zu bestimmen. Krukanitz ist mit Stift Tepl sowohl durch Pulversignale als durch trigonometrische Vermessungen in Verbindung gesetzt worden. (Siehe angeführte Abhandlung S. 98). Es war demnach alles eins, ob ich die Länge der Stadt Pilsen, von Tepl oder Krukanitz aus, untersuchte. Ich veranstaltete daher Pulversignale auf dem Weinberge bei Krukanitz, die ich daselbst beobachtete; Hr. Professor Handgretinger aber auf den hohen Stadtthurm zu Pilsen, wo er als Professor der Mathematik und Physik angestellt ist. Die Breite von Krukanitz habe ich vom Stift Tepl aus mittelst des trigonometrischen Breitenunterschiedes auf 49° 50′ 44″ bestimmt. (Siehe erwähnte Abhandl. S. 100). Zur Zeitbestimmung hatte ich meinen siebenzölligen Sextanten und die Müllerische Pendeluhr von der Prager Sternwarte.

Mittäge in Uhrzeit zu Krukanitz 1807.

| Tag | Mittag | Später als m. Zeit. | |
|---|---|---|---|
| 27 | 11h 57′ 18″,25 | 4′ 12″,25 | |
| 28 | — 57 4, 79 | 4 8, 91 | 3,″34 |
| 29 | - 56 51, 0 | 4 5, 6 | 3,″31 |

Die Uhr hielt einen ordentlichen gleichförmigen Gang, und die nach ihren Angaben berechneten Zeiten der Blickfeuer sind daher genau und zuverläſsig. Die Blickfeuer beobachtete mit mir der hochw. Hr. Kaspar Miesner; weil nur einige Loth Pulver angezündet wurden, so stimmten wir in ihrer Zeitangabe überein.

Blick-

Blickfeuer zu Krukanitz beobachtet 1807 den 27. August Abends.

| Signale | Uhrzeit | Mittlere Z. | Zwischendauer |
|---|---|---|---|
| I | $7^h$ 57′ 7″ | $8^h$ 1′ 18″,14 | |
| II | 8 2 5 | 8 6 16, 13 | 4′ 58″ |
| III | 8 7 4 | 8 11 15, 11 | 4 59 |
| IV | 8 12 4½ | 8 16 15, 6 | 5 0,5 |
| V | 8 17 4 | 8 21 15, 09 | 4 59,5 |

Den 28. August.

| Signale | Uhrzeit | Mittlere Z. | Zwischendauer |
|---|---|---|---|
| I | $7^h$ 57′ 11″ | $8^h$ 1′ 18″,8 | |
| II | 8 2 3,5 | 8 6 11, 3 | 4′ 52″,5 |
| III | 8 7 4 | 8 11 11, 78 | 5 0,5 |
| IV | 8 12 4,5 | 8 16 12, 27 | 5 0,5 |
| V | 8 17 8 | 8 21 15, 76 | 5 3,5 |

Herr Prälat zu Stifte Tepl schaffte zu der daselbst befindlichen Mittagslinie eine Pendeluhr, zum trigonometrischen und astronomischen Gebrauche aber für die Stiftsgeistlichen einen siebenzölligen Sextanten von Cary, der 10 Sekunden angiebt, sehr fleifsig und dauerhaft gearbeitet ist. Mit diesen bestimmte Hr. Prof. Handgretinger 1806 die Breite von Engelhaus, und die wahre Zeit für die Blickfeuer. (Siehe angeführte Abhandl. S. 47. 76. 77). Mit eben dieser Uhr, und demselben Sextanten beobachtete der Hr. Professor die Sonnenhöhen auf dem Pilsner Stadtthurm, (beinahe 27 Pariser Klafter über der Erde) woraus ich die wahre Zeit und Breite berechnet habe.

1807

1807 zu Pilsen wahre Zeit nach der Pendeluhr:

27. August Mittag $11^h 38' 54'',5$; 22 36'' spät. als mittl. Z.
27-28. — Mittern. 11 3 7''; 22 18,4 - - - -
28. — Mittag 11 13 5''; 22 0,2 - - - -
28-29. — Mittern. 11 22 3''; 21 42,8 - - - -

Die mittlere Voreilung aus diesen binnen 12 Stunden ist $17\frac{7}{10}''$; mit dieser berechnete ich nachstehende Pilsner Zeiten der Blickfeuer.

Den 27. August Abends.

| Signale | Uhrzeit | Mittlere Zeit | Pilsen östl. v. Krukanitz. |
|---|---|---|---|
| I | $7^h$ 40' 3'' | 8h 2' 27'',2 | 1' 9'',06 |
| II | 7 45 0,5 | 8 7 24, 6 | 1 8, 47 |
| III | 7 50 0 | 8 2 23, 9 | 1 8, 87 |
| IV | 7 55 0 | 8 17 23, 8 | 1 8, 2 |
| V | 8 0 0 | 8 22 23, 6 | 1 9, 5 |
| | | Mittel | 1' 8'', 6 |

Den 28. August.

| Signale | Uhrzeit | Mittlere Zeit | Pilsen östl. v. Krukanitz. |
|---|---|---|---|
| I | $7^h$ 40' 39'' | $8^h$ 2' 27'',73 | 1' 8'',9 |
| II | 7 45 31 | 8 7 19, 59 | 1 8, 3 |
| III | 7 50 $31\frac{1}{2}$ | 8 12 20, 2 | 1 8, 4 |
| IV | 7 55 32 | 8 17 20, 34 | 1 8, 0 |
| V | 8 0 36 | 8 22 24, 22 | 1 8, 4 |
| | | Mittel | 1' 8'',4 |

Im Mittel vom 27sten und 28sten August 1' 8'',5 Pilsen östl. v. Krukanitz.

Nach der trigonometrischen Vermessung und den Pulversignalen (siehe erwähnte Abhandl. S. 97) liegt Krukanitz in Zeit 51'',5 östlicher als Stift Tepl; folglich Pilsen östlicher als Tepl 2 Minuten in Zeit oder 30' in Gradtheilen. Stift Tepl hat Länge 30° 33' 15''
Pilsen also 31 3 15.

Die-

Dieser Längenunterschied zwischen Pilsen und Stift Tepl ist nur um eine Zeitsekunde grölser als ich ihn mittelst des Emery (wie ich oben erwähnte) erhalten habe. Hr. Professor Handgretinger hat hier einen neuen Beweis seiner Geschicklichkeit, den Sextanten zu behandeln, abgelegt, und mein empfehlendes Urtheil, das ich über seine Zeitbestimmung in Engelhaus fällte, vollkommen bestätigt. Möge er dies günstige Urtheil auch durch seine künftigen Beobachtungen auf dem Pilsner Observatorium verdienen. Mit Hrn. Prof. Handgretinger beobachtete zugleich Hr. Prof. Ardelt die Blickfeuer, ihre Zeitangaben stimmten meistens überein, und entfernten sich nicht um eine halbe Sekunde.

Setzt man die Berliner Sternwarte in Zeit 44′ 10″ östl. von der Pariser (Jahrb. 1809 S. 222) so ist Berlin westlich von Prag 4′ 10″, Pilsen aber 4′ 7″. Berlin und Pilsen liegen daher fast unter demselben Meridian, und die berechneten Längen der Himmelskörper für Berlin können ohne merklichen Fehler auch für Pilsen gebraucht werden. Aus diesem Grunde hielt ich es für schicklich, die Längenbestimmung von Pilsen im astr. Jahrb. od. Suppl. Bande bekannt zu machen. — Zur Beobachtung der Sonnenhöhen versah ich den Hrn. Professor mit einer guten Glasplatte; mit dieser beobachtete er auf meine Erinnerung kurz vor Mittag den obern, gleich nach Mittag aber den untern Sonnenrand; stellt man diese Mittagshöhen zusammen, und nimmt daraus ein Mittel, so wird der Kolimazionsfehler weggeschafft.

## Mittagshöhen zu Pilsen 1807 den 27. August.

| Wahre Zeit | Sonnenhöhen | Polhöhe |
|---|---|---|
| | oberer ⊙ Rand | |
| 11h 52′ 5″ | 50° 33′ 36 | 49° 44′ 56″ |
| 11 54 33 | 50 34 36 | 49 45 8 |
| 11 56 58 | 50 35 21 | 49 44 59 |
| | unterer ⊙ Rand | |
| 12 6 2 | 50 34 22½ | 49 45 2 |
| 12 8 41 | 50 32 50 | 49 45 16 |
| | Mittel | 49° 45′ 4″ |

## Den 28. August.

| | oberer ⊙ Rand | |
|---|---|---|
| 11h 52′ 43″ | 50° 12′ 43″ | 49° 45 8″ |
| 11 54 37 | 50 13 28 | 49 45 10 |
| 11 56 6 | 50 13 55.″5 | 49 45 10 |
| 11 56 56 | 50 14 15,5 | 49 45 1 |
| 11 57 40 | 50 14 23,6 | 49 45 11 |
| 11 58 43 | 50 14 16,3 | 49 45 19 |
| | unterer | |
| 12 3 55 | 50 13 35 | 49 45 30 |
| 12 5 37 | 50 13 10 | 49 45 23 |
| 12 7 19 | 50 12 25 | 49 45 25 |
| 12 8 23 | 50 11 55 | 49 45 24 |
| 12 9 28 | 50 11 35 | 49 45 6 |
| | Mittel | 49° 45′ 15″ |

Das Mittel aus beyden Resultaten giebt Polhöhe für Pilsen 49° 45′ 10″. Dabey muſs ich aber erinnern, daſs mein Beobachtungsort 1803 an der Südl. Stadtmauer und eben da war, wo jetzt das Observatorium hergestellt wird. Der Stadtthurm liegt nordlicher, um wie viel wird uns Hr. Prof. Handgretinger sagen, wenn er seine Dreyeckmessung bey Pilsen wird zu Stande gebracht haben, wozu er bisher noch nicht mit hinlänglichen Instrumenten versehen ist. Nach der Breite liegt

liegt also Berlin 2° 46′ 20″ oder 41½ deutsche Meilen nordlicher als Pilsen.

## Auflösung der Aufgabe, von der Wirkung der gegenseitigen Anziehung dreyer Körper auf den Lauf eines derselben, von Herrn *G. K. Hegner* in Herrnhut,

am 4. Oct. 1806 eingegangen.

Die Auflösung, welche Hr. Clairaut in seiner 1752 zu Petersburg gedruckten Preisschrift von dieser Aufgabe gegeben, und durch die er sonderlich die Störungen des Mondslaufs bestimmt hat, mag vielleicht in praktischer Hinsicht Genüge leisten. Mir schien sie indeſs, theils wenn man sie ganz verfolgen soll, gar zu ermüdend weitläuftige Berechnungen zu erfordern, theils aber — und dieses däuchtete mir das wichtigste zu seyn — nicht hinlänglich überzeugend bestimmte Gründe für die Beybehaltung oder Weglassung einer und der andern Glieder in den von ihm aufgegebenen Reihen anzugeben, so daſs man dadurch über den Grad der Zuverläſsigkeit der gefundenen Werthe genugsam versichert seyn könnte. In bloſs theoretischer Hinsicht aber schien mir eine andre Auflösung dieser Aufgabe ganz wünschenswerth. Hier ist ein Versuch dazu, wobey in Absicht auf die Auseinandersetzung der Aufgabe den Weg, welcher Herr Clairaut dabey nahm, genau

genau befolgt ist. Das Resultat ist, dafs aus dem gegebenen Orte des einen Körpers für den andern dessen Ort, sein Abstand von dem dritten Körper, um den er sich bewegt, die Neigung seiner Bahn gegen die des ersten Körpers, und die veränderte Lage des Durchschnittes beider Bahnen, oder das Fortrücken der Knotenlinie, durch unendliche Reihen bestimmt wird, von denen man so viele Glieder als man will, aufsuchen kann. Ob diese Methode zu unmittelbarem praktischen Gebrauche anzuwenden ist, überlasse ich anderer Beurtheilung; in theoretischer Rücksicht wenigstens scheint sie mir, wie ähnliche nicht unmittelbar praktisch anzuwendende Auflösungen, z. B. Cardans Regel, nicht ganz werthlos. Die Zeit verstattete mir nicht, die Art, wie die Coefficienten gedachter Reihen gefunden werden, umständlich darzulegen, noch selbst die Auffindung derselben, wie ich mir vorgenommen hatte, bis zur fünften Potenz der Gröfse, nach welcher die Reihen geordnet sind, fortzusetzen.

1. Lehnsatz. $Mm$, $mn$, Taf. I. Fig. 3 sind zwey unendlich kleine, einander gleiche Theile einer geraden Linie, und aus einem gegebenen Puncte $T$ ziehe man die geraden Linien $TM$, $Tm$, $Tn$. Ich sage es werde seyn:

$$1)\ Tn = TM = 2d(TM) + TM(MTm)^2;$$

$$2)\ mTn = MTm - \frac{2d(TM)MTm}{TM}.$$

Beweis. 1) Von $M$ fälle man auf $Tm$ das Loth $Mp$, und ziehe mit diesem und mit $mp$ die einander in $\pi$ schneidenden gleichlaufenden Linien $m\pi$, $n\pi$. Der Durchschnitt von $Tn$ und $m\pi$ heisse $q$. Auch fälle man aus $m$ auf $Tn$ das Loth $mr$. Die Dreyecke $Mpm$, $m\pi n$ sind, wegen der gleichen Seiten $Mm$, $mn$, und weil $Mp$

mit

mit $m\pi$, $mp$ mit $n\pi$ gleichlaufend sind, gleich und ähnlich; folglich $m\pi = Mp$, $n\pi = mp$. Da ferner $m\pi$ senkrecht auf $Tm$, $mr$ senkrecht auf $Tn$ ist, so sind die Dreyecke $qmr$, $mTq$ einander ähnlich, und der Winkel $qmr =$ dem Winkel $mTn$. Ferner sind die Dreyecke $Tmq$, $nq\pi$ einander ähnlich, und es ist daher $q\pi : n\pi = mq : Tm$. Da nun $mn$, folglich auch $mq$ gegen $Tm$ unendlich klein ist, so muſs auch $q\pi$ gegen $n\pi$, und also auch gegen $mq$ unendlich klein seyn. Es kann demnach $nq = n\pi$, $mq = m\pi$ gesetzt werden. Nun ist $qr = qm.qmr$; folglich $qr = m\pi.qmr = Mp.mTn = Mp.MTm$, da die Winkel $mTn$, $MTm$, auch nur einen in Vergleich mit ihnen unendlich kleinen Unterschied haben, folglich einander gleich zu achten sind. Ferner ist $Mp = Tm.MTm$, folglich $qr = TM.(MTm)^2$. Eben so ist $nq = n\pi = mp = dTm$. Es findet sich demnach $Tn = Tr + nq + qr = TM + pm + nq + qr = TM + 2dTm + TM(MTm)^2$. W. D. E. W.

2) Ferner verlängere man $Mp$, $n\pi$, bis sie sich in $t$ schneiden, und der Durchschnitt von $Mt$ und $Tn$ sey $s$. Auch ziehe man die gerade Linie $Tt$. Da $Mm = mn$, und $mp$ mit $nt$ gleichlaufend ist, so ist $Mp = pt$, und weil $Mt$ senkrecht auf $Tm$, so müssen die Winkel $MTm$, $mTt$ einander gleich seyn. Es ist demnach $mTn = MTm - nTt$. Auch ist $Tt = TM$. Es ist aber wegen der ähnlichen Dreyecke $mqr$, $Tmq$, der Winkel $qn\pi =$ dem Winkel $mTn$ oder $MTm$; folglich $q\pi = qn \sin qn\pi = dTM \sin MTm = MTm dTM$, da bey dem unendlich kleinen Winkel $MTm$ Sinus und Bogen einander gleich sind. Nun ist, weil $q\pi$, $st$ gleichlaufend sind, $n\pi : nt = q\pi : st$; folglich $st = 2q\pi = 2MTm dTM$. Da aber der Winkel $Tst$ von dem rechten $Tpt$ nur um ein unendlich kleines unterschieden ist, so ist $Tt : 1 = st : \sin nTt = nTt$; folglich

lich $nTt = \frac{st}{Tt} = \frac{2MTmdTM}{TM}$; und $mTn = MTm - nTt$ $= MTm - \frac{2MTmdTM}{TM}$. W. D. Zweyte W.

2. Aufgabe. Ein mit beliebiger Geschwindigkeit und in beliebiger Richtung geworfener Körper werde durch zwei Kräfte getrieben, davon die eine, Σ nach einem Mittelpunkt $T$ Fig. 4. gerichtet ist, die andere Π eine auf die Richtung der ersteren, senkrechte Richtung hat. Man verlangt die Gleichung für die krumme Linie $Mm\mu$, die der Körper beschreibt.

$Mm$ sey ein unendlich kleiner Theil dieser krummen Linie, $mn$ dessen gleich groſse Verlängerung, welche der Körper im nächsten Augenblick durchlaufen würde, wenn die Kräfte Σ und Π nicht seine Richtung änderten. Auf $nT$, einer nach dem Mittelpunkt der Kräfte gezogenen geraden Linie nehme man $no$ in dem Verhältniſs zu $mn$, in welchem die Kraft Σ, und auf einem in $o$ auf $Tn$ errichteteu Lothe $o\mu$ in dem Verhältniſs zu $mn$, in welchem die Kraft Π zu der Kraft stehet, die den Körper durch $mn$ würde getrieben haben; so wird $m\mu$ der Weg seyn, den der Körper durch Mitwirkung der beiden Kräfte im nächsten Augenblick durchläuft, oder $Mm$, $m\mu$ sind zwey zunächst liegende Elemente der krummen Linie, deren Gleichung gesucht wird. Nun setze man den Radius Vector $TM = r$; den von demselben mit einer gegebenen Axe $TB$ eingeschlossenen Winkel $= v$, und die von dem Körper zu Durchlaufung der Elemente $Mm$, $m\mu$ gebrauchte unendlich kleine Zeit $= dx$. Nach vorstehendem Lehnsatz ist $n = r + 2dr + rdv^2$, und $mTn = dv - \frac{2drdv}{r}$. Ferner ist $T\mu = r + 2dr + ddr$, und $mT\mu = dv + ddv$. Da nun $To$ $= T\mu$

$= T\mu$ zu achten ist, so ist $no = Tn - T\mu = rdv^2 - ddr$. Auch ist der Winkel $oT\mu = mT\mu - mTn = ddv + \frac{2drdv}{r}$; folglich $o\mu = T\mu \times oT\mu = TM \times oT\mu = rddv + 2drdv$. Nun sind die durchlaufenen Räume gleich den Kräften mit dem Viereck der Zeiten multiplicirt. Dieses giebt die Gleichungen: $rddv + 2drdv = \Pi dx^2$ und $rdv^2 - ddv = \Sigma dx^2$, zur Bestimmung der krummen Linie $Mm\mu$ und der Zeit, die der Körper braucht, sie zu durchlaufen.

3) Aus der ersten der gefundenen Gleichungen läſst sich die Zeit folgendermassen bestimmen. Auf $Tm$ fälle man das Loth $Mp$. Man setze den Winkel $TmM = u$; und da $pm = dr$, so ist aus dem Dreyeck $Mpm$; $1 : Mm = \cos u : dr$; und aus dem Dreyeck $MTm$; $Mm : dv = r : \sin u$; folglich $dv = \frac{dr\,tu}{r}$ $ddv = \frac{(rddr - dr^2)}{r^2}tu + \frac{drd(tu)}{r}$. Es ist demnach $\Pi dx^2 = rddv + 2drdv = ddrtu + \frac{dr^2}{r}tu + drd(tu)$, oder $\frac{\Pi dx^2}{drtu} = \frac{ddr}{dr} + \frac{dr}{r} + \frac{d(tu)}{tu}$; woraus man durch Integration erhält $c + \int \frac{\Pi dx^2}{drtu} = l\,dr + lr + ltu$ oder $rdrtu = e^{c + \int \frac{\Pi dx^2}{drtu}}$, und wenn man mit $\frac{\Pi dx^2}{drtu}$ multiplicirt, $\Pi r dx^2 = e^{c + \int \frac{\Pi dx^2}{drtu}} . \frac{\Pi dx^2}{drtu}$. Durch Integration erhält man ferner $dx(f + \int \Pi r dx) = e^{c + \int \frac{\Pi dx^2}{drtu}} = rdrtu$, und mit $\Pi r$ multiplicirt, $f\Pi r dx + \Pi r dx \int \Pi r dx = \Pi r^2 drtu$. Man setze $\frac{\Pi r^2 drtu}{f^2} = d\varrho$, und integrire, so ist $f\int \Pi r dx + \frac{1}{2}(\int \Pi r dx)^2 = f^2 \varrho$, und, nach Auflösung dieser

qua-

quadratischen Gleichung $f + f\pi r dx = f\sqrt{(1+2\varrho)}$. Demnach ist $dx = \frac{r dr t u}{f + f\pi r dx} = \frac{r dr t u}{f\sqrt{(1+2\varrho)}} = \frac{r^2 dv}{f\sqrt{\left(1+\int\frac{\pi r^3 dv}{f^2}\right)}}$.

Wenn also die Kraft $\pi$ wegfällt, so ist $dx = \frac{r^2 dv}{f}$, der Ausdruck der Zeit für den Fall, da der Körper bloſs nach einem Mittelpunkt angezogen wird.

4. Aus 3. ist $\frac{dr}{dx} = \frac{f\sqrt{(1+2\varrho)}}{rtu}$, $\frac{d\left(\frac{dr}{dx}\right)}{dx} = \frac{f^2 d\varrho}{r^2 dr tu^2} - \frac{f^2(1+2\varrho)}{r^3 tu^2} - \frac{f^2 d(tu)(1+2\varrho)}{r^2 dr tu^3}$. Braucht man diese Werthe, so erhält man aus der zweyten Gleichung in 2.
$z = \frac{dr^2 tu^2}{r dx^2} - \frac{d\left(\frac{dr}{dx}\right)}{dx} = \frac{f^2(1+2\varrho)}{r^3} - \frac{f^2(d\varrho)}{r^2 dr tu^2} + \frac{f^2(1+2\varrho)}{r^3 tu^2} + \frac{f^2 d(tu)(1+2\varrho)}{r^2 dr tu^3}$; und wenn man für $d\varrho$ aus 2. seinen Werth setzt, das Glied, welches $d\varrho$ enthält, auf die andese Seite bringt, und die Gleichung mit $\frac{r^2 dr}{1+2\varrho}$ multiplicirt, so ist $\frac{\left(z+\frac{\pi r^2}{tu}\right)dr}{1+2\varrho} = \left(\frac{f^2}{r} + \frac{f^2}{rtu^2}\right)dr + \frac{f^2 d(tu)}{tu^3}$;

oder, wenn man $\frac{z+\frac{\pi r^2}{tu}}{1+2\varrho} = W$, und $\frac{1}{tu^2} = pq$ setzt $Wdr = \left(\frac{f^2}{r}+\frac{f^2 pq}{r}\right)dr - \frac{f^2 pdq}{2} - \frac{f^2 qdp}{2}$. Diese Gleichung kann man in zwo zerlegen, und jede für sich integriren. Die erste $\frac{f^2 pq dr}{r} - \frac{f^2 pdq}{2} = 0$, gibt $\frac{2dr}{r} = \frac{dq}{q}$, und integrirt $q = Cr^2$. Die andere Gleichung ist $\frac{f^2 dr}{r} - \frac{f^2 q dp}{2} = W dr$, oder, wenn man den Werth von $q$ braucht und mit $r^2$ dividirt $\frac{f^2 dr}{r^3} - \frac{f^2 C dp}{2} = \frac{W dr}{r^2}$. Davon ist das Integral $E - \frac{f^2}{2r^2} - \frac{Cf^2 p}{2} = E - \frac{f^2}{2r^2} - \frac{f^2}{2r^2 tu^2} = \int \frac{W dr}{r^2}$, wo $E$, so wie vorhin $C$ eine constante Gröfse ist. Es ist klar, dafs, wenn $\Sigma$ und $\Pi$ so gegeben wären, dafs $W$ blofs eine Function von $R$ wäre, hierdurch eine endliche Gleichung für die krumme Linie zwischen $r$ und $tu$ gefunden seyn würde, woraus man ferner eine Gleichung zwischen $r$ und $v$ ohne Schwierigkeit erhalten könnte. Dieses wird allemal der Fall seyn, wenn der Körper blofs von einer Kraft getrieben wird, die nach einem Mittelpunkt gerichtet und deren Ausdruck eine Function ihres Abstands von demselben ist. Wird z. B. der Körper blofs nach einem Mittelpunkt, und zwar im verkehrten Verhältnifs des Quadrats seines Abstands von demselben, angezogen; so ist $\Sigma = \frac{M}{r^2}$; $\pi = o$, mithin auch $\varrho = o$, und $W = \Sigma = \frac{M}{r^2}$; und man hat die Gleichung $E - \frac{f^2}{2r^2} - \frac{f^2}{2r^2 tu^2} = \int \frac{M dr}{r^2} = -\frac{M}{r}$, oder $tu = \frac{f^2}{2Er^2 + 2Mr - f^2}$. Multiplicirt man mit $dr^2$, und setzt statt $drtu$ seinen Werth $dv$ (3.), so erhält man die Differenzialgleichung $dv^2 = \frac{f^2 dr^2}{2Er^2 + 2Mr - f^2}$, oder $dv = \frac{f dr}{\sqrt{(2Er^2 + 2Mr - f^2)}}$; welche, wenn man $r = \frac{a}{b + ez}$ und $a = \frac{f^2 b}{M}$ setzt, sich in folgende verwandelt: $dv = -$

Inte-

$\frac{Medz : b\sqrt{(2Ef^2+M^2)}}{\sqrt{(1-M^2e^2z : b^2(Ef^2+M^2))}}$. Aus dieser erhält man durch Integration $v =$ Bog. sin $D -$ Bog. sin $\frac{Mez}{b\sqrt{(2Ef^2+M^2)}}$. Daraus aber findet sich $\frac{Mez}{b\sqrt{(2Ef^2+M^2)}} = \frac{f^2-Mr}{r\sqrt{(2Ef^2+M^2)}}$ $=$ sin [Bog. sin $D - v$] $= D \cos v - \sin v \sqrt{(1-D^2)}$; und $\frac{f^2}{Mr} = 1 - \frac{\sqrt{(2Ef^2+M^2)(1-D^2)}}{M}.\sin v + \frac{D\sqrt{(2Ef^2+M^2)}}{M}.$ $\cos v$, die Gleichung einer Ellipse, in welcher der halbe Parameter $= \frac{f^2}{M}$; und das Verhältniſs der Excentricität zur halben groſsen Axe $= \frac{\sqrt{(2Ef^2+M^2)}}{M}$ ist, und deren groſse Axe mit *TB* einen Winkel macht, dessen Sinus $= \sqrt{(1-D^2)}$ und Cosinus $= -D$ ist.

5. Aufgabe. Drey Körper, *S*, *T*, *L*, Fig. 5. ziehen einander gegenseitig an in dem geraden Verhältniſs ihrer Massen und dem verkehrten der Quadrate ihrer Entfernungen; *L* sey der kleinste dieser Körper; von *S* aber sowol die Masse als die Entfernung in Vergleich mit den Massen und Entfernungen der beiden andern so groſs, daſs sie fast für unendlich dagegen zu halten sind.

*S* und *L* bewegen sich um den festen Punct *T* in den Bahnen *NS*, *ΩL*, welche einander in der geraden Linie *NΩT* schneiden. Der Anfang der Bewegung sey in dieser Linie, und nach irgend einer Zeit sollen sich die beiden Körper in *S* und *L* befinden. Man sucht die von der Wirkung des Körpers *S* herrührenden Kräfte in der Richtung nach dem Mittelpunct *T* und senkrecht darauf, wodurch der Lauf des Körpers *L* verändert wird.

Nehmen wir, wie in 2., überhaupt an, daſs der Körper *L* durch zwo Kräfte bewegt wird, eine $\Sigma$, die

 nach

nach dem Mittelpunct $T$ gerichtet ist, die andere $\Pi$, deren Richtung auf der Richtung der ersteren senkrecht stehet; so bestehet die erstere dieser Kräfte aus zween Theilen, nemlich demjenigen, der von der Anziehung des Körpers $T$ herrührt, und demjenigen, der eine Wirkung des Körpers $S$ ist. Letzterer, den wir hier suchen, heisse $\Phi$. Die andere Kraft $\Pi$ kann bloſs eine Wirkung von $S$ seyn. Man ziehe die geraden Linien $TS$, $TL$, $SL$, fälle das Loth $SO$ auf $NT$, $SS'$ auf die Ebene der Bahn des Körpers $L$; man zeichne auf dieser Ebene die Projection $NS'$ der Bahn des Körpers $S$, und ziehe ferner $S'L$, $ST$. Nun heisse man $N$ die Masse des Körpers $S$, $M$ die Summe der Massen der Körper $T$ und $L$; $l$ den Radius vector $ST$ der Bahn des Körpers $S$; $r$ den Radius vector $LT$ der Bahn des Körpers $L$; $t$ den Winkel $NTL - NTS$, oder den Unterschied der wahren Orte der Körper $L$ und $S$, jedes in seiner Bahn. Ferner setze man den Winkel $STL = t$, den Winkel $S'TL = t'$, $SL = s$, $TS' = l'$, den Winkel $NTS = v$, den Cosinus der Neigung beyder Bahnen gegen einander $= 1 - \psi$.

Durch den Körper $S$ wird der Körper $L$ mit der Kraft $\frac{N}{SL^2}$ angezogen. Diese nach der Richtung $LS$ wirkende Kraft kann man in zwo Kräfte zerlegen, die $L$ nach der Richtung $LT$ und einer mit $TS$ parallelen Richtung treiben, und sich zu ersterer verhalten, wie die Linien $LT$ und $ST$ zu $SL$. Demnach erhält man zwei Kräfte, eine, die $L$ nach der Richtung $LT$ treibt, $\frac{N \times LT}{SL^3}$; die andere, die $L$ nach einer mit $TS$ gleichlaufenden Richtung treibt, $\frac{N \times ST}{SL^3}$. Allein nach der

Rich-

Richtung $TS$ wird auch der Körper $T$ mit der Kraft $\frac{N}{ST^2}$ angezogen; oder, da ich den Punkt $T$ als fest betrachte, muſs $S$ nach der entgegengesetzten Richtung mit eben dieser Kraft getrieben werden. Diese muſs man demnach, um die wahre Kraft, mit welcher $L$ nach der mit $TS$ gleichlaufenden Richtung getrieben wird, zu erhalten, von derjenigen abziehen. mit welcher $L$ in eben dieser Richtung in dem Falle getrieben würde, wenn $T$ nicht von $S$ angezogen würde. Letztere war aber $\frac{N \times ST}{SL^3}$. Folglich ist die wahre Kraft, mit welcher $L$, durch die vereinte Wirkung von $S$ auf $T$ und $L$, nach einer mit $TS$ gleichlaufenden Richtung getrieben wird: $\frac{N \times ST}{SL^3} - \frac{N}{ST^2}$. Zerlegt man diese letztere Kraft in zwey, davon die eine senkrecht ist auf die Ebene der Bahn des Körpers $L$, die andere in einer mit $TS'$ gleichlaufenden Richtung, so verhalten sich solche zu jener, wie $SS'$ und $TS'$ zu $TS$. Die letztere, die hier allein in Betrachtung kommt, ist demnach $N\left(\frac{ST}{SL^3} - \frac{1}{ST^2}\right) \times \frac{TS'}{ST}$. Diese muſs aber wiederum zerlegt werden in zwey Kräfte, die eine nach der Richtung $TL$, die andere senkrecht darauf in der Ebene der Bahn des Körpers $L$. Beide werden sich zu jener verhalten, wie cos $S'TL$ und sin $S'TL$ zu 1. Demnach erhält man eine Kraft nach der Richtung $TL$ : $N\left(\frac{ST}{ST^3} - \frac{1}{ST^2}\right) \times \frac{TS'}{ST} \times \cos S'TL$, und eine Kraft, deren Richtung auf der Richtung der vorigen in der Bahn des Körpers $L$ senk-

senkrecht ist: $N\left(\frac{ST}{SL^3}-\frac{1}{ST^2}\right)\times\frac{TS'}{ST}\times\sin S'TL$, die letztere ist die gesuchte Kraft $\pi$, doch nach entgegengesetzter Richtung, wie aus der Figur erhellet, indem diese Kraft ihre Richtung nach dem Anfange der Bewegung hin hat, $\pi$ aber (2.) so genommen wurde, daſs die Richtung dieser Kraft nach der entgegengesetzten Seite zu ging. Demnach ist

$$\pi=-N\left(\frac{ST}{SL^3}-\frac{1}{ST^2}\right)\times\frac{TS'}{ST}\times\sin S'TL=-N\left(\frac{l}{s^3}-\frac{1}{l^2}\right)\frac{l'}{l}\sin t'.$$

$\varphi$ aber ist der Unterschied zwischen der oben gefundenen Kraft, womit $L$ durch die Wirkung von $S$ nach $LT$, und der vorhin gefundenen Kraft, womit $L$ nach $TL$ getrieben wird, oder

$$\varphi=\frac{N\times LT}{SL^3}-N\left(\frac{ST}{SL^3}-\frac{1}{ST^2}\right)\times\frac{TS'}{ST}\times\cos S'TL=\frac{Nr}{s^3}-N\left(\frac{l}{s^3}-\frac{1}{l^2}\right)\times\frac{l'}{l}\cos t'.$$

6. Es ist aber $s=\sqrt{(l^2+r^2-2rl\cos t')}$ oder

$$SL^2=ST^2+TL^2-2ST\times TL\cos STL$$

imgleichen $S'L^2=S'T^2+TL^2-2S'T\times TL\cos S'TL$ folglich $SL^2-S'L^2=ST^2-S'T^2+2TL(S'T\cos S'TL-ST\cos STL)$ und da auch $SL^2-S'L^2=SS'^2=ST^2-S'T^2$, so muſs $2TL(S'T\cos S'TL-ST\cos STL)=0$ seyn, oder $S'T\cos S'TL=ST\cos STL$, d. i. $l'\cos t'=l\cos t$. Folglich ist $s=\sqrt{(l'^2+r^2-2rl'\cos t')}$.

Ferner ist $1:ST=\sin u:SO=\cos u:OT$, und $1:SO=\cos SOS':OS'$, auch $S'T^2=OS'^2+OT^2$. Daraus findet sich $SO=ST\sin u$. $OT=ST\cos u$, $OS'=ST\sin u\cos SOS'=(1-\psi)\,ST\sin u$, da $SOS'$ die Neigung beider Bahnen ist

ist; und daher $S'T = ST\sqrt{}[(1-\psi)^2 \sin u^2 + \cos u^2] = ST\sqrt{}$ $(1-(2\psi-\psi^2)\sin u^2)$, oder $\frac{l'}{l} = \sqrt{}[1-(2\psi-\psi^2)\sin u^2]$.

Man lege das Dreyeck $OST$ auf die Ebene $NS'T$ nieder, so fällt $OS$ auf $OS'$, und man erhält ein Dreyeck, dessen Seiten $S'T, ST$ einen Winkel $= S'TL-(NTL-NTS) = t'-t$ einschliefsen, und dessen dritte Seite $OS-OS'$ ist; der der Seite $S'T$ gegenüber stehende Winkel aber ist das Complement von $OTS$ oder $NTS$. Demnach ist $S'T : \cos u = OS - OS' : \sin(t'-t)$. Demnach ist $\sin(t'-t) = \frac{\psi ST}{S'T} \sin u \cos u = \frac{\psi \sin u \cos u}{\sqrt{}(1-(2\psi-\psi^2)\sin u^2)}$

$$= \frac{\psi \sin 2u}{2\sqrt{}(1-(2\psi-\psi^2)\sin u^2)}$$

$\cos(t'-t) = \frac{1-\psi \sin u^2}{\sqrt{}(1-(2\psi-\psi^2)\sin u^2)}$; und folglich

$$\sin t' = \frac{\psi \sin 2u \cos t + 2(1-\psi \sin u^2)\sin t}{2\sqrt{}(1-(2\psi-\psi^2)\sin u^2)} = \frac{\sin t + \psi \sin u \cos(u+t)}{\sqrt{}(1-(2\psi-\psi^2)\sin u^2)}$$

$$= \frac{(1-\frac{1}{2}\psi)\sin t + \frac{1}{2}\psi \sin(2u+t)}{\sqrt{}(1-(2\psi-\psi^2)\sin u^2}$$

$$\cos t' = \frac{2(1-\psi \sin u^2)\cos t - \psi \sin 2u \sin t}{2\sqrt{}(1-(2\psi-\psi^2)\sin u^2)} = \frac{\cos t - \psi \sin u \sin(u+t)}{\sqrt{}(1-(2\psi-\psi^2)\sin u^2)}$$

$$= \frac{(1-\frac{1}{2}\psi)\cos t + \frac{1}{2}\psi \cos(2u+t)}{\sqrt{}(1-(2\psi-\psi^2)\sin u^2)}$$

Diese Werthe in die Ausdrücke für $\pi$ und $\phi$ (5.) gesetzt, erhält man $\pi = -N[(1-\frac{1}{2}\psi)\sin t + \frac{1}{2}\psi \sin(2u+t)]$

$$\times \left[\frac{l}{[l^2+r^2-2rl\{(1-\frac{1}{2}\psi)\cos t + \frac{1}{2}\psi \cos(2u+t)\}]^{\frac{3}{2}}} - \frac{1}{l^2}\right];$$

$$\phi = \frac{Nr}{[l^2+r^2-2rl\{(1-\frac{1}{2}\psi)\cos t + \frac{1}{2}\psi \cos(2u+t)\})^{\frac{3}{2}}}$$

$$-N[(1-\frac{1}{2}\psi)\cos t + \frac{1}{2}\psi \cos(2u+t)]$$

$$\times \left[\frac{l}{(l^2+r^2-2rl\{(1-\frac{1}{2}\psi)\cos t + \frac{1}{2}\psi \cos(2u+t)\})^{\frac{3}{2}}} - \frac{1}{l^2}\right].$$

7.

7. Wir haben gesehen, daſs von der Kraft $\frac{N \times ST}{SL^3}$ $- \frac{N}{ST^2}$, mit welcher der Körper $L$ durch die Wirkung des Körpers $S$ in einer mit $TS$ gleichlaufenden Richtung geirieben wird, ein Theil senkrecht auf die Ebene der Bahn des Körpers wirkt. (5.) Dieser Theil von gedachter Kraft, die wir der Kürze halber $\Sigma'$ heissen wollen, muſs demnach eine Veränderung in der Neigung beider Ebenen und in dem Durchschnitt derselben hervorbringen, die wir nun untersuchen wollen.

$☊BL☋$ Fig. 6. sey die Bahn des Körpers $L$; $☊B'L'$ die als unbeweglich angenommene Ebene der Bahn des Körpers $S$. Nun sey $Ll$ ein Element, das der Körper $L$ in einem gegebenen Augenblick in seiner Bahn beschreiben würde, wenn nicht die Kraft $\Sigma'$ auf ihn wirkte. Wenn nun $dT$ die Dauer des gegebenen Augenblicks ausdrückt, und $lr = \Sigma' dT^2$ gleichlaufend mit $TS$ gezogen wird, so ist klar, daſs $Lr$ das Element ist, welches $L$ wegen der Wirkung der Kraft $\Sigma'$ anstatt $Ll$ durchlaufen muſs, Man verlängere $Ll$, $Lr$ bis an die Ebene $☊B'L'$. Die gerade Linie $nN$ durch ihre Durchschnittspuncte mit gedachter Ebene wird mit $rl$ und $ST$ gleichlaufend seyn; und der Winkel $nTN$ bestimmt die Veränderung der Durchschnittslinie beider Bahnen. oder der sogenannten *Knotenlinie.*

Die Gröſse dieses Winkels findet sich, wie folget. Es ist $nN = \frac{LN}{Ll} \times lr = \frac{LN}{Ll} \times \Sigma' dT^2$; und, da $nN$ gleichlaufend mit $ST$, das auf $TN$ gefällte Loth $nR = \frac{LN \times \Sigma' dT \times \sin ST☊}{Ll}$. Demnach ist der unendlich kleine

ne Winkel $nTN = \frac{nR}{Tn} = \frac{nR}{TN} = \frac{LN \times \Sigma' dT^2 \times \sin ST☊}{TN \times Ll}$.
Es ist aber, nach den bisher gebrauchten Ausdrücken, $LT = r$, der Winkel $LTl = dv$, folglich $Ll = \frac{rdv}{\sin TLN}$, und da auch $\frac{LN \times \sin TLN}{TN} = \sin LTN$: so findet sich $nTN = \frac{\Sigma' dT^2}{rdv} \times \sin ST☊ \times \sin LTN = \frac{v' f^2 \Sigma' dx^2}{Nrdv} \times \sin ST$ $☊ \times \sin LTN$, wenn man $f^2 dx^2$ anstatt $NdT^2$ setzt *). Nun sey $B'T$ die Linie, in welcher sich beym Anfang der Bewegung die beiden Körper $S$ und $L$ befanden (5). Von da an wird demnach sowol der Winkel $B'TS = z$, den $S$, als auch der Winkel $v$, den $L$ in eben der Zeit beschrieben hat, gerechnet. Es sey ferner der Winkel, den in eben dieser Zeit die Knotenlinie beschreibt, $B'T☊ = q$. Errichtet man aus $B'$, dem Durchschnitt der Knotenlinie beym Anfang der Bewegung mit der Projection der Bahn des Körpers $L$ auf der Ebene der Bahn des Körpers $S$, das Loth $B'B$, so kann, weil die Veränderung in der Lage der Bahn des Körpers $L$ in diesem Betracht für sehr gering zu achten ist, $B$ als der Punkt angesehen werden, von welchem der Körper $L$ sich zu bewegen anfing, so daſs man setzen kann $BTL = v$. Man fälle auf $☊T$ das Loth $BQ$, so wird auch $B'Q$ senkrecht auf $☊T$, $BQB'$ der Neigungswinkel beider Ebenen seyn. Mithin ist $\cos BQB' = 1 - \psi$. (5.) Nun ist $BQ = \frac{B'Q}{1-\psi}$; $B'T = \frac{B'Q}{\sin q}$; $BB'^2 = BQ^2 - B'Q^2$; folglich

$$BT^2 = BB'^2 + B'T^2 = BQ^2 - B'Q^2 + B'T^2 = B'Q^2 \left[\frac{1}{(1-\psi)^2} - 1 + \frac{1}{\sin q^2}\right]$$

*) $dT$ bedeutet eben das, was in dieser Aufgabe $dx$ genannt worden und daher ist dieses für jenes zu setzen.

$$\frac{1}{\sin q^2}=\frac{B'Q^2\times[(1-\psi^2)\cos q^2+\sin q^2]}{(1-\psi^2)\sin q^2}=\frac{B'Q^2[1-(2\psi-\psi^2)\cos q^2]}{(1-\psi^2)\sin q^2}.$$

Man findet demnach $\sin \Omega TB=\frac{BQ}{BT}=\frac{\sin q}{\sqrt{(1-(2\psi-\psi^2)\cos q^2)}}$, und $\sin LTN = \sin \Omega TL = \sin(\Omega TB + BTL) = \frac{(1-\psi)\sin v\cos q+\cos v\sin q}{\sqrt{(1-(2\psi-\psi^2)\cos q^2)}}$. Ferner ist $\sin ST\mho=\sin(q+z)$ und $\Sigma'=\frac{N\times ST}{SL^3}-\frac{N}{ST^2}=N\left(\frac{l}{s^3}-\frac{1}{l^2}\right)$ (5.). Nehmen wir nun aus 6. die Werthe von $s$, $l'$, $t'$, und für $t$, den Unterschied der wahren Orte der Körper $L$ und $S$, seinen Werth $v-z$, imgleichen für $u$ seinen Werth $z+q$: so erhalten wir

$$\Sigma'=N\left[\frac{l}{(l^2+r^2-2rl\{(1-\frac{1}{2}\psi)\cos(v-z)+\frac{1}{2}\psi\cos(2q+v+z)\})^{\frac{3}{2}}}-\frac{1}{l^2}\right]$$

Nun ist noch übrig, $l$ und $dx$ als Functionen von $z$ auszudrücken. Nimmt man an, die Bahn des Körpers $S$ sey eine Ellipse, in welcher $B'T$ die grofse Axe, $f$ der halbe Parameter, und $i$ das Verhältnifs der Excentricität zur halben grofsen Axe ist, so hat man aus 4. $\frac{f}{l}=1-i\cos z$, und $l=\frac{f}{1-i\cos z}$; und da anstatt des dortigen $M$ und $\frac{f^2}{M}$, hier $N$ und $f$ gesetzt wird, so wie man für das dortige $v$ hier $z$ hat; so ist ferner aus 3. $dx=\frac{l^2dz}{\sqrt{Nf}}=\frac{f\sqrt{f}}{\sqrt{N}}\cdot\frac{dz}{(1-i\cos z)^2}$. Mit Anwendung aller gefundenen Werthe erhält man endlich $nTN$ oder

$$dq=\frac{v'f^4dz^2}{Nrdv(1-i\cos z)^2}$$

$$\times\left[\frac{f^3-\{f^2+r^2(1-i\cos z)^2-2fr(1-i\cos z)[(1-\tfrac{1}{2}\psi)\cos(v-z)+\tfrac{1}{2}\psi\cos(2q+v+z)]\}^{\frac{3}{2}}}{\{f^2+r^2(1-i\cos z)^2-2fr(1-i\cos z)[(1-\tfrac{1}{2}\psi)\cos(v-z)+\tfrac{1}{2}\psi\cos(2q+v+z)]\}^{\frac{3}{2}}}\right]$$

$$\times\sin(q+z)+\frac{[(1-\psi)\sin v\cos q+\cos v\sin q]}{\sqrt{(1-(2\psi-\psi^2)\cos q^2)}}.$$

8. Noch ist die Veränderung in Erwägung zu ziehen, die in der Neigung der Bahnen bewirkt wird. $LL'$ ist ein Loth auf die Ebene der Bahn des Körpers $S$. Man ziehe $LF$ senkrecht auf $TN$, und die gerade Linie $L'F$ schneide $Tn$ in $f$, so ist $LFL'$ der ursprüngliche, $LfL'$ der veränderte Neigungswinkel beider Bahnen, und $FLf$ ihr Unterschied, oder, da von einer unendlich kleinen Veränderung die Rede ist, ihr Differential. Man stelle sich ein von $f$ auf $LF$ gefälltes Loth vor, welches sich zu $fF$ verhalten wird, wie $LL'$ zu $LF$; eben dieses Loth aber wird sich zu dem Sinus vorgedachten Differentials, oder, welches in diesem Falle einerley ist, zu gedachtem Differential selbst verhalten, wie $Lf$, oder die gleich zu achtende Linie $LF$, zu 1. Demnach hat man die beiden Proportionen, wenn nemlich die Neigung der Bahnen $I$ und das von $f$ auf $LF$ gefällte Loth $Z$ genannt wird:

$Z : Ff = LL' : LF$ und $Z : dI = LF : 1$; woraus man erhält $dI = Ff \times LL' : LF^2$. Es ist aber $Ff = TF \times NTn = TF \times dq$ (7.), und $LL' = LF \sin LFL' = LF \sin I$, und $\frac{TF}{LF} = -\cot LT\Omega$; folglich $dI = \frac{TF}{LF}\sin I.dq$, oder $\frac{dI}{\sin I} = -\cot TL\Omega dq$. Es ist aber (5.) $\cos I = 1-\psi$, mithin $\sin I = \sqrt{(2-\psi)\psi}$, und $\frac{dI}{\sin I} = \frac{d\psi}{(2-\psi)\psi}$. Ferner ist $LT\Omega$ die Summe des Winkels $BTL = v$, und des Winkels $\Omega TB$, der $\frac{\sin q}{\sqrt{(1-(2-\psi)\psi\cos q^2)}}$ zum Sinus hat. (7.) Demnach

findet

findet man $\cot L T☊ = \frac{(1-\psi)\cos v \cos q - \sin v \sin q}{\cos v \sin q + (1-\psi)\sin v \cos q}$; und die gefundene Gleichung $\frac{dI}{\sin I} = -\cot L T☊ dq$ verwandelt sich in folgende, $\frac{d\psi}{(2-\psi)\psi} = \frac{(\sin v \sin q - (1-\psi)\cos v \cos q)}{\cos v \sin q + (1-\psi)\sin v \cos q} dq$, durch welche die Veränderung in dem Neigungswinkel der Bahnen bestimmt wird.

9. Man setze
$$A = (1-\tfrac{3}{2}\psi)\sin(v-z) + \tfrac{3}{2}\psi \sin(2q+v+z);$$
$$B = \sqrt{(1-(2\psi-\psi^2)\cos q^2)};$$
$$C = (1-\psi)\sin v \cos q + \cos v \sin q;$$
$$D = (1-\tfrac{3}{2}\psi)\cos(v-z) + \tfrac{3}{2}\psi\cos(2q+v+z);$$
$$E = [f^2 + r^2(1-i\cos z)^2 - 2Dfr(1-i\cos z)]^{\frac{3}{2}};$$
$$F = \sin v \sin q - (1-\psi)\cos v \cos q.$$

Nun findet sich aus 5. 6. 7. $\pi = -A\Sigma'$; $\phi = \frac{Nr(1-i\cos z)^3}{E} - D\Sigma'$; ferner ist (2.) $rddv + 2drdv = -A\Sigma' dx^2$; $rdv^2 - ddr = \Sigma dx^2 = \left(\frac{M}{r^2} + \phi\right) dx^2$ (5.) $= \left[\frac{M}{r^2} + \frac{Nr(1-i\cos z)^3}{E} - D\Sigma'\right] dx^2$ und aus 7. $dq = \frac{v' f^3 \Sigma dx^2}{Nrdv} \times \frac{C}{B}\sin(q+z)$;

$$dx^2 = \frac{f^3 dz^2}{N(1-i\cos z)^4};$$
$$\Sigma' dx^2 = \frac{f dz^2}{(1-i\cos z)^2} \times \frac{(f^3-E)}{E}.$$

Daraus erhält man für $\Sigma' dx^2$ folgende unter sich gleiche Werthe in Functionen von $r$, $v$, $q$ und $z$.

$$\frac{f(f^3 \quad E)dz^2}{E(1-i\cos z)^2} = -\frac{(rddv + 2drdv)}{A} = \frac{Mf^3 dz^2}{NDr^2(1-i\cos z)^4} + \frac{f^3 r dz^2}{DE(1-i\cos z)} + \frac{ddr - rdv^2}{D} = \frac{NBrdvdq}{v' f^3 C\sin(q+z)};$$

und dieses giebt folgende drey Gleichungen:

NAB

$$NAB\frac{rdvdq}{dz^2} = -v'f^3 C\sin(q+z)(rddv+2drdv);$$

$$NBEr(1-i\cos z)^2 \frac{dvdq}{dz^2} = v'f^4(f^3-E)C\sin(q+z);$$

$$N^2BDEr^3(1-i\cos z)^4 \frac{dvdq}{dz^2} = v'f^3\, C\sin(q+z)$$

$$\left[\left\{Mf^3+Nr^2(1-i\cos z)^4\frac{(ddr-rdv^2)}{dz^2}\right\}E+N^3f^3r^3(1-\cos z)^3\right].$$

Hierzu kommt noch aus 8. die vierte Gleichung

$$Cd\psi = (2-\psi)\psi F dq.$$

Aus diesen 4 Differenzialgleichungen werden von den 5 veränderlichen Gröſsen $r$, $v$, $q$, $\psi$, $z$, vier durch die übrige bestimmt. Inzwischen dürfte die Auflösung dieser Gleichungen durch vollständige Integration kaum möglich seyn. Ein andrer Weg dazu ist folgender. Man drücke die vier Gröſsen, die man durch die fünfte zu bestimmen sucht, durch unendliche Reihen aus, die Functionen der letzteren, nach ihren Potenzen geordnet sind, und deren Coefficienten aus obgedachten Gleichungen bestimmt werden sollen. Der Werth gedachter Gleichungen findet sich nemlich dadurch ebenfalls in unendlichen Reihen von Potenzen der einen als gegeben angenommenen Gröſse; und wenn man die Gleichungen so ordnet, daſs auf einer Seite o ist, so müssen die Coefficienten jeder Reihe verschwinden; woraus sich dann die Coefficienten der für die unbestimmten Gröſsen angenommenen Reihen bestimmen lassen. Man nehme also $z$ als bekannt an; $v$, $q$, $r$, $\psi$, sollen durch Reihen ausgedrückt werden, die Functionen von $z$ und nach dessen Potenzen geordnet sind. Weil $v$ und $q$ zugleich mit $z$ anfangen, so müssen sie mit $z$ verschwinden, und es gibt in den Reihen für $v$ und $q$ kein Glied, das nicht $z$ enthält; welches hingegen

gen bey $r$ und $\psi$ der Fall seyn muſs, da sie schon beym Anfang der Bewegung eine bestimmte Gröſse haben. Demnach setze man $v = \alpha z + \beta z^2 + \gamma z^3 + \delta z^4 + \varepsilon z^5 \ldots$

$$q = \alpha' z + \beta' z^2 + \gamma' z^3 + \delta' z^4 + \varepsilon' z^5 \ldots$$
$$r = \alpha'' + \beta'' z + \gamma'' z^2 + \delta'' z^3 + \varepsilon'' z^4 + \zeta'' z^5 \ldots$$
$$\psi = \psi' + \alpha''' z + \beta''' z^2 + \gamma''' z^3 + \delta''' z^4 + \varepsilon''' z^5 \ldots$$

Setzt man diese Werthe in obige 4 Differenzialgleichungen, und verfährt vorhin erwähntermassen: so findet sich, so weit ich bisher diese Arbeit habe fortsetzen können, folgendes.

Es wird $\alpha' = \beta' = \alpha''' = 0$; $\alpha$ und $\beta$ bleihen unbestimmt; desgleichen $\alpha''$. Ferner ist

$$\beta'' = -\frac{\alpha''\beta}{\alpha};\quad \beta''' = \frac{(\psi'-2)\psi' f(f^3-(f-(1-i)\alpha'')^3)}{2(f-(1-i)\alpha'')^3(1-i)^2\alpha''\alpha}.$$

$$\gamma = \frac{\beta^2}{\alpha} - \frac{\alpha^3}{3} + \frac{Mf^3\alpha}{3N(1-i)^4\alpha''^3} + \frac{(1-\psi'-\alpha)f'f^3-(f-(1-i)\alpha'')^3)}{6(f-(1-i)\alpha'')^3(1-i)^2\alpha''} - \frac{f(2f-(1-i)\alpha'')\alpha}{3(1-i)(f-(1-i)\alpha'')^2}$$

$$\gamma' = \frac{f[f^3-(f-(1-i)\alpha'')^3]}{3(f-(1-i)\alpha'')^3(1-i)^2\alpha''}.$$

$$\gamma'' = \frac{\alpha''\alpha^2}{2} - \frac{Mf^3}{2N(1-i)^4\alpha''^2} + \frac{f(2f-(1-i)\alpha'')\alpha''}{2(1-i)(f-(1-i)\alpha'')^2}.$$

$$\gamma''' = \frac{(2-\psi')\psi'\beta f[6f^3-6f^2(1-i)\alpha''+4f(1-i)^2\alpha''^2-(1-i)^3\alpha''^3]}{3(1-i)\,f-(1-i)\alpha'')^4\alpha^2}.$$

$$\delta' = \frac{-3f^4\beta}{4(1-i)(f-(1-i)\alpha'')^4\alpha}.$$

$$\delta'' = 6(1\frac{\beta\alpha'' f}{-i)(f-(1-i)\alpha'')^4\alpha^2} \times \left[\begin{array}{l} 3\alpha(4f^3-9f^2(1-i)\alpha''+8f(1-i)^2\alpha''^2 \\ +(1-\psi')(3f^3-12f^2(1-i)\alpha''+8f(1-i)^2\alpha''^2 \\ \qquad -2(1-i)^3\alpha''^3) \\ \qquad -2(1-i)^3\alpha''^3) \end{array}\right]$$

$$+\frac{\alpha''}{\alpha}\left(\frac{2\beta^3}{\alpha^2} - \frac{3\alpha^2\beta}{2} + \frac{3Mf^3\beta}{2N(1-i)^4\alpha''^3} - 2\delta\right).$$

Nöthi-

## Nöthiger und wichtiger Zusatz, vom Verfasser.

1. $BTL$, welches mit Clairaut $= q$ gesetzt wurde, läſst sich näher bestimmen. Man nehme Fig. 6. $BT = TL = r$; $BB'$ ist ein Loth auf die Ebene der Bahn des Körpers $S$, und sonst alles, wie §. 7. So ist $\cos BTL = \frac{BT^2 + TL^2 - BT^2}{2BT \times TL} = 1 - \frac{BL^2}{2r^2}$; und $BL^2 = B'L'^2 + (LL' - BB')^2 = BL^2 - 2LL' \times BB' + BB'^2$, da $B'L'^2 = B'L^2 - LL^2$. Nun ist $\cos BQB' = 1 - \psi$, folglich $\sin BQB' = \sqrt{(2-\psi)\psi}$, und $BTQ = q$. Daher findet sich $BB' = BQ\sqrt{(2-\psi)\psi} = \sqrt{(BQ^2 - B'Q^2)} = \sqrt{(BT^2 - B'T^2)}$, und $BT = \frac{B'Q}{\sin q}$; folglich $BQ^2 - B'Q^2 = BT^2 - \frac{B'Q^2}{\sin q^2}$ oder $B'Q^2 = \frac{(TB^2 - BQ^2)\sin q^2}{\cos q^2}$; und $BQ^2(2-\psi)\psi = BQ^2 - BQ^2 = \frac{BQ^2 - BT^2 \sin q^2}{\cos q^2}$, woraus sich findet $BQ^2 = \frac{BT^2 \sin q^2}{1-(2-\psi)\psi \cos q^2}$, und folglich $BB' = \frac{r \sin q \sqrt{(2-\psi)\psi}}{\sqrt{(1-(2-\psi)\psi \cos q^2}}$; auch $B'Q = \frac{r(1-\psi)\sin q}{(\sqrt{(1-(2-\psi)\psi \cos q^2}}$ und $B'T = \frac{r(1-\psi)}{\sqrt{(1-(2-\psi)\psi \cos q^2}}$. Es ist aber $B'L^2 = B'T^2 + TL^2 - 2B'T \times TL \times \cos B'TL = \frac{r^2(1-\psi)^2}{1-(2-\psi)\psi \cos q^2} + r^2 - \frac{2r^2(1-\psi)\cos v}{\sqrt{(1-(2-\psi)\psi \cos q^2}}$, da $B'TL = v$. Ferner ist $LL' = LF\sqrt{(2-\psi)\psi} = \times \sin(\Omega TB + BTL)\sqrt{(2-\psi)\psi}$, da $LTF = 2R - (\Omega TB + BTL)$. Nun ist $\sin \Omega TB = \frac{BQ}{BT} = \frac{\sin q}{\sqrt{(1-(2-\psi)\psi \cos q^2)}}$; $\cos \Omega TB = \frac{(1-\psi)\cos q}{\sqrt{(1-(2-\psi)\psi \cos q^2}}$. Demnach findet man $LL' = \frac{r\sqrt{(2-\psi)\psi}[\sin q \cos BTL + (1-\psi)\cos q \sin BTL]}{\sqrt{(1-(2-\psi)\psi \cos q^2}}$

und

und daher $BS^2 = \frac{r^2(1-\psi)^2}{1-(2-\psi)\psi\cos q^2} + \frac{r^2(2-\psi)\psi\sin q^2}{1-(2-\psi)\psi\cos q^2} + r^2$

$$- \frac{2r^2(1-\psi)\cos v}{\sqrt{(1-(2-\psi)\psi\cos q^2}}$$

$$- \frac{2r^2(2-\psi)\psi\sin q[\sin q\cos BTL + (1-\psi)\cos q\sin BTL]}{1-(2-\psi)\psi\cos q^2}$$

$$= 2r^2\left\{1 - \frac{(1-\psi)\cos v}{\sqrt{(1-(2-\psi)\psi\cos q^2)}} - \frac{(2-\psi)\psi\sin q(\sin q\cos BTL + (1-\psi)\cos q\sin BTL)}{1-(2-\psi)\psi\cos q^2}\right\}$$

folglich $\cos BTL = 1 - \frac{BL^2}{2r^2} = \frac{(1-\psi)\cos v}{\sqrt{(1-(2-\psi)\psi\cos q^2)}}$

$$+ \frac{(2-\psi)\psi\sin q(\sin q\cos BTL + (1-\psi)\cos q\sin BTL)}{1-(2-\psi)\psi\cos q^2}$$

oder $(1-\psi)\cos BTL = \cos v\sqrt{(1-(2-\psi)\psi\cos q^2)} + (2-\psi)\psi\sin q \cos q\sin BTL$. Hieraus erhält man

$$\sin BTL = \frac{(1-\psi)\sqrt{[\sin v^2-(2-\psi)\psi\sin q^2]} - (2-\psi)\psi\sin q\cos q\cos v}{[1-(2-\psi)\psi\sin q^2]\sqrt{(1-(2-\psi)\psi\cos q^2)}}$$

$$\cos BTL = \frac{(1-\psi)\cos v + (2-\psi)\psi\sin q\cos q\sqrt{[\sin v^2-(2-\psi)\psi\sin q^2]}}{[1-(2-\psi)\psi\sin q^2]\sqrt{(1-(2-\psi)\psi\cos q^2)}}.$$

2. Nun findet sich auch $\sin ☊TL = \sin(☊TB + BTL)$

$$= \frac{(1-)\sin q\cos v + \cos q\sqrt{[\sin v^2-(2-\psi)\psi\sin q^2]}}{1-(2-\psi)\psi\sin q^2};$$

$$\cos ☊TB = \frac{\cos q\cos v-(1-\psi)\sin q\sqrt{[\sin v^2-(2-\psi)\psi\sin q^2]}}{1-(2-\psi)\psi\sin q^2}.$$

3. Die scheinbare Entfernung der Körper $S$ und $L$ Fig. 7. oder den Winkel $STL = w$ durch $z$, $v$, $q$ und $\psi$ zu bestimmen.

Auf dem Durchschnitt der Ebene der Bahn $L$ mit einer Ebene die in $ST$ auf der Ebene der Bahn $S$ senkrecht stehet, nehme man $S'T = LT = r$, und ziehe $S'S''$, $S'Q$ senkrecht auf $ST$, $☊T$. Es ist aber der Winkel

☊TS

$\Omega TS = q + z$. Nun wird auf eben die Weise wie in 1., folgendes gefunden: $S''T = \frac{r(1-\psi)}{\sqrt{(1-(2-\psi)\psi\cos(q+z)^2)}}$;

$S'S'' = \frac{r\sin(q+z)\sqrt{(2-\psi)\psi}}{\sqrt{(1-(2-\psi)\psi\cos(q+z)^2)}}$; $\sin QTS' = \frac{\sin(q+z)}{\sqrt{(1-(2-\psi)\psi\cos(q+z)^2)}}$

$$\cos QTS' = \frac{(1-\psi)\cos(q+z)}{\sqrt{(1-(2-\psi)\psi\cos(q+z)^2)}};$$

$2LL' \times S'S'' = \frac{2r^2(2-\psi)\psi\sin(q+z)\sin\Omega TL}{\sqrt{(1-(2-\psi)\psi\cos(q+z)^2)}}$. Ferner ist $S''L^2 = S''L'^2 + LL'^2 = S'L^2 - (LL' - S'S'')^2 + LL'^2 = S'L^2 - S'S''^2 + 2LL' \times SS''$, und $S'L^2 = S'T^2 + TL^2 - 2S'T \times TL \cos S'TL = 2r^2(1 - \cos(\Omega TL - QTS))$. Demnach findet man

$$S'L'^2 = r^2\Big[1 + \frac{(1-\psi)^2}{1-(2-\psi)\psi\cos(q+z)^2}$$

$$-\frac{2(1-\psi)\{\cos(q+z)\cos\Omega TL + (1-\psi)\sin(q+z)\sin\Omega T^r\}}{\sqrt{(1-(2-\psi)\psi\cos(q+z)^2)}}\Big].$$

und $\cos w = \frac{S''T^2 + TL^2 - S''L^2}{2S''T \times TL} = \cos(q+z)\cos\Omega TL + (1-\psi)$ $\sin(q+z)\sin\Omega TL$

$$= \frac{[\cos z - (2-\psi)\psi\sin(q+z)\sin q]\cos v + (1-\psi)\sin z\sqrt{(\sin v^2 - (2-\psi)\psi\sin q^2)}}{1-(2-\psi)\psi\sin q^2}.$$

4. Setzt man demnach für $r$, $\psi$ und die Sinus oder Cosinus von $v$, $z$, $q$, unendliche Reihen, welche Functionen von $\sin w$ oder $\cos w$ sind, in denen die Potenzen dieser Gröſse steigen; so lassen sich vermittelst der vier in der Abhandlung und der fünften hier (3.) gsfundenen Gleichung die Coefficienten gedachter Reihen bestimmen; und man kann demnach aus der bloſsen beobachteten scheinbaren Entfernung zweier Körper von einander, wenn die Bahn des einen eine Ellipse ist, deren Elemente man kennt, und die Bahn des andern durch die gegenseitige Anziehung der 3 Körper bestimmt wird, die wahren Orte beider Körper in

ihrer Bahn, den radius vector der Bahn des andern Körpers, die Neigung beider Bahnen und die Veränderung ihrer Knotenlinie, alles durch Reihen finden, die sich nothwendig nähern müssen, da ihre Glieder die steigenden Potenzen eines Sinus oder Cosinus enthalten.

## Von der trigonometrischen Aufnahme des Herzogthums Berg, nebst Bemerkungen über die Spiegel-Sextanten *). Von Hrn. *D. Benzenberg* aus Düsseldorf,

unterm 4. Febr. 1808 eingesandt.

Im Jahr 1807 wurde das Herzogthum Cleve bis an die holländische Grenze triangulirt. Die zweite Verificationslinie in der Länge von einer Stunde gab dort nur 15 Zoll Unterschied von den Dreyecken.

Der neue 7zöllige Sextant von Troughton hat ein trompetenförmiges Fernrohr, wodurch das Objektiv 13 Par. Linien erhalten. Vom Fernrohr bleibt der Theil des Objektivs immer auf dem Sextanten, und der des Okulars wird am Fernrohrträger ausgeschraubt. Der Sextant

*) S. astr. Jahrb. 1808 Seite 262. Jahrb. 1809 Seite 223 u. f. In dem westphälischen Anzeiger vom Jahr 1807 Nr. 28. 29. 30. die mir Hr. D. *Benzenberg* zugleich mit überschickte, findet man eine vollständige Nachricht über diese allgemeine Landesvermessung. *B.*

Sextant ist ganz vortrefflich gearbeitet und kostet ohne Stativ 18 Guineen.

Die Eintheilung ist viel regelmäſsiger als auf dem 8zölligen; aber doch nicht ohne solche Fehler welche sich beim Herummessen im Horizont leicht entdecken lassen: Z. B. 156 Beobachtungen bey 120' gaben + 19''; 240 bey 90° + 25''; 200 bey 75° + 17''; 288 bey 60° + 4''; 240 bey 45° + 2''; 448 bey 30° + 5''; 440 bey 15° — 3''. Zusammen 2012 Beobachtungen.

Nach Troughtons Urtheile sind die von ihm erhaltenen Sextanten, die theuersten und zugleich die besten die er gemacht hat. — Da diese nun noch sehr merkliche Fehler in der Eintheilung haben, so wundert es mich daſs die mit welchen so viele geschickte Beobachter gearbeitet, keine Fehler in der Eintheilung hatten. Wenigstens habe ich nie eine Liste über diese Theilungsfehler gesehen, noch bey Original-Beobachtungen bemerkt, daſs solche auſser der Correktion für den Collimationsfehler angebracht worden. Die Correktion der Theilung bringe ich bey allen Winkeln an, und ohne sie würden mir meine Trigonometer oft Winkel geben, die um eine halbe Minute unrichtig wären.

Es scheint mir sehr nothwendig zu seyn eine Sache zur Spracke zu bringen, die so viel Einfluſs auf die Genauigkeit des Messens hat, — und worin vielleicht der Grund liegt, daſs verschiedene Beobachter oft so verschiedene Resultate erhalten. Jede imaginäre Genauigkeit ist äuſserst gefährlich, und oft glaubt man daſs etwas fehlerfrey sey, blos weil man keine Fehler dabey gefunden hat, und man hat sie nicht gefunden weil man sie nicht suchte. — Da schon der 24ste Theil von der Dicke eines feinen Haares auf dem Rande des

Sextanten 10″ beträgt, so wäre ein Sextant ein wahres Wunder der nirgend Fehler von 10″ hätte.

Übrigens bleiben die Sextanten immer die besten Winkel-Instrumente zu allen Arten Triangulirens — ausgenommen bey Gradmessungen, weil da, wo mit groſsen Dreyecken und Signalen gearbeitet wird, die ganzen Kreise Vorzüge haben. Beim Trianguliren mit Kirchthürmen gibt es nach meiner Einsicht kein Instrument, mit dem sich zu gleicher Zeit so schnell, so genau und so bequem arbeiten läſst.

Beim Centriren der Winkel kann man in Thürmen keine andere Methode gebrauchen als das Messen der gegenüber stehenden Perpendikel. In vielen Fällen ist das Messen der Richtungswinkel, wegen der enge zusammen laufenden Sparren, völlig unmöglich. Auch ist man schneller mit dem Messen der Perpendikel und mit dem Berechnen derselben fertig. Messung und Rechnung kosten meinen Trigonometern gewöhnlich bey jedem Winkel nicht über 10 Minuten Zeit.

Ich habe bey unseren Dreyecken auf die sphärische Gestalt der Erde keine Rücksicht genommen. Unser gröſstes Dreyeck hatte nicht über 4 Quadratmeilen Inhalt. (Bey einer Basis von 8 Stunden,) wo also die drey Winkel im sphärischen Dreyeck nur 1″ gröſser waren als im ebenen. Gröſsere Dreyecke kann man mit Sextanten nicht wohl messen, weil bey einer Entfernung von 8 Stunden schon die Undeutlichkeit des Sehens anfängt. Auch glaube ich daſs der Prof. Bohnenberger keine gröſsere hat messen können, da er nur einen 4zölligen Sextanten hatte. Und da dieser nur bis auf 30″ theilte — und an ihm keine Correction der Theilungsfehler bekannt war, so waren diese Winkel wahrscheinlich weniger genau als die unsrigen.

srigen. Und selbst diese halte ich im Durchschnitt für nicht genauer als 10″ nach allen möglichen Correktionen mit 360 und 180. Ich begreife daher nicht, warum Herr Bohnenberger in der M. C. Band V. Seite 221 den le Gendreschen Satz anführt, daſs man kleine sphärische Dreyecke sehr nahe als ebene auflösen kann, wenn man von jedem der drey Winkel des sphärischen Dreyecks den dritten Theil ihres Überschusses über 180° subtr. so daſs ihre Summe genau 180° macht.

Herr B. hat zwar keine Data über die Genauigkeit seiner Winkel mitgetheilt, indem seine Tabelle nicht die gemessenen, sondern nur die corrigirten enthält; allein so viel ich die Instrumente und das Winkelnehmen kenne, so könnte unter solchen Umständen die Summe von 180° um 20″ und vielleicht mehr abweichen und eben so gut kleiner seyn als gröſser. Eine Correction die also im Maximo nur 1″ betrug, war so unbedeutend, daſs sie keiner Erwähnung bedurfte.

Selbst ein Fehler von 10″ hat bey der gewöhnlichen Gröſse der Dreyecke nur einen Einfluſs von 1 Fuſs auf die Länge der Seite. — Bey einer Entfernung von ein Paar Stunden sieht man die Spitzen der Thürme beym Aufeinanderbringen der Bilder nicht bis auf einen Fuſs genau, und da wo die Deutlichkeit des Sehens ein Ende hat, hat auch die Genauigkeit des Messens ihre Grenze.

Ich werde eine Tabelle über unsere Dreyecke bekannt machen, in der 1) die gemessenen Winkel, 2) die mit 360 und 3) die mit 180 corrigirten enthalten sind, damit man ihre Genauigkeit prüfen, und bestimmen kann in wiefern sie reel oder zufällig ist. — Das genaue Stimmen der Standlinien in unseren Dreyecken, kömmt theils daher, daſs in einem groſsen Dreyecknetz die

die Fehler in den Winkeln sich gegen einander heben wenn man die constanten sorgfältig aufgesucht und corrigirt hat. Unter den trigonometrischen Zwischenstandlinien, die ich durch unser Netz zog, hatte z. B. Bensberg und Cölln, Homburg und Düsseldorf eine günstige Lage um die Dreyecke durch sie fortzupflanzen. Ich bestimmte ihre Länge durch 4 verschiedene Dreyecke, nahm aus diesen das Mittel bey der Fortpflanzung der Dreyecke in die Rechnung auf.

Jetzt, da unser Grosherzogthum so viel durch die neuen Acquisitionen gewonnen hat, haben unsere Dreyecke eine grofse Ausdehnung erhalten. Sie umfassen 2 Grad des Meridians. —

Mit der neuen Territorialeintheilung werde ich zugleich ein neues System in unsern Karteneintheilungen bringen, da unser ganzes Maafssystem durch die Einführung des Meters geändert wird.

## Untersuchung der geographischen Länge von Lancaster in Pensilvanien. (Ein Nachtrag zur Bestimmung der Länge von Mexico *). Von Herrn *Jabbo Oltmanns.*

In den *transactions of the americain philosophical Society held at Philadelphia etc.* Vol. VI. p. I. befindet sich eine beträchtliche Anzahl astronomischer Beobachtungen, welche Ellicot zu Lancaster zum Behuf der geogra-

*) S. astron. Jahrbuch 1809 Seite 100 u. folg.

geographischen Längenbestimmung dieser Stadt angestellt hat. Ellicot berechnete aus einer Reihe beobachteter ☽ Abstände und ♃ Trabantenfinsternisse, die Länge von Lancaster 5 St. 14′ 25″ von Paris, und hält diese Bestimmung auf ein paar Secunden zuverlässig. Allein aus Mangel an gleichzeitigen Beobachtungen blieben gerade die der Sternbedeckungen, die doch für die geographische Ortsbestimmung von großem Werthe sind, unbenutzt, und Ellicot begnügte sich damit, seine Beobachtungen nur mit den unverbesserten Tafeln zu vergleichen. Eine Revision derselben schien also nicht überflüſsig zu seyn.

Unter den vom Herru von Humboldt zu Mexico beobachteten ♃ Trabanten-Verfinsterungen, waren zwey, die auch Ellicot zu Lancaster gesehen hatte; sie gaben die Länge der erstern Stadt 5 St. 45′ 20½″ und 5 St. 45′ 12″, wenn wir die der letzten zu 5 St. 14′ 25″ anstellten.

Gleichzeitige Beobachtungen der Sternbedeckungen habe ich nicht auffinden können; allein an den Tagen wo drey derselben angestellt worden waren, war auch der ☽ zu Paris und auf dem Seeberge beobachtet worden. Ich bestimmte hierdurch den Fehler der ☽ Tafeln, entlehnte die Sternpositionen aus dem Piazzischen Cataloge, und erhielt auf diesem Wege die verbesserte Zeit der Zusammenknnft des Sterns mit dem Monde. Die beobachtete ♃ Trabanten-Finsternisse verglich ich mit de Lambre's Tafeln, nachdem ich zuvor die Abweichung derselben auszumitteln gesucht hatte. Die Resultate meiner Rechnung, wovon ich an einem andern Orte die dabey gebrauchten Elemente mitttheilen werde, sind folgende:

Am

Am 9ten Februar 1802 beobachtete Ellicot den Eintritt der Taygeta Pleyadum in den dunkeln ☽Rand um $10^u\ 31'\ 38''$ mittlere Zeit; hieraus berechnete

☌☽u.✱ zu Lancaster $9^u 37' 38'',8 - 0,198\,\Delta\beta$
zu Paris nach den unverb. Tafeln 14 52 25, 0
Länge von Lancaster $5^s\,14'\,46'',2$

Der Eintritt der Maya geschah um $10^u 53' 2''$. Hieraus ergab sich ☌✱u.☽ zu Lancaster $9^u 50' 52'',7 - 1,278\,\Delta\beta$
nach den verb. Tafeln zu Paris 15 5 31, 5
Länge von Lancaster $5^s\,14'\,38'',8$.

Es wurde beobachtet: am 10. Febr. $6^u\ 45'\ 59'',2$ m. Z. auf dem Seeberge

ARecta ☽ $61°\,52'\ 3'',2$ Declin. $26°\ 3'\,10'',1$ nördl.
Länge des ☽ $2^z 4° 50'\ 6'',1$ Breite 5 10 $43'',1$
die ☽Taf. gaben 2 4 50 14, 0 . . . 5 10 51, 0
Correction — 7,9 — $7'',9$

Die Breitenverbesserung bestimmte ich noch auf folgende Art:

Der Unterschied der Conjunctions-Zeiten ist den Tafeln zufolge $13'\ 6'',45$, allein nach den Beobachtungen $13'\ 8'',50 + 1,08\ \Delta\beta$. Wir haben also die Gleichung $- 2'',05 - 1,08\ \Delta\beta = 0$, woraus $\Delta\beta = - 2'',0$. Ich habe im Mittel $- 5'',0$ für die Correction der ☽Breite angenommen.

Am 23. September 1803 beobachtete Ellicot den Eintritt 38 ♐ in den dunkeln ☽Rand um $8^u\ 43'\ 51''$ mittl. Zeit.

Ich fand nach angestellter parallactischer Rechnung
☌✱et☽ zu Lancaster $8^u\ 16'\ 7'',4 - 0,436\,\Delta\beta$.
verbesserte Zeit der Zusammenkunft zu Paris $13^u 30' 39'',6$
also Lancaster von Paris $5^s\,14'\,32'',2$

Bouvard beobachtete auf der Kaiserl. Sternwarte zu Paris: 23. Sept. $13^u\ 30'\ 19'',6$ m. Z.

A. R.

A. R. ☾ 279° 0′ 22″,1 Declin. 26° 51′ 59″,4 — Hieraus

| | |
|---|---|
| Länge ☾ - - - | 9ᶻ 8° 2′ 37″,2 |
| nach den Tafeln | 9 8 2 45, 6 |
| Verbesserung | — 8″,4 |

Die Zenithdistanz, so wie sie in der C. d. temps angegeben wird, schien mir um beynahe 2′ unrichtig zu seyn. Ich habe daher die Declination des Mondes aus den Tafeln berechnet und damit die beobachtete Rectascension verbunden. Der etwanige Breitenfehler durfte, selbst wenn er auch 10″ betrüge, die Länge doch nur um 3—4″ ändern.

Ellicot hat noch ein paar andre Sternbedeckungen beobachtet; allein die eine war wenig zur Längenbestimmung tauglich, indem ihre Dauer nur von wenigen Minuten war; zur anderen habe ich weder correspondirende noch Meridian - Beobachtungen auffinden können.

Wir haben also für die Länge von Lancaster

| | | |
|---|---|---|
| aus der Bedeckung der Taygeta | 5ˢ 14′ 46″,2 | im Mittel 5ˢ 14′ 39″,1. |
| der Maja | 5 14 38, 8 | |
| 38 ♐ (Bode Uran.) 23. Sept. 1803. | 5 14 32, 2 | |

Ellicot und Robredo beobachteten gleichzeitig, dieser in der Havanna, jener zu Lancaster, *die ☉ Finsterniss vom 21. Februar* 1803. An letzterem Orte waren die Umstände eben nicht die günstigsten. Die Sonne stand niedrig und der Rand derselben war in einer zitternden Bewegung. Demohngeachtet schätzte Ellicot die Unsicherheit die bey seiner Beobachtung obwalten könne, nicht über 12″, um welche der Anfang wohl früher geschehen seyn möge. Ich fand Lancaster von Havanna 24′ 27½″ östlich, und hiermit 5 St. 14′ 23½″ von Paris. Ob die Abweichung dieses Resultats von dem der

*) Nach Abzug der 12″.

der Sternbedeckungen, in Ellicots Beobachtung der Finsternifs selbst, oder in der vielleicht nicht ganz genau bekannten Länge der Havanna zu suchen sey; wage ich zwar nicht zu entscheiden; mufs aber doch gestehen, dafs ich Ellicots Beobachtung der ☉Finsternifs nicht als von der Art ansehe, dafs sie keinen Zweifel von einigen Secunden zurücklassen sollte. Wir werden indes so billig seyn, die Differenz von 15″ auf Robredo's und Ellicot's Beobachtung und auf die Position der Havanna zu vertheilen.

*Mondfinsternifs vom 11. Sept. 1802.* Das Ende derselben wurde zu Lancaster beobachtet um 6ᵘ 54′ 47″ mittl. Z.

Flauguergues Beobachtung gab Lancaster 5 St. 14′ 55″ westl. von Paris; die von Taucher in Ofen gleichzeitig angestellte 5 St. 16′ 14″. Erstere wird für gut ausgegeben; letztere ist vielmehr eine Schätzung. (Eph. Vindob. anni 1804, p. 284. Conn. d. t. XIV. p. 427).

*Finsternisse der ♃ Satelliten.* Diese wurden von Ellicot in nicht geringer Anzahl beobachtet; ich werde sie hier nach der Folge der Trabanten mittheilen.

Correspondirende auf europäischen Sternwarten angestellte Beobachtungen habe ich nur folgende auffinden können:

| | | Mittlere Zeit zu Lancaster | |
|---|---|---|---|
| 1801 Dcbr. 24. | Imm. I. | 12ᵘ 24′ 27″ | 17ᵘ 58′ 24″ |
| 1802 Jan. 5. | Imm. II. | 10 15 6 | 15 29 6 |
| | | . . . . . . | 16 29 14 |
| März 28. | Em. I. | 9 57 21 | 15 21 2 |
| | Em. II. | 6 57 57 | 12 21 51 |
| | | . . . . . . | 13 23 28 |
| 1803 März 19. | Im. 3. | 9 18 39 | 14 43 25 |

Länge

| | Länge | Anmerkung der Beobachter. |
|---|---|---|
| zu Viviers | $5^s 14' 33''$ | Serein. excellente observation |
| zu Paris } | | vielleicht etwas zu früh |
| zu Cracau } | $5^h 14\ 4$ | Observ. certa. aurea serena |
| zu Viviers | 5 14 18 | Serein. ♃ ondulant |
| daselbst } | | Serein excellente observ. |
| zu Cracau } | 5 14 50 | certissima obs. fasciae distinctae |
| zu Viviers | $5^s 15\ 22$ | Serein. le Satellite très-proche de ♃. |

Das Mittel aus diesen Resultaten ist 5 St. 14′ 37½″, nur 1½ von dem der Sternbedeckungen verschieden. Vielleicht mögte sich, wenn wir auf die Anmerkungen der Beobachter Rücksicht nähmen, die aus den Beobachtungen der Trabanten-Verfinsterungen gefolgerte Länge noch um etwas vergröſsern.

Mechain sah am 5ten Januar den Eintritt nach seinem eigenen Geständniſs etwas zu früh — vielleicht auch Flaugergues am 19. Märs 1803. Nur am 28. März dürfte letzterer den Austritt etwas zu spät bemerkt haben. Wir setzen indeſs alle diese auf die Prädicate der Beobachtungen sich gründende Muthmaſsungen bey Seite und begnügen uns mit dem, was uns die Beobachter selbst gegeben haben.

Nach dieser Darstellung lassen wir die Vergleichung der von Ellicot beobachteten Satelliten-Finsternisse mit den de Lambre'schen Tafeln folgen.

Beobachtungen des Isten Satelliten.

| | zu Lancaster. | von Paris. |
|---|---|---|
| 1801 Dcbr. 24. Im. I. | $12^u 34' 27''$ | $5^s 14' 33''$ |
| 1802 Jan. 25. Imm. | 9 5 7 | 30 |
| März 21. Em. | 11 51 36 | 38 |
| 28. Em. | 9 57 21 | 30 |

April

| | | |
|---|---|---|
| April 4 Em. | 11ᵘ 51′ 36″ | 38″ |
| 20 Em. | 10 9 28 | 26 |
| May 29 Em. | 8 40 4 | 27 |
| Juny 21 Em. | 8 52 41 | 29 |
| 1803 März 1 Imm. | 8 31 13 | 42 |
| May 2 Em. | 9 21 34 | 27 |
| Juny 17 | 9 45 43 | 44 |
| | Im Mittel | 5ˢ 14′ 35″ |

*Verbesserung der de Lambre'schen Tafeln.*

1801 Dec. 24. + 10″ nach Flaugergues Beobachtungen.

vom 25. Jan. 1802 bis 20. April. Ich habe mit Sicherheit keine Correction anbringen können; nach Flauguergues am 23. März + 12″, am 28. — 14; nach Triesnecker am 30. + 16″. (am 28. war die Beob. nicht ganz sicher) Vielleicht also die Correction noch einige Sec. positiv. Im April schwebten die Fehler zwischen + 8″ — 8″ + 2″.

1802 May 29 und Jun. 21. Nach Triesnecker am 8. May — 4″, am 31. + 17″. Andere Beobachtungen gaben eine positive Correction, die mir für de Lambre's Tafeln zu stark zu seyn schien. Ich nahm im Mittel + 7″.

1803 vom 1. März bis 17. Jun. Im März wichen die Tafeln vielleicht etwas *per Defect* vom Himmel ab. Für den May und Juny habe ich die Verbesserung + 5′, angenommen.

Beob-

Beobachtungen des 2ten Satelliten.

| Mittlere Zeit zu Lancaster. | | Länge nach de Lambre's Taf. ohne Verbess. | nach den verbesserten Tafeln. |
|---|---|---|---|
| 1802 Jan. 5. Imm. | $10^u 15' 6''$ | $5^u 13' 33''$ | $5^u 14' 4''$ corresp. Beob. |
| Febr. 6. — | 9 51 46 | 5 13 50 | Verbess. *schien* mir zufolge den zu Ofen, Prag u. Cracau angestellten Beob. + 16″ zu seyn. Im Anfange des März wahrscheinlich + 47″. |
| März 10. Em. | 12 26 10 | 5 14 38 | |
| 1802 März 28. Em. | $6^u 57' 57''$ | $5^u 14' 33''$ | $5^u 14' 50''$ corresp. Beob. |
| April 4. — | 9 34 57 | 5 14 42 | Es fehlte an ohngefähr gleichzeitigen Beobachtungen. Am 16. Apr. + 55″ nach einer Prager und 55½″ nach einer Cracauer Beob. |
| 1803 März 11. — | 10 43 35 | 5 14 4 | |
| 29 — | 7 48 16 | 5 14 41 | |
| April 5. — | 10 23 29 | 5 14 43 | |

Im Mittel aus den 2 corresp. Beob.
und aus den 6 übrigen Resultaten $5^s 14' 26\frac{1}{2}''$

Beobachtungen des 3ten Trabanten.

| | zu Lancaster | unverbesserte Taf. | |
|---|---|---|---|
| 1802 May 15. Em. | $9^u 45' 8''$ | $5^u 14' 26''$ | |
| 1802 März 19. Imm. | 9 18 39 | 5 14 48 | $5^u 15' 22''$ corresp. Beob. |

Aus dem 1sten und 3ten Resultat $5^u 14' 54''$

Beobachtungen des 4ten Trabanten.

| | | unverb. Tafeln |
|---|---|---|
| 1802 Jan. 25. Imm. | $11^u 32' 42''$ | $5^s 15' 6''$ |
| März 16. Imm. | 12 50 1 | 5 14 43 |
| 1803 April 22. Imm. | 12 41 19 | 5 12 49 |

Im Mittel $5^u 14' 13''$

Aus

Aus Mangel an Beobachtungen konnte ich den Tafelfehler nicht ausmitteln.

Wir haben demnach:

| Länge von Lancaster aus den Beob. | I. Sat. | $5^u 14' 35''$ |
|---|---|---|
| | II. — | $26\frac{1}{2}$ |
| | III. — | 54 |
| | IV. — | 13 |
| | Im Mittel | $5^u 14' 32''$ |

So gerne ich nun gestehe, daſs meine Bestimmung der Länge aus den Beobachtungen des 2ten 3ten und 4ten Satelliten nicht viel mehr als ein Bruchstück sey; so glaube ich doch, daſs man mir desfals nur wenig zur Last legen könne. Ich habe eine Menge von Ephemeriden durchblättert, aber wenig gefunden was zu meiner Absicht brauchbar war. Durchgängig waren die Beobachtungen beträchtlich entfernt von denen Zeiten angestellt worden, wo Ellicot in Lancaster beobachtete. Viele wurden als zweifelhaft angemerkt; bey andern hatten ungünstige Umstände obgewaltet. Nicht so beim ersten Trabanten. Denn da sich dessen Verfinsterungen häufiger ereignen; so hatte ich gröſsere Auswahl, nicht zu gedenken, daſs sich deren Beobachtungen mit gröſserer Präcision anstellen lassen, wovon die Harmonie der Resultate dieses Trabanten ein Beyspiel giebt. Ich habe die von mir als wahrscheinlich angesehenen Verbesserungen beym 1sten Trabanten *würklich angebracht*, sie aber beym 2ten *nur angedeutet*.

Stellen wir nun die für die Länge von Lancaster gefundenen Resultate unter *einem* Gesichtspunct; so haben wir

aus

| | | |
|---|---|---|
| aus den 3 Sternbedeckuugen | $5^s\,14'\,39''$ | |
| aus der ☉ Finsternifs - - - | $23\frac{1}{2}$ | |
| aus der ☽ Finsternifs - - - | 55 | im Mittel |
| a. den corresp. Beob. d. ♃ Satell. | $37\frac{1}{2}$ | $5^s\,14'\,37\frac{1}{2}''$. |
| aus der Vergleichung mit de Lambre's Tafeln - - - - | 32 | |

Wir halten uns aber an das Resultat der Sternbedeckungen und setzen die Länge von Lancaster 5 St. 14′ 39″, woraus dann die des Kloster San Augustin zu Mexico 5 St. 45′ $30\frac{3}{4}''$ folgen würde; eine Bestimmung die nicht mehr als 12″ von derjenigen abweicht, die ich aus Herrn von Humboldt's Beobachtungen für die Länge von Mexico gefunden habe.

## Methode, Sonnenfinsternisse und Sternbedeckungen nach einer orthographischen Projection zu berechnen. Von Herrn *J. A. E. Schmidt*, Dolmetscher der neugriechischen Sprache in Leipzig,

im August 1806 eingesandt.

### §. 1.

Die Entwerfungsmethode einer solchen orthographischen Projection setze ich als bekannt voraus und werde hier nur zeigen wie die verschiedenen Phasen dieser Bedeckungen kurz und genau zu berechnen sind.

§. 2.

## §. 2.

Eine genaue orthographische Projection muſs folgenden Grundsätzen Genüge leisten:

*A*) Für Bedeckungen der Sterne vom Monde;

*a)* Auf einer durch den Mittelpunkt der Erde geleg-ten Ebene sey eine Linie von diesem Mittelpunkt aus senkrecht gezogen die zu dem Stern führt,

*b)* von jedem Orte des in seiner Bahn fortrückenden Mondes, fälle man senkrechte Linien auf jene Ebene;

*c)* dergleichen Linien werden eben so von dem Ort auf der Erdoberfläche für welchen irgend eine Phase der Bedeckung berechnet wird, auf jene Ebene senkrecht gezogen und diese zeigen an, wo diesem Ort der Stern erscheint.

Kennt man nun die Entfernung der Punkte, in welchen die aus dem Monde und dem Beobachtungsorte gefällten senkrechten Linien, Fig. 1, Taf. II. $ms$ in Theilen des Erdhalbmessers $= 1$, so wie $As$, die Höhe des Orts über die Projectionsebene, endlich die Entfernung des Mondes $Mm$, so ist in dem Dreyecke $MCA$, $MC = ms$, $CA = MB = Mm - Bm = Mm - As$, und der rechte Winkel bey $C$ bekannt, woraus $MAC$, der scheinb. Abstand des Mondes von dem Sterne an dem Orte $A$ sich ergiebt.

*B)* Für Sonnenfinsternisse oder Bedeckungen eines Planeten, der noch eine merkliche Parallaxe hat; gelten die vorigen Regeln, nur daſs die senkrechte Linie $SCAs$ nicht diejenige ist, in welcher von $A$ aus die Sonne oder der Planet in $S$ gesehen wird. Da hier jene oder dieser senkrecht über $Z$ stehend angenommen wird, so

muſs

mufs die Linie, in welcher *S* von *A* aus erscheint, sich gegen die über *Z* senkrechte neigen, und einen Winkel mit *SCA* machen, welcher berechnet, und, nachdem es erforderlich ist zu und von dem vorher gefundenen Winkel *MAC* add. oder subtr. wird.

## §. 3.

### Grundsätze der orthographischen Entwerfung für Sonnenfinsternisse *).

1) Um den Punkt auf der Projectionsebene zu bestimmen, über welchem der Mond senkrecht steht, denke man sich denselben zuerst in dem Breitenkreise der Sonne oder in ☌.

*a)* In Fig. 2 ist *ADBC* ein Theil der Projectionsebene, über welcher senkrecht der Erdhalbmesser *AC* etwa 24000 mal genommen, entfernt, die Sonne in *C* steht. *DC* ein Theil des Breitenkreises in dem Abstande des Mondes (etwa 60. *AC*) senkrecht an der zur Sonne gehenden Linie. *M* der ☾ in der ☌, daher *CM* seine *wahre Breite*. Um den Abstand des Puncts einer dort vom Monde auf die Ebene *ADBC* gefällten senkrechten Linie von *C* zu finden, wird gesetzt:
sin tot : Entfern. d. ☽ in Erdhalbmesser = sin d. Breite d. ☽ : Abstand des gesuchten Punctes von C, in Theilen des Erdhalbmessers, oder den Erdhalbmesser = 1 angenommen: Sinus der horizontalen ☾ Parallaxe =

*) Es soll hier nur das, was nöthig ist, um die folgende Berechnungsmethode zu erklären, beygebracht werden. — Auch handele ich nicht von den Sternbedeckungen besonders, da die Berechnungsmethode ihrer Phasen dieselbe bleibt.

$\frac{= \text{sin tot}}{\text{Entf. d. ☽ in Erdhalbm.}}$ Da nun bey Berechnung einer Finsternifs die Hor. Parall. d. ☽ bekannt seyn mufs, so wird *MC* = Erdhalbm. $\frac{\times \text{ sin der ☾ Breite}}{\text{sin der Hor. Parall. d. ☽.}}$ und da die gröfste Hor. Parall. des ☽ nicht viel über 1° beträgt: $\frac{\text{Breite des ☽}}{\text{Hor. ☾ Parall.}}$

*b)* Ist der Mond in einem andern Breitenkreise, z. B. in *M'*, so kennt man dessen Abstand von dem vorigen, als den Unterschied der Länge der ⊙ und des ☽ und die Breite des ☽. Da *mM'* ein Parallelkreis in dem durch jene Breite bestimmten Abstande von der Ekliptik *ECK* ist, und daher in dem Verhältnisse sin tot: cos der ☽Breite kleiner wird, so ergiebt sich der Abstand des Punkts, über welchem *M'* senkrecht steht, von *m*, durch:

$$\frac{\text{sin Längenuntersch. d. ☽ u. der ⊙} \times \text{cos der ☽Breite}}{\text{sin Hor. Parall. d. ☽.}}$$

Man ziehe also eine Linie durch *C* welche mit *FC* (dem Abweichungskreise der ⊙ oder dem allgem. Mittagskreise) den Positionswinkel bildet, für die Zeit, da der ☽ in *M'* ist; suche *Cm* durch:

$$\text{Erdhalbm.} \frac{\times \text{ sin ☽Breite zu der gegeb. Zeit}}{\text{sin Horiz. Parall. d. ☽}};$$ hierauf

aus *m* eine senkrechte zum ☾, und suche *mM'* durch

$$\text{Erdhalbm.} \frac{\times \text{ sin Längenunt. ⊙ u. ☽} \times \text{cos ☽Breite}}{\text{sin Hor. Parall. d. ☽}}$$

so ist *M'* der Punkt, über welchem der ☽ senkrecht steht *).

Um

*) Gewöhnlich berechnet man die Neigung der relativen ☽ Bahn, und legt dann selbige in der Projection unter ihren Winkel durch den

2) Um den Punkt auf der Projectionsebene zu bestimmen, über welchem ein gegebener Ort auf der Erde zu einer gewissen Zeit (da z. B. der ☽ über *M* oder *M'* steht) senkrecht sich befindet, entwirft man gewöhnlich für den Parallelkreis eine Ellipse. Wird für solche der Erdhalbmesser, nach den verschiedenen Hypothesen über die Abplattung der Erde, für die gegebene Breite des Orts angenommen, so ist aufs genaueste der Punkt bestimmt, über welchem der gegebene Ort zu einer jeden Zeit steht.

3) Wegen der geringen Parallaxe der ⊙ braucht man nicht, wie unter *B)* im §. 5. nach strengster Schärfe verlangt wird, diese noch für die gegebene Höhe der ⊙ über dem Horizonte besonders zu berechnen, sondern es ist hinlänglich, Horiz. Parall. d. ☽ — Hor. Parall. der ⊙ zu setzen.

## §. 4.

## Berechnung des Abstandes unter welchem einem gegebenen Orte auf der Erde die Mittelpunkte der ⊙ und des ☽ erscheinen.

Die gröſste Genauigkeit erforderte eigentlich, diesen Abstand auf die §. 2, *A)* gezeigte Art zu berechnen, allein da derselbe selten über 33' geht, so ist es



den Breitenkreis, in einer Entfernung $= \frac{\text{Erdhalbm.} \times \sin \text{☽ Breite}}{\sin \text{Hor. Parall.}}$

Allein die obige Formel giebt ein genaueres Resultat. Doch ist auch ohne merklichen Fehler, ☽ Breite für sin ☽ Breite, und ☽ Parall. für sin ☽ Par. zu setzen, und wenn die ☽ Breite sehr klein ist, und ihr cos fast = 1 wird, cos ☽ Breite aus der Formel wegzulaſsen.

hinreichend, den Abstand derjenigen Puncte der Projectionsebene, über welchen die Mittelpuncte ☽ und ☉ senkrecht stehen, folgendermaſsen zu berechnen:

Erdhalbm. (= 1) : Abstand der projicirten Puncte = sin (Hor. Parall. d. ☽ — Hor. Parall. d. ☉): den Abstand unter welchem die Mittelpuncte ☉ und ☾ erscheinen würden, wenn der gegebene Ort in der Projectionsebene selbst läge, oder wenn von ihm der ☾ eben so weit entfernt wäre, als vom Mittelpunkte der Erde.

Da aber der ☽ diesem Orte, auch selbst wenn er im Horizonte steht, näher seyn muſs als dem Mittelpuncte der Erde, so erscheint auch Abstand ☉ und ☽ bey ihm gröſser, und der scheinbare Durchmesser des ☽ vergröſsert sich gleichfalls in demselben Verhältnisse, wofür man Tafeln für jede ☽ Höhe oder Abſtand vom Zenith berechnet hat. Dann verhält sich:

Horiz. Durchm. des ☽ : vergröſs. Durchm.

= der zuerst gefundene Abstand : demjenigen welcher an dem Orte, zu einer gegebenen Zeit statt findet.

## §. 5.

### Methode den Abstand der projicirten Örter der ☉ und des ☽, oder derjenigen Puncte in der Projectionsebene, über welchen solche senkrecht stehen, zu berechnen.

*A)* Es heiſse allgemein, der westliche oder östliche Abstand des projicirten Mittelpunctes des ☽ vom allgemei-

*) Eigentlich ist der *projicirte* Mittelpunct der ☉ nicht derjenige, über welchem der *wirkliche* senkrecht steht, sondern nur derjenige

meinen Mittagskreise $A \begin{cases}\text{westl.} & + \\ \text{östl.} & -\end{cases}$, und sein Abstand von dem projicirten Halbmesser des Aequators $D$ $\begin{cases}\text{nördl.} & + \\ \text{südl.} & -\end{cases}$; ferner der Längenunterschied der ☉ und des ☽ (oder eigentlich der projicirten Mittelpuncte derselben) $L \begin{cases}\text{westl.} & + \\ \text{östl.} & -\end{cases}$, und die Breite des ☽ (hier die projicirte Breite, oder: $\frac{\text{Erdhalbm.} \times \sin \text{☽ Breite}}{\sin(\text{Hor. Par. ☽} - \text{H. P. ☉})}$) $B$ $\begin{cases}\text{nördl.} & + \\ \text{südl.} & -\end{cases}$; endlich der Winkel der Ekliptik mit dem Mittagskreise, zu der gegebenen Zeit, $\alpha$. Man nehme diesen Winkel stets auf der Westseite des allgemeinen Mittagskreises. Dann wird sin $\alpha$ stets *positiv*; aber cos $\alpha \begin{Bmatrix}\text{positiv} \\ \text{negativ}\end{Bmatrix}$ wenn $\alpha \begin{Bmatrix} < \\ > \end{Bmatrix} 90°$ ist.

Nun sey Fig, 3, wo $\alpha$ positiv genommen ist, $QEQ'$ eine Hälfte der Projectionsebene, $C$ der Mittelpunct der Erde, $QCQ'$ der projicirte Halbm. des Aequators, $EC$ der allgemeine Mittagskreis, $FCG$ die projicirte Ekliptik, $CN$ der projicirte Längenunterschied der ☉ und des ☽ $\left(= \frac{\sin \text{Längenuntersch. ☉ u. ☽} \times \cos \text{☽ Breite}}{\sin(\text{Hor. Par. ☽} - \text{Hor. Par. ☉})} \times \text{Erdhalbm.}\right)$ für den projicirten Ort des Mondes $M$ auf der Westseite, und $CN'$ der projic. Längenuntersch. d. ☉ und des ☽ für den Ort desselben in $M'$ auf der Ostseite, $NN$ die projicirte nördliche ☽ Breite (= sin

nige, über welchem er dem gegebenen Orte senkrecht zu stehen *scheint*. Allein Kürze halber sey der oben gebrauchte Ausdruck erlaubt.

$\frac{\sin \text{☽Breite}}{\sin(\text{Hor.Par.☽} - \text{Hor.Par.⊙})} \times \text{Erdhalbm.}\Big)$ für *M*, und *MN'* dieselbe nördl. ☽Breite für *M'*; man soll *MH* und *M'H'*, als den westl. und östl. Abstand der Punkte *M* und *M'* vom allgemeinen Mittagskreise, und *MI*, *M'K'* als den Abstand *M* von *M'* (in der Fig. nördl.) von dem projicirten Halbm. des Aequators *QCQ'* finden.

· 1) Für *MH* und *MI*.

*FCH* ist hier $= \alpha$. Man denke sich von *M* die senkrechte *MimI* parallel mit *EHC*, und von *N* die senkrechte *NK* ebenfalls mit vorigen parallel auf *CQ* gezogen, ferner *Ni* aus *N* auf *MI* senkrecht, und mit *QC* parallel; so ist $ImC = \alpha$, also auch $NmM = ImC = \alpha$, daher in dem bey *N* rechtwinklichten Dreyecke *NMm*, $NMm = 90° - \alpha$. Es ist aber $MH = CI = CK - KI$, und $MI = Mi + Ii = Mi + NK$. Nun wird *KI* (= *Ni*) durch

sin tot : *MN* = sin *NMi* : *Ni* d. i.

sin tot : ☽Breite = cos $\alpha$ : *Ni* gefunden, daher

$Ni = KI = \frac{\text{☽Breite} \,.\, \cos\alpha}{\sin \text{tot}}$, oder $= \frac{B \,.\, \cos\alpha}{\sin \text{tot}}$

ferner; *CK* durch

sin tot : *NC* = sin *CNK* : *CK* d. i.

(da $CNK = CmI = mCH = \alpha$;)

sin tot : Längenunterschied ⊙ u. ☽ = sin $\alpha$ : *CK*, also

$CK = \frac{\text{Längenunt. ⊙ u. ☽} \times \sin\alpha}{\sin \text{tot}}$ oder $= \frac{L \,.\, \sin\alpha}{\sin \text{tot}}$

also *MH* oder $+A = \frac{+L \,.\, \sin\alpha}{\sin \text{tot}} - \frac{+B \,.\, \cos\alpha}{\sin \text{tot}}$.

*MI* ist = *Mi* + *Ii* (= *KN*). *Mi* ergiebt sich durch:

sin tot : *MN* = sin *MNi* (= cos *NMi*) : *Mi* d. i.

sin tot : *B* = sin $\alpha$ : *Mi*, daher

$Mi = \frac{+B \,.\, \sin\alpha}{Mi}$.

*Ii*

$Ii = NK$ durch

sin tot : $L$ (oder $NC$) = sin $NCK$ (oder cos $\alpha$) : $NK$,

daher $NK = \frac{L \cdot \cos \alpha}{\sin tot}$; folglich

$$MI \text{ oder } + D = \frac{+ B \cdot \sin \alpha}{\sin tot} + \frac{+ L \cdot \cos \alpha}{\sin tot}$$

2] Für $M'H'$ und $M'K'$.

Es sey $M'K'i'n$ mit $EC$ parallel und durchschneide $CQ$ rechtwinklicht in $K'$, $I'N'$ stehe senkrecht auf $CQ'$ und $N'i'$ senkrecht auf $M'K'i'n$; so ist, in dem bey $I'$ rechtwinkl. $\triangle\, CI'N'$, $I'CN' = FCQ$, daher $CN'I' = FCH = \alpha$, und, da $K'n$ parallel mit $I'N'$, $CnK' = CN'I' = \alpha$, so ist in dem bey $N'$ rechtwinkl. $\triangle\, M'N'n$, $N'M'n = 90° - \alpha$, folglich in den bey $i'$ rechtwinkl. $\triangle\, N'M'i'$, $M'N'i' = \alpha$.

Nun ist $M'H' = CK' = CI' + I'K' = CI' + N'i'$; und $M'K' = M'i' - K'i' = M'i' - I'N'$.

$CI'$ erhält man durch

sin tot : $CN$ (d. i. $-L$) = sin $CN'I'$ (d. i. sin $\alpha$) : $CI'$

$$CI' = - \frac{L \cdot \sin \alpha}{\sin tot};$$

$N'i'$ durch sin tot : $M'N'$ (d. i. $+B$) = sin $N'M'i'$ (d. i. cos $\alpha$) : $N'i'$, daher

$$N'i' = \frac{+ B \cdot \cos \alpha}{\sin tot}.$$

Da $CI'$ und $N'i'$ addirt werden müssen, ihre Summe aber negativ ist, indem $M'H'$ östlich liegt, so wird nun gesetzt:

$$M'H' \text{ oder } - A = \frac{- L \cdot \sin \alpha}{\sin tot} - \frac{+ B \cdot \cos \alpha}{\sin tot}.$$

$M'i'$ findet man durch

sin tot : $M'N'$ (d. i. $+B$) = sin $M'N'i$ (d. i. sin $\alpha$) : $M'i'$,

also

also $M'i' = \frac{M'N' . \sin \alpha}{\sin tot}$ oder $= \frac{+B . \sin \alpha}{\sin tot}$;

Ferner, $I'N'$ durch

sin tot : $C'N'$ (d. i. $-L$) $=$ sin $I'CN'$ (d. i. $\cos \alpha$): $I'N'$,

also $I'N' = \frac{-L . \cos \alpha}{\sin tot}$.

Nun ist $M'K' = M'i' - I'N'$, da nun $I'N'$ negativ ist, so wird das Zeichen verwechselt, und es ist

$$M'K' \text{ oder } + D = \frac{+B . \sin \alpha}{\sin tot} + \frac{-L . \cos \alpha}{\sin tot}.$$

Man deuke sich nun die Figur umgekehrt, also $E$ südlich, $G$ westl. und $F$ östl. so werden $M'$, $M$ südliche ☽Breiten, und dann wäre $GCP = \alpha < 90°$, und $CN' = + L$, $CN = - L$, und $M'N'$, $MN = - B$.

$$\text{Also: } CI' = \frac{+L . \sin \alpha}{\sin tot}; \; N'I' = \frac{-B . \cos \alpha}{\sin tot}$$

$$M'i' = \frac{-B . \sin \alpha}{\sin tot}; \; I'N' = \frac{+L . \cos \alpha}{\sin tot};$$

daher $M'H' = + A = \frac{+L . \sin \alpha}{\sin tot} - \frac{-B . \cos \alpha}{\sin tot}$ oder

$= \frac{+L . \sin \alpha}{\sin tot} + \frac{+B . \cos \alpha}{\sin tot}$;

$M'K' = - D = \frac{-B . \sin \alpha}{\sin tot} + \frac{+L . \cos \alpha}{\sin tot}$, wo das Resultat negativ wird, weil $M'i'$ gröſser als $I'N'$ ist. Eben so für $M$

$$CK = \frac{-L . \sin \alpha}{\sin tot}; \; Ni = \frac{-B . \cos \alpha}{\sin iot};$$

$$MI = \frac{-B . \sin \alpha}{\sin tot}; \; NK = \frac{-L . \cos \alpha}{\sin tot};$$

daher $MH = - A = \frac{-L . \sin \alpha}{\sin tot} - \frac{-B . \cos \alpha}{\sin tot}$

oder

oder $\frac{-L \,.\, \sin\alpha}{\sin\,\text{tot}} + \frac{+B \,.\, \cos\alpha}{\sin\,\text{tot}}$;

$$M = -D = \frac{-B \,.\, \sin\alpha}{\sin\,\text{tot}} + \frac{-L \,.\, \cos\alpha}{\sin\,\text{tot}}.$$

Es sey nun Fig. 4 *CE* der allgemeine Mittagskreis; *FCG* die projicirte Ekliptik, unter deren Winkel mit demselben $= FCE > 90°$, daher zwar sin $\alpha$ positiv bleibt, allein cos $\alpha$ negativ wird; *QCQ'* der projicirte Halbm. des Aequators; *MN* und *M'N'* nördl. ☽ Breiten, beide $= + B$; *NC* und *N'C* die Längenunterschiede der ⊙ und des ☽ für die Zeit, da der ☽ in *M* und *M'* ist, jenes $= + L$, dieses $= - L$; $MH = + A$; $M'H' = - A$; *MI* und *M'K'* beide $= + D$; so ist

$MH = + A = mC + mI\ (= Ni)$, d. i.

$$= \frac{+L . + \sin\alpha}{\sin\,\text{tot}} + \frac{+B . \sin NMi}{\sin\,\text{tot}}, \text{ d. i.}$$

$$= \frac{+L . + \sin\alpha}{\sin\,\text{tot}} - \frac{+B . - \cos\alpha}{\sin\,\text{tot}}.$$

$MI = Mi - Ii\ (= mN)$, d. i.

$$= \frac{\sin MNi . MN}{\sin\,\text{tot}} - \frac{\sin mCN . NC}{\sin\,\text{tot}}, \text{ d. i.}$$

$$= \frac{\sin\alpha . + B}{\sin\,\text{tot}} + \frac{-\cos\alpha . + L}{\sin\,\text{tot}} = + D.$$

$M'H' = Cn - K'n\ (= i'N')$, d. i.

$$= \frac{\sin CN'n . CN}{\sin\,\text{tot}} - \frac{\sin i'M'N' . M'N'}{\sin\,\text{tot}}, \text{ d. i.}$$

$$= \frac{\sin\alpha . - L}{\sin\,\text{tot}} - \frac{-\cos\alpha . + B}{\sin\,\text{tot}} = - A.$$

$M'K' = M'i' + i'K'\ (= N'n)$, d. i.

$$= \frac{\sin M'N'i . MN}{\sin\,\text{tot}} + \frac{\sin N'Cn . CN'}{\sin\,\text{tot}}, \text{ d. i.}$$

$$= \frac{\sin\alpha . + B}{\sin\,\text{tot}} + \frac{-\cos\alpha . - L}{\sin\,\text{tot}} = + D.$$

Man

Man denke sich nun wieder *E* gegen Süden, *G* gegen Westen, *F* gegen Osten. Dann wird $M'H' = + A$; $MH = - A$; $CN' = + L$; $CN = - L$; $M'N'$ und $MN$ beide $= - B$; $M'K'$ und $MI = -$ D, und es ist

$$M'H' = Cn - i'N' = \frac{\sin CN'n . CN'}{\sin \text{tot}} - \frac{M'N' . \sin i'M'N'}{\sin \text{tot}}$$

$$= \frac{\text{tin}\, \alpha . + L}{\sin \text{tot}} - \frac{- B . - \cos \alpha}{\sin \text{tot}} = + A.$$

$$M'K' = M'i + N'n' = \frac{\sin i'N'M' . MN}{\sin \text{tot}} + \frac{\sin nCN' . CN'}{\sin \text{tot}}$$

$$= \frac{\sin \alpha . - B}{\sin \text{tot}} + \frac{- \cos \alpha . + L}{\sin \text{tot}} = - D$$

$$MH = Cm + Ni = \frac{\sin mNC . CN}{\sin \text{tot}} + \frac{\sin iMn . MN}{\sin \text{tot}}$$

$$= \frac{\sin \alpha . - L}{\sin \text{tot}} - \frac{- \cos \alpha . - B}{\sin \text{tot}} = - A.$$

$$M = Mi - Nm = \frac{\sin iNM . MN}{\sin \text{tot}} - \frac{\sin mNC . CN}{\sin \text{tot}}$$

$$= \frac{+ \sin \alpha . - B}{\sin \text{tot}} + \frac{- \cos \alpha . - L}{\sin \text{tot}} = - D.$$

Alle diese bisher für *A* und *D* gefundenen **Formeln** mit einander verglichen, geben allgemein:

$$A = + \left(\frac{\sin \alpha . L}{\sin \text{tot}}\right) - \left(\frac{\cos \alpha . B}{\sin \text{tot}}\right);$$

und $D = + \left(\frac{\sin \alpha . B}{\sin \text{tot}}\right) + \left(\frac{\cos \alpha . L}{\sin \text{tot}}\right)$ *)

*B*) Für jede Zeit da der ☽ sich an einem gegebenen Ort seiner Bahn befindet, zu bestimmen wie weit der projicirte Ort der ⊙ von dem allgemeinen Mittagskreise westlich oder östlich, und von dem projicirten Halbm. des Aequators nördlich oder südlich entfernt sey. Wird

*) Wie die Zeichen der Glieder zu ändern, je nachdem *L*, *B* oder cos. α + oder — haben, ist leicht einzusehen.

Wird bey der Berechnung der ☽ Breite und des Längenunterschiedes der ☉ und des ☽, Hor. Par. ☽ — Hor. Par. ☉ gesetzt, so giebt derjenige Punct der Projectionsebene, über welchem ein gegebener Ort dann auf der Erde senkrecht steht, an, wo senkrecht von der Projectionsebene die ☉ erscheint. Man entwerfe also für den Parallelkreis des Ortes eine Ellipse, nach bekannten Regeln, und berechne hier nur diejenigen Puncte in dem Umkreise derselben, wo der Ort sich zu der gegebenen Zeit befindet.

Es sey die halbe grofse Axe der Ellipse $a$; die halbe kleine $c$; der Abstand des Mittelpunctes der Ellipse vom Mittelpuncte der Projectionsebene $\left\{\begin{matrix}\text{nördl.}\\\text{südl.}\end{matrix}\right\}$ auf dem allgemeinen Mittagskreise genommen $\left\{\begin{matrix}+\\-\end{matrix}\right\} e$; die Abscisse $\left\{\begin{matrix}\text{westl.}\\\text{östl.}\end{matrix}\right\}$ $\left\{\begin{matrix}+\\-\end{matrix}\right\} u$; die Ordinate $\left\{\begin{matrix}\text{nördl.}\\\text{südl.}\end{matrix}\right\}$ $\left\{\begin{matrix}+\\-\end{matrix}\right\} y$; so ist $(+$ oder $-)\ e\ (+$ oder $-)\ y = \pm d$ oder $=$ $\left\{\begin{matrix}\text{nördl.}\\\text{südl.}\end{matrix}\right\}$ Abstand des Ortes von dem projicirten Halbmesser des Aequators; und die Abscisse $\pm u$ giebt den $\left\{\begin{matrix}\text{westl.}\\\text{östl.}\end{matrix}\right\}$ Abstand des Ortes vom allgemeinen Mittagskreise.

Z. B. in Fig. 5. ist $DGFH$ eine Ellipse für einen nordlichen Ort, und $D'G'F'H$ für einen südlichen. Der *obere* Theil der beiden Ellipsen $DGF$, $D'G'F'$ bezeichnet den projicirten Parallelkreis für eine *südliche*, und der *untere* $DHF$, $D'H'F'$ für eine *nördliche* ☉ Abw. $E$, $E'$, ist der Abstand dieser Ellipsen von $C$, jener $= + e$, dieser $= - e$; $ED = EF = a$, eben so auch $E'D' =$

E'F

$E'F' = a$ für die Ellipse $D'G'F'H'$; $EG = EH = c$, und für $D'G'F'H'$, $E'G' = E'H' = c$; $IK = -u$; $KL = +y$; $NM = +u$; $ON = -y$; und in der Ellipse $D'G'F'H'$, $I'K' = -u$, $L'K' = +y$.

$a$ erhält man durch

sin tot : Erdhalbm. = cos der Breite des Orts : $a$,

oder $a = \frac{\text{♁Halbm.} \times \text{cos Breite}}{\text{sin tot}}$;

wo derjenige ♁Halbm. genommen wird, welcher dem Orte zukömmt, und zu seiner Breite derjenige Winkel, der aus dem Mittelpuncte der Erde nach ihm gezogene Erdhalbm., mit dem Halbm. des Aequators formirt. $c$ findet sich durch

sin tot : $a$ = sin Abweich. d. ☉ : $c$, also

$c = \frac{a \text{ . sin Abweichung der ☉.}}{\text{sin tot}}$

$e$ ist $= \frac{\text{cos Abw. d. ☉} \times \text{sin Breite d. Ortes} \times \text{Erdhalbm.}}{(\text{sin tot})^2}$

$u$ ist $= \frac{\text{sin Stundenwink.} \times a}{\text{sin tot}}$; und

$y = \frac{\text{cos Stundenwink.} \times c}{\text{sin tot}}$;

wo der Stundenwinkel bis 6 Uhr Morgens oder Abends rück- oder vorwärts vom Mittagskreise angenommen; hingegen vor 6 Uhr Morgens oder nach 6 Uhr Abends von Mitternacht an gerechnet und im Bogen verwandelt wird. $a$ hat für jede gegebene Breite einen beständigen Logarithm.

$c$ und $e$ verändern sich nach der Abweichung der ☉. Da aber ihre Veränderung während einer Finsterniſs unbeträchtlich ist, so werden $c$ nnd $e$ für den aus der Zeichnung beyläufig bekannten Anfang und das

Ende

Ende der Finsternifs berechnet, und für die Zwischenzeit durch Proportionaltheile gefunden.

Da $\alpha$, wovon die Berechnung für $A$ und $D$ (oben No. A.) abhängt, auch während einer Finsternifs veränderlich ist, so wird dessen Log. sin und Log. cos ebenfalls für den Anfang und das Ende derselben gesucht und für die Zwischenzeiten durch Proportionaltheile berechnet. Der Veränderlichkeit von $\alpha$ wegen ist es besser, $A$ und $D$ auf obige Art zu berechnen, als die während der Finsternifs sich etwas veränderte Neigung der relativen ☽Bahn, ihren Winkel mit dem Mittagskreise, den Abstand des Puncts wo solche diesen Kreis schneidet, von $C$ zu suchen.

Es ist leicht einzusehen, dafs $A$ und $D = L$ und $B$ wird, wenn $\alpha = 90°$ ist.

Auch verwandelt sich die Ellipse $DGFH$ und $D'G'F'H'$ in die gerade Linie $DF$ oder $D'F'$ bey 0° Abweichung der ☉.

*C)* Wenn $A$ und $D$, $u$ und $d$ gegeben sind, den Abstand der projicirten Mittelpuncte der ☉ und des ☽ zu finden.

Es seyen ☽ und ☽' Örter des Mondes, und man suchte den Abstand zwischen $N$ und ☽, oder $K$ und ☽'.

Im ersten Falle ist ☽$R = HC = D$, ☽$H = rM = A$, $rR = MHC = EC - EM = EC - ON = e - \gamma = d$; $r$☽ $= MH = MC - HC = d - D$; $rN = NM - rM = NM -$ ☽$H = u - A$ oder wenn die Zeichen $\left\{\begin{matrix}+\\-\end{matrix}\right\}$ den $\left\{\begin{matrix}\text{westl.}\\\text{östl.}\end{matrix}\right\}$ und $\left\{\begin{matrix}\text{nördl.}\\\text{südl.}\end{matrix}\right\}$ scheinb. Abstand ☽ von ☉ bedeuten sollen, so setze man $D - d$, und $A - u$. Eben so ist für ☽',

$IC =$

$IC = r'R' = e$; $M☽ = A$; $☽'R = D$; $IK = u$, und $r'K$ ist $= A - u$*); $r'☽' = D - d$.

Ist für den Ort $K'$ dieser Abstand zu suchen, so wäre $r''R' = CI' = -d$, $I'K' = -u$, und man hat auch hier $☽'r'' = D - (-d) = D + d$, welches einen nordlichen, so wie $r''K'' = -A(-u) = -A + u$, wo $u > A$, wo der Rest + erhält, und einen westl. Abstand des ☽ anzeigt.

Es ergiebt sich daher bald, daſs, wenn der $\left\{\begin{matrix}\text{westl.}\\ \text{östl.}\end{matrix}\right\}$ scheinb. Abstand des projicirten Mittelpuncts des ☽ von der $\odot$ $\left\{\begin{matrix}+\\ -\end{matrix}\right\}$ $f$, und der $\left\{\begin{matrix}\text{nördl.}\\ \text{südl.}\end{matrix}\right\}$ Abst. des ☽ von der $\odot$ $\left\{\begin{matrix}+\\ -\end{matrix}\right\}$ $g$ ist, $f = A - u$; $g = D - d$ sey, wo $A$ und $D$ + oder − und $u$ und $d$ auch + oder − seyn könne. Der Rest $\left\{\begin{matrix}+\\ -\end{matrix}\right\}$ zeigt dann den $\left\{\begin{matrix}\text{westl.}\\ \text{östl.}\end{matrix}\right\}$ $\left\{\begin{matrix}\text{nördl.}\\ \text{südl.}\end{matrix}\right\}$ Abstand des ☽ von der $\odot$ an.

Man kennt nun in den bey $r$ oder $r'$, $r''$ rechtwinklichten Dreyecken, $rN$, $r☽$, oder $r'☽$, $r'K$, oder auch $r''☽'$, $r''K'$, d. i. allgemein $f$ und $g$, setze also:

$$f : g = \sin \text{tot} : \tan \varphi$$

$\varphi$ ist der Winkel, den eine von dem projicirten Orte des ☽ nach dem der $\odot$ gezogene Hypothenuse (z. B. $N☽$) mit der Abscisse macht.

Es sey nun der Abstand der $\odot$ und ☽ Örter $h$, so ergiebt sich $h$ aus

$$\sin \varphi : g = \sin \text{tot} : h$$

Dieses

*) Da $A = -A$, $u = -u$ ist, so verwandelt sich $A - u$ in $-A + u$, wo denn der Überschuſs + bekömmt, da $A > u$, welches hier einen westl. Abstand des ☽ von der $\odot$ anzeigt.

Dieses $h$ ist in Theilen des Erdhalbmessers gegeben, es wird aber in Minuten und Sekunden des Bogens gefunden; durch:

Erdhalbm. (für die gegebene Breite des Orts) : $h$
= sin (Horiz. Parall. ☽ — Hor. Par. ☉) : sin $h$ in ′ und ″.

Der also gefundene Abstand ist aber noch nicht derjenige, unter welchem die Mittelpuncte der ☉ und des ☽ am gegebenen Ort, zu der bestimmten Zeit wirklich erscheinen, denn dieser findet sich durch

$$\frac{\text{Vergr. Halbm. ☽} \cdot h \text{ in ′ und ″}}{\text{Horiz. ☽ Halbm.}}$$

Die zur Bestimmung der Vergröſserung des ☽ Halbm. erforderliche scheinbare ☽ Höhe über dem Horizonte darf nur ungefähr bekannt seyn. Man messe daher mit dem Zirkel den Abstand des projicirten Ortes der ☉ und $C$, in Decimaltheilen des Erdhalbmessers, diese geben in den Sinustafeln den Abstand der ☉ vom Zenith; man messe ferner, wie viele Minuten der ☽ weiter von $C$ weg ist, als der projicirte Ort der ☉, oder wie viel er näher an $C$ ist. Wenn der ☽ $\left\{\begin{matrix}\text{entfernter}\\\text{näher}\end{matrix}\right\}$ als der projicirte Ort der ☉ $\left\{\begin{matrix}\text{von}\\\text{an}\end{matrix}\right\}$ $C$ ist, so $\left\{\begin{matrix}\text{subtr.}\\\text{add.}\end{matrix}\right\}$ man diese Minuten $\left\{\begin{matrix}\text{von}\\\text{zu}\end{matrix}\right\}$ dem vorher gefundenen Abstande der ☉ vom Zenith, und findet den scheinb. Abstand des ☽ vom Zenith.

## §. 6.

### Uebersicht der in §. 5. angegebenen Formeln.

$\left\{\begin{matrix}\text{Westl.}\\\text{östl.}\end{matrix}\right\}$ Abstand des ☽ vom Mittagskreise $= \pm A$;

nördl.

$\left\{\begin{matrix}\text{nördl.}\\ \text{südl.}\end{matrix}\right\}$ Abstand des ☽ vom Halbm. des Aequ. $= \pm D$;

$\left\{\begin{matrix}\text{westl.}\\ \text{östl.}\end{matrix}\right\}$ Längenuntersch. d. ☉ und des ☽ $= \pm L$;

$\left\{\begin{matrix}\text{nördl.}\\ \text{südl.}\end{matrix}\right\}$ Breite des ☽ $= \pm B$;

Winkel der Ekliptik mit dem Mittagskreise, stets auf der Westseite $= \alpha$;

wenn $\alpha \lessgtr 90^{\circ}$ ist, so ist $\cos \alpha = \pm \cos \alpha$;

$$A = +\left(\frac{\sin \alpha \,.\, \pm L}{\sin \text{tot}}\right) - \left(\frac{\pm \cos \alpha \,.\, \pm B}{\sin \text{tot}}\right);$$

$$D = +\left(\frac{\sin \alpha \,.\, \pm B}{\sin \text{tot}}\right) + \left(\frac{\pm \cos \alpha \,.\, \pm L}{\sin \text{tot}}\right);$$

Für die Ellipse

$$\text{Halbe Axe} = a = \frac{\text{♁ Halbmesser} \times \cos \text{Breite}}{\sin \text{tot}};$$

$$c = \text{halbe kleine Axe} = \frac{a \,.\, \sin \text{Abweichung der ☉}}{\sin \text{tot}};$$

Abstand des Mittelpunctes der Ellipse von $c$

$$= e = \frac{\cos \text{Abw. ☉} \times \sin \text{Breite} \times \text{♁ Halbmesser}}{(\sin \text{tot})^2};$$

$$\text{Abscisse} = u = \frac{a \times \sin \text{Stundenwink.}}{\sin \text{tot}};$$

$$\text{Ordinate} = y = \frac{c \times \cos \text{Stundenwink.}}{\sin \text{tot}};$$

$$\pm e \pm y = d; \left\{\begin{matrix}+\\-\end{matrix}\right\} A - \left\{\begin{matrix}+\\-\end{matrix}\right\} u = \pm f; \left\{\begin{matrix}+\\-\end{matrix}\right\} D - \left\{\begin{matrix}+\\-\end{matrix}\right\} d = \pm g$$

$$\frac{g \,.\, \sin \text{tot}}{f} = \text{tang}\, \varphi; \quad \frac{g \,.\, \sin \text{tot}}{\sin \varphi} = h;$$

$$\frac{\sin (\text{Hor. Parall. ☽} - \text{Hor. Par. ☽}) \,.\, h}{\text{♁ Halbmesser}} = h \text{ in } ' \text{ und } ''$$

*h*

(*h* in ′ und ″ × vergröſs. ☽ Halbmesser) / (Horiz. ☽ Halbmesser) = gesucht. Abst der Mittelpuncte der ⊙ und des ☽.

## §. 7.

Aus dem gefundenen Winkel $\phi$ (welcher auch bey der Vergröſserung von $h$ noch derselbe bleibt, da $f$ und $g$ sich in gleichem Verhältnisse vergröſsern) läſst sich, wenn man für mehrere nicht allzuweit von einander entfernte Zeiten ihn und $h$ berechnst, die scheinb. ☽Bahn leicht verzeichnen.

Es sey Fig. 7. für einen Zeitpunct $SI' = f'$, und $S☽' = h'$, so wie $I'☽ = g'$; für einen andern $SI = f$, $I☽ = g$, $S☽' = h$, so ist für den erstern $I'S☽' = \phi'$, und für den zweyten $IS☽ = \phi$, man setze $\phi - \phi' = \omega$, so ergeben sich in dem △ $S☽'☽$ der Winkel $\omega$ und die Seiten $h'$, $h$ oder $S☽'$, $S☽$, woraus $☽'☽$, die ein Stück der scheinbaren ☽Bahn ist, gefunden wird. Gesetzt nun, man verlangte die Zeit des Anfangs der Finsterniſs und fände $S☽'$ > ⊙Halbm. + ☽Halbm., aber $☽S$ kleiner, so fiele der Anfang zwischen ☽' und ☽. Um diesen genau zu bestimmen, wird in dem △ $☽☽'S$, der Winkel $S☽☽'$ (den man auch ohnedieſs bequemer vorher berechnet, ehe man $☽☽'$ findet), und in einem andern △ dessen eine Seite $S☽$, die andere = ⊙Halbm. + ☽Halbm., und $S☽☽'$ gegeben sind, das Stück der Seite $☽☽'$ berechnet, welches zwischen $S☽$ und den Anfang der Finsterniſs fällt. Nun wird endlich gesetzt:

$☽☽'$ : dem gefundenen Stücke = die Zeit die von ☽' bis ☽ verflossen : Zeit welche die Finsterniſs eher anfängt, als der Mond in ☽ ankömmt.

Auf gleiche Weise ist auch das Ende zu finden, wobey man voraussetzen kann, daſs es zwischen ☽″ und

☽''' falle. Das Mittel in *M* ergiebt sich durch Berechnung des Winkels *S*☽*M* für die durch die Zeichnung ungefähr gefundene Zeit des Mittels, und ferner *MS*, der kleinste scheinb. Abstand der Mittelpuncte der ☉ und des ☽, in dem bey *M* rechtwinklichten △ *SM*☽, wo ☽*M* nur sehr klein und als geradelinigt anzunehmen ist, aus *S*☽*M* und *S*☽; endlich ☽*M*, oder auch ☽*SM*, woraus die Zeit des Mittels sich ergiebt.

## Nachricht über Herrn *D. Piazzi* neuesten astronomischen Beobachtungs- und Berechnungs-Resultaten. Aus dessen im Septemb. 1807 eingesandten VIten Buche der auf der Königl. Sternwarte zu Palermo angestellten Beobachtungen entlehnt *).

Zuerst liefert der berühmte Herr Verf. seine um die Zeit der Aequinoctien der Jahre 1803. 4 und 5 angestellten häufigen und äuſserst sorgfältigen Beobachtungen der mittl. geraden Aufsteigung von *Procyon* und *Atair*. Aus einer Anzahl von 188 ergab sich die des erstern für den Anfang 1805. 112° 16' 17'',7, und von 200 die des letztern 295° 19' 0'',0, beyde aus unmittelbaren Vergleichungen mit der ☉ hergeleitet.

Dann folgt ein Verzeichniſs von 120 der gröſsern von ihm so genannten Fundamental-Sternen, wovon mehrere

*) S. astron. Jahrbuch 1810 Seite 268.

mehrere sehr oft (50 60 bis 80mal) zu der nemlichen Zeit als jene Vergleichungen des Procyons und Atairs mit der Sonne statt fanden, beobachtet sind. Es wird von diesen Sternen, für den Anfang 1805 ihre mittl. ger. Aufst. in Zeit, die mittl. Abweichung, die mittlere jährliche Praecession und eigene Bewegung; letztere auch nach andern Astronomen, endlich die totale Praecession angegeben.

Die vom Herrn Piazzi beobachteten geraden Aufsteigungen differiren bey den 36 vornehmsten Sternen nach Maskelyns Verzeichniſs (S. astr. Jahrbuch Seite 246) grösstentheils nur um einige Hunderttheile in Zeitsekunden; hingegen die Abweichungen von 1 bis 10″ + oder —, welches bey diesem berühmten und mit so vorzüglichen Instrumenten versehenen Beobachter etwas sehr befremdendes ist, und vielleicht in verschiedentlich angewendeten Refractionsberechnungen seinen Grund haben mag. Am Schluſs des Verzeichnisses vergleicht Hr. *Piazzi* seine Beobachtungen mancher dieser Sterne mit denen von *Maskelyne* und *Bradley*.

Hierauf liefert Hr. Piazzi ein zweites Verzeichniſs der mittl. ger. Aufst. und Abw. von 100 kleineren Sternen, die auch mehrmal beobachtet sind, gleichfalls für den 1. Jan. 1805. *)

Ferner enthält dieser Band: Neue Bestimmungen der Elemente der Sonnen- oder Erdbahn, aus Sonnenbeob. in Vergleichung mit den der ältern Astronomen hergeleitet. Diese Elemente sind: 1) Länge des tropischen Sonnenjahres aus Beobachtungen der Aequinoctien von 1804 und 5. zu Palermo mit den des Hyp-

 parchs

*) Ich gedenke diese beyden Sternverzeichnisse im Jahrb. 1811 zu liefern.

parchs, Walters, Flamsteeds u. a. m. zusammengestellt, 365 T. 5 St. 48′ 49″,84. Hieraus folgt nun: 2) tägliche mittl. Beweg. der Sonne 59′ 8″,3299547; jährliche 11 Z. 29° 45′ 40″,4334655; Seculäre, in gemeinen Jahren 11 Z. 29° 46′ 43″.26546, in Julianischen Jahren 0 Z. 0° 45′ 51″,59541. 3) Jährliche Praecession in der Länge, wie sie beobachtet wird, aus dem Unterschied der für 1770 und 1805 berechneten Längen von 34 der Hauptsterne nach Maskelyne's und des Verf. Beobachtungen im Mittel berechnet 50″,18162 und nun noch mit dem vom Hrn. D. Ttiesnecker aus denselben Sternen berechneten, verglichen, endlich im Mittel 50″,21056; hierzu noch das vom Verf. berechnete jährliche Vorrücken des 0° ♈ in der Länge 0″,17744 giebt die ganze oder Luni-Solar-Praecession 50″,38800. 4) Die mittlere Schiefe der Ecliptik 23° 27′ 56″,0 und diese mit der von Bradley und de la Caille für 1750 und von Mayer für 1756 berechneten verglichen, giebt ihre jährliche Abnahme 0″,443 oder Seculäre 44″,3. 5) Die gröſste Nutation der Erdaxe in der Länge nach Vergleichung mit Bradley und Maskelyne's Beobachtungen, im Mittel 19″,0. 6) Die gröſste Gleichung der Erdbahn aus den in den Jahren 1803. 4. und 5. angestellten Vergleichungen des Procyons und Atairs mit der Sonne, nach allen Reductionen und Anwendung der Perturbationen der Planeten, im Mittel 1° 55′ 25″,23. 7) Die Excentricität der Erdbahn ergiebt sich aus dieser gröſsten Gleichung (die halbe groſse Axe = 1) 0,01678622, Log. 8,2249529, ferner: Abstand des Aphelinus 1,01678622, Log. 0,0072296; Abstand des Periheliums 0,98321378, Log. 9,9926477; halbe kleine Axe 0,99985873, Log. 9,9999387. 8) Die Länge des Apheliums, aus den nemlichen Sonnen- und Stern-Beobachtungen hergeleitet,

für

für den Anfang des Jahres 1805. $3^z$ 9° 34′ 31″,5, und dessen jährl. Bewegung im Mittel aus neueren und älteren Beobachtungen 1′ 2″,2. 9) Die Länge des anomalistischen Jahres die der für 1805 correspondirt 365 T. 6 St. 13′ 56″. Endlich: 10) die mittlere Länge der Sonne für die Epoche 1805. im mittl. Mittag, unter dem Meridian von Palermo $9^z$ 9° 39′ 43″,00 und deren gerade Aufst. in Zeit 18 St. 38′ 38″,867 Arg. des ☊ 177. Dann folgen Tafeln der mittleren Bewegung der Sonne nach der Länge und geraden Aufsteigung in Zeit, in Jahre, Monate, Tage und deren Theile, so wie ihre mittlere Länge und gerade Aufsteigung unter jenem Meridian, für die Epochen 1791 bis 1900. Tafeln für die Verwandlung der mittlern Bewegung der Sonne, in Stunden, Min. und Sec. der mittlern und Sternzeit. Endlich eine Tafel für die Gleichung des 0° ♈ in Zeit, zufolge des Argum. ☊. Hierauf folgt eine Anweisung, vermittelst dieser Sonnentafeln die Sternzeit in mittlere und wahre Sonnenzeit und umgekehrt zu verwandeln. Den Durchmesser der Sonne in der mittl. Entfernung hat Hr. Piazzi nach seinen Beobachtungen 32′ 2″,47 gefnnden *).

Hierauf liefert der Verf. noch ein Verzeichniſs von 210 neu beobachteten Sternen, gröſstentheils 7. 8. Gröſse, worunter sich nur 16 befinden die schon in seinem ersten

*) *de Lambre* in seinen neuesten Sonnentafeln setzt: Secular-Bewegung der Sonne in 100 Jul. Jahren o Z. 0° 45′ 45″; Epoche 1805. Mittl. Länge der Sonne zu Palermo 9 Z. 9° 39′ 40″. Aphel. 3 Z. 9° 34′ 13″. Jährl. Bewegung des Aph. 62″. Excentr. für 1805 0,0167905. Gröſste Gleichung der Bahn 1° 55′ 27″. Durchm. der ☉ in der mittlern Entfernung 32′ 3″,28. Alles dieses stimmt sehr genau mit *Piazzi*, bloſs das Aphel hat den gröſsten Unterschied. *B.*

ersten grofsen Verzeichnifs vom Jahre 1803 vorkommen. Ich lasse diesen Sternkatalog als das zweite Supplement zu jenem, nachher folgen. Die Stellungen der Sterne desselben sind auch durch verschiedene wiederhohlte Beobachtungen bestimmt. Der Verf. fügt am Schlufs des Werks noch ein Verzeichnifs mancher in jenem grofsen Catalog aufgefundenen Fehler bey. Aufser den bereits im astron. Jahrb. 1809 Seite 189-91 angezeigten kommen noch folgende vor, welchen ich die nachher in meinem Piazzischen Verz. (zu meinen kleinen Himmelscharten gehörig) gefundenen, beyfüge.

| No. | | No. | | No. | |
|---|---|---|---|---|---|
| 562 | α 43 48 0 | 3508 | ρ Schlange | 4451 | 63 Schwan |
| 1024 | δ 23 5 21 | 3516 | 6 Gr. | 4455 | δ 20 13 40 |
| 1062 | δ 2 36 47 | 3610 | 35 Herk. | 4644 | δ 37 47 29 |
| 1183 | δ 54 44 54 | 3612 | 36 Herk. | 4685 | υ Steinbock |
| 1196 | Ver. 44,7 | 3855 | δ 37 2 37 | 4717 | α 309 20 48 |
| 1255 | α 85 30 48 | 3955 | ist doppelt | 4956 | δ 9 59 31 |
| | α Ver. 46,5 | 4056 | α 268 14 19 | 5477 | δ 26 1 20 |
| 2655 | α 179 51 31 | 4093 | δ 21 5 43 | 5488 | δ 1 36 49 |
| 2997 | δ 19 17 18 | 4406 | 176 weg | | |

Hiebey bemerkt der Verf. noch, dafs man, um die in seinem grofsen Catalog befindlichen geraden Aufsteigungen, da sie sich auf die ehemahlige Bestimmung von Maskelyne gründeten, zu verbessern, bey solchen Sternen, deren nordliche Abweichung geringer als 38 Grad sey, 4″ im Bogen zu addiren habe. Bey Sternen unter einer südlichen Abweichung ist aber eine Verbesserung von + 5 bis 6″ anzubringen, und da derselbe ferner, nach neueren Beobachtungen, die Polhöhe von Palermo 1″,5 geringer gefunden *), so wären noch in jenem Catalog die Abweichungen aller nordlichen Sterne um — 1″,5 und die der südlichen um + 1″,5 zu verbessern.

Erstes

*) Nemlich 38° 6′ 42″,5.

## Erstes Supplement zu Herrn *D. Piazzi's* Stern - Verzeichnifs; susammengetragen von Herrn *Jabbo Oltmanns*, im Januar 1807.

Ich habe nach Anfertigung dieses Catalogs blofs zu erinnern, dafs solcher aus Piazzi's voluminösen Verzeichnifs entnommen worden sey. Einige von Piazzi als unbestimmt angegebene Sterne ausgenommen, enthält dieses Supplement mit dem ersten Catalog den Herr Prof. Bode seiner im Jahre 1805 herausgegebenen *Vorstellung der Gestirne* beygefügt, nunmehro alle von Piazzi beobachtete Sternpositionen. Piazzi hatte im Appendix mehrere Sterne zum zweitenmal und genauer bestimmt; diese wird man auch, wenn anders die Unterschiede nicht gar zu geringe waren, in diesem Supplement als verbesserte Stellungen wiederfinden. Die geraden Aufsteigungen und Abweichungen sind für den 1. Jan. 1800 angesetzt. Die No. und Buchstaben beziehen sich auf Herrn Prof. Bode grofsem Stern-Catalog, der zu seiner Uranographie gehört.

*O.*

Gerade

| | | Gerade Aufsteigung in Zeit | Gerade Aufsteigung im Pogen | | | Jährliche Veränderung | Abweichung | | | Jährliche Veränderung |
|---|---|---|---|---|---|---|---|---|---|---|
| | | St. M. | Gr. | M. | S. | Sec. | G. | M. | S. | Sec. |
| 39. θ Bildh. Werkst. | 6 | ○ 2 | 0 | 22 | 50 | 45,8 | 36 | 15 | 11S | — 20,0 |
| Andromeda | 8 | 2 | 0 | 25 | 38 | 46,1 | 27 | 29 | 57N | + 20,0 |
| 40 • Bildh. Werkst. | 6 | 3 | 0 | 46 | 38 | 45,7 | 38 | 56 | 7S | - 20,0 |
| Andromeda | 7 | 4 | 1 | 2 | 13 | 46,2 | 39 | 55 | 10N | + 20,0 |
| 64 - | 7 | 5 | 1 | 12 | 27 | 46,1 | 26 | 10 | 21N | + 20,0 |
| Fische | 8 | 6 | 1 | 27 | 4 | 46,0 | 7 | 0 | 20N | + 20,0 |
| 42. ν Bildh. W. | 6 | 6 | 1 | 30 | 2 | 45,6 | 32 | 33 | 25S | — 20,0 |
| Cassiopeja | 6—7 | 6 | 1 | 34 | 31 | 46,9 | 60 | 25 | 18N | + 20,0 |
| 93 Fische | 8 | 6 | 1 | 36 | 0 | 45,9 | 0 | 44 | 19— | + 20,0 |
| 41 Wallfisch | 7 | 7 | 1 | 50 | 38 | 45,7 | 20 | 9 | 46S | — 20,0 |
| 72 Andromeda | 7 | 8 | 2 | 3 | 15 | 46,3 | 30 | 24 | 22N | + 20,0 |
| 29 Phönix | 6 | 9 | 2 | 10 | 39 | 45,2 | 44 | 20 | 49S | — 20,0 |
| 84 Andromeda | 7 | 11 | 2 | 46 | 16 | 46,6 | 37 | 4 | 40N | + 20,0 |
| Bildh. Werkstadt | 7 | 11 | 2 | 48 | 26 | 45,2 | 36 | 54 | 27S | — 20,0 |
| Cassiopeia | 8 | 12 | 3 | 0 | 12 | 47,8 | 61 | 7 | 54N | + 20,0 |
| Cassiopeja | 8 | 12 | 3 | 6 | 25 | 47,9 | 61 | 12 | 15— | + 20,0 |
| 49. ω Bildh. W. | 6—7 | 13 | 3 | 17 | 37 | 45,2 | 32 | 8 | 46S | — 20,0 |
| 89 Andromeda | 7—8 | 14 | 3 | 32 | 49 | 46,6 | 30 | 15 | 52N | + 20,0 |
| Fische | 7 | 15 | 3 | 55 | 3 | 46,4 | 19 | 2 | 19— | + 20,0 |
| Wallfisch | 8 | 16 | 3 | 55 | 17 | 45,6 | 9 | 27 | 35S | - 20,0 |
| 31 κ Phönix | 5 | 16 | 4 | 4 | 46 | 44,5 | 44 | 46 | 48— | — 20,0 |
| 32 α Phönix | 2 | 16 | 4 | 5 | 19 | 44,9 | 43 | 23 | 27— | — 20,0 |
| Wallfisch | 7—8 | 17 | 4 | 13 | 12 | 45,8 | 6 | 6 | 37— | — 20,0 |
| 170 Fische | 8 | 17 | 4 | 16 | 5 | 46,0 | 1 | 42 | 27N | + 20,0 |
| 98 Andromeda | 7 | 18 | 4 | 35 | 28 | 47,1 | 35 | 47 | 32— | + 20,0 |
| Bildh. Werkstadt | 6 | 20 | 4 | 53 | 12 | 44,4 | 21 | 46 | 20 S | — 19,9 |
| 103 Andromeda | 7 | 20 | 5 | 7 | 32 | 47,6 | 42 | 50 | 27N | + 19,9 |
| Bildhauer Werkst. | 6 | 20 | 5 | 9 | 50 | 44,3 | 42 | 2 | 52 S | — 19,9 |
| Fische | 7 | 21 | 5 | 18 | 10 | 46,4 | 14 | 55 | 4N | + 19,9 |
| Wallfisch | 7 | 22 | 5 | 30 | 1 | 45,3 | 19 | 19 | 34 S | — 19,9 |
| 121 Fische | 6 | 22 | 5 | 31 | 49 | 46,6 | 19 | 11 | 31N | + 19,9 |
| 111 Andromeda | 6—7 | 22 | 5 | 33 | 22 | 47,0 | 27 | 10 | 29 — | + 19,9 |
| Cassiopeja | 8 | 22 | 5 | 35 | 54 | 49,2 | 59 | 26 | 39— | + 19,9 |
| 53 Cassiopeja | 7 | 23 | 5 | 43 | 26 | 50,3 | 65 | 38 | 47— | + 19,9 |
| Fische | 8 | 23 | 5 | 48 | 45 | 45,9 | 1 | 42 | 44 S | — 19,9 |
| Cassiopeja | 8 | 24 | 6 | 1 | 6 | 49,7 | 60 | 45 | 39N | + 19,9 |
| Cassiopeja | 7 | 24 | 6 | 6 | 25 | 48,8 | 53 | 5 | 58— | + 19,9 |
| Andromeda | 7 | 26 | 6 | 24 | 44 | 46,9 | 22 | 55 | 20 — | + 19,9 |
| 118 Andromeda | 6 | 27 | 6 | 40 | 12 | 47,5 | 34 | 17 | 49 — | + 19,9 |
| Fische | 8 | 29 | 7 | 11 | 32 | 46,0 | 2 | 1 | 3— | + 19,9 |

| | | Gerade Aufsteigung. in Zeit | | in Bogen | | | Jährliche Veränderung | Abweichung. | | | | Jährliche Veränderung |
|---|---|---|---|---|---|---|---|---|---|---|---|---|
| | | St. | M. | Gr. | M | S. | Sec. | G | M. | S. | | Sec. |
| *H* Andromeda | 5 | O | 30 | 7 | 34 | 46 | 48 0 | 38 | 21 | 32 | N | + 19,8 |
| 48 Phoenix | 6 | | 32 | 8 | 5 | 46 | 43,2 | 44 | 13 | 13 | S | — 19 8 |
| Wallfisch | 7 | | 33 | 8 | 10 | 32 | 44,8 | 21 | 17 | 29 | — | — 19,8 |
| β Wallfisch Deneb. K. | | | 34 | 8 | 23 | 1 | 44,9 | 19 | 5 | 10 | — | — 19,8 |
| 1 φ — | | | 34 | 8 | 31 | 23 | 45,3 | 11 | 42 | 1 | — | — 19,8 |
| 75 Cassiopeja | 6 | | 35 | 8 | 40 | 19 | 56,3 | 73 | 45 | 11 | N | + 19,8 |
| Fische | 8 | | 35 | 8 | 43 | 15 | 45,9 | 0 | 50 | 23 | S | — 19,8 |
| Cassiopeja | 7—8 | | 35 | 8 | 43 | 20 | 50,1 | 54 | 12 | 35 | N | + 19 8 |
| Andromeda | 8 | | 35 | 8 | 47 | 16 | 47,3 | 25 | 4 | 40 | — | + 19,8 |
| 51 Phönix | 6 | | 35 | 8 | 51 | 52 | 43,0 | 43 | 46 | 1 | S | — 19,8 |
| Andromeda | 7—8 | | 37 | 9 | 16 | 18 | 47,4 | 25 | 11 | 50 | N | + 19,8 |
| *n* Cassiopeja | 4 | | 37 | 9 | 16 | 30 | 50,8 | 56 | 45 | 6 | — | + 19,8 |
| 2 φ Wallfisch | 5—6 | | 40 | 10 | 1 | 34 | 45,2 | 11 | 43 | 26 | S | — 19,7 |
| Fische | 8 | | 43 | 10 | 43 | 41 | 47,1 | 18 | 0 | 22 | N | + 19,7 |
| Fische | 8 | | 43 | 10 | 45 | 23 | 46,1 | 3 | 0 | 1 | — | + 19 7 |
| Wallfische | 7—8 | | 44 | 10 | 55 | 23 | 44,9 | 15 | 0 | 31 | S | — 19,7 |
| 160 Fische | 6 | | 44 | 11 | 0 | 12 | 47,2 | 18 | 6 | 4 | N | + 19,7 |
| 2 υ Cassiopeja | 5—6 | | 45 | 11 | 12 | 46 | 52,2 | 58 | 5 | 52 | — | + 19,6 |
| Cassiopeja | 7—8 | | 46 | 11 | 27 | 30 | 50,8 | 51 | 9 | 19 | — | + 19,6 |
| Fi che | 6 | | 46 | 11 | 29 | 58 | 47,8 | 25 | 15 | 16 | — | + 19,6 |
| Cassiopeja | 8 | | 46 | 11 | 36 | 5 | 50,8 | 51 | 3 | 11 | N | + 19,6 |
| 98 Cassiopeja | 7—8 | | 49 | 12 | 9 | 23 | 52,5 | 57 | 16 | 56 | — | + 19,6 |
| α Bildh. Werkst. | 5 | | 49 | 12 | 14 | 10 | 43,5 | 30 | 26 | 23 | S | — 19,6 |
| 172 Fische | 7 | | 50 | 12 | 27 | 15 | 47,5 | 20 | 10 | 6 | N | + 19,5 |
| Fische | 8 | | 51 | 12 | 42 | 15 | 46,4 | 6 | 57 | 20 | — | + 19,5 |
| α kl. Bär Polarstern | 3 | | 52 | 13 | 6 | 9 | 193,5 | 88 | 14 | 24 | N | + 19,5 |
| 27 Erndtehuter | 6—7 | | 53 | 13 | 20 | 46 | 58,5 | 69 | 51 | 23 | — | + 19,5 |
| 182 Fische | 8 | | 53 | 13 | 21 | 10 | 46,4 | 5 | 41 | 19 | — | + 19,5 |
| Cassiopeja | 8 | | 54 | 13 | 36 | 36 | 55,0 | 62 | 41 | 56 | — | + 19,5 |
| 188 1 ↓ Fische folgend | 5—6 | | 55 | 13 | 44 | 52 | 47,7 | 20 | 23 | 32 | — | + 19,5 |
| μ Cassiopeja | 5—6 | | 55 | 13 | 46 | 9 | 52,4 | 53 | 56 | 9 | — | + 19,4 |
| α Rennthier | 6 | | 56 | 13 | 53 | 2 | 69,7 | 78 | 36 | 11 | — | + 19,4 |
| Wallfisch | 7—8 | | 58 | 14 | 28 | 45 | 46,7 | 8 | 50 | 13 | — | + 19,4 |
| 72 2 υ Phönix | 6 | | 58 | 14 | 39 | 33 | 41,4 | 42 | 33 | 26 | S | — 19,4 |
| 203 Fische | 6—7 | | 59 | 14 | 52 | 25 | 48,2 | 24 | 23 | 44 | N | + 19,3 |
| Cassiopeja | 8 | | 59 | 14 | 56 | 49 | 56,5 | 63 | 56 | 34 | — | + 19,3 |
| Fische | 8 | I | 1 | 15 | 13 | 35 | 48,0 | 21 | 39 | 26 | — | + 19,3 |
| 213 Fische | 7—8 | | 2 | 15 | 30 | 4 | 48,8 | 29 | 0 | 3 | — | + 19,3 |
| 216 ζ Fische | 6—7 | | 3 | 15 | 49 | 51 | 46,5 | 6 | 31 | 3 | — | + 19,3 |
| 13 ξ Electr. Masch. | 7—8 | | 3 | 15 | 51 | 55 | 41,9 | 36 | 16 | 5 | S | — 19,3 |

| | | Gerade Aufsteigung in Zeit | | Gerade Aufsteigung im Bogen | | | Jährliche Veränderung | Abweichung. | | | Jährliche Veränderung |
|---|---|---|---|---|---|---|---|---|---|---|---|
| | | St. | M. | Gr. | M. | S. | Sec. | G. | M. | S. | Sec. |
| Fische | 8 | I | 4 | 15 | 55 | 39 | 47,7 | 18 | 3 | 52 N | + 19,2 |
| Cassiopeja | 7 | | 5 | 16 | 16 | 19 | 54,4 | 56 | 34 | 21 — | + 19,2 |
| Fische | 8 | | 5 | 16 | 17 | 15 | 46,5 | 5 | 53 | 43 — | + 19,2 |
| 223 Fische | 7 | | 6 | 16 | 30 | 58 | 48,0 | 19 | 59 | 47 — | + 19,2 |
| Cassiopeja | 7—8 | | 7 | 16 | 50 | 55 | 54,9 | 57 | 8 | 9 — | + 19,2 |
| Fische | 8 | | 8 | 17 | 8 | 4 | 46,6 | 6 | 22 | 28 — | + 19,1 |
| Fi⸗che | 8 | | 9 | 17 | 20 | 19 | 46,4 | 5 | 6 | 26 — | + 19,1 |
| Andromeda | 8 | | 10 | 17 | 31 | 15 | 52,2 | 46 | 13 | 46 — | + 19,1 |
| Fische | 7—8 | | 12 | 18 | 0 | 13 | 46,4 | 4 | 18 | 11 — | + 19,0 |
| ische | 7—8 | | 12 | 18 | 0 | 24 | 46,4 | 4 | 12 | 9 — | + 19,0 |
| Andromeda | 7—8 | | 13 | 18 | 10 | 18 | 51,6 | 42 | 5 | 38 N | + 19,0 |
| 85 Phönix | 6—7 | | 14 | 18 | 23 | 21 | 39,7 | 44 | 39 | 13 S | — 19,0 |
| 208 Andromeda | 6 | | 15 | 18 | 41 | 53 | 50,2 | 33 | 32 | 22 N | + 19,0 |
| 2 ρ Fische | 5—6 | | 16 | 18 | 58 | 38 | 48,1 | 18 | 12 | 2 N | + 18,9 |
| 88 Phönix | 6 | | 16 | 18 | 59 | 45 | 39,3 | 45 | 34 | 23 S | — 18,9 |
| *K* Fische | 6—7 | | 16 | 19 | 7 | 40 | 49,8 | 30 | 55 | 44 N | + 18,9 |
| Cassiopeja | 7 | | 18 | 19 | 29 | 27 | 63,3 | 68 | 58 | 57 — | + 18,9 |
| 89 Phönix | 3 | | 19 | 19 | 54 | 49 | 39,3 | 44 | 20 | 45 S | - 18,8 |
| 221 Andromeda | 6—7 | | 22 | 20 | 41 | 38 | 51,1 | 36 | 12 | 23 N | + 18,7 |
| 274 Fische | 8 | | 24 | 21 | 6 | 1 | 46,8 | 7 | 14 | 47 — | + 18,7 |
| 281 | 7—8 | | 27 | 21 | 45 | 42 | 47,4 | 11 | 3 | 17 — | + 18,6 |
| 284 | 7—8 | | 28 | 22 | 7 | 24 | 48,0 | 15 | 36 | 24 — | + 18,5 |
| r Andromeda | 5—6 | | 29 | 22 | 12 | 22 | 52,2 | 39 | 33 | 32 — | + 18,5 |
| Cassiopeja | 7—8 | | 29 | 22 | 18 | 11 | 58,8 | 59 | 31 | 53 — | + 18,5 |
| 289 Fische | 6—7 | | 30 | 22 | 32 | 40 | 49,4 | 24 | 43 | 51 | + 18,5 |
| Cassiopeja | 8 | | 31 | 22 | 37 | 26 | 59,0 | 59 | 25 | 19 — | + 18,5 |
| 290 Fische | 8 | | 31 | 22 | 43 | 27 | 47,0 | 8 | 3 | 20 — | + 18,5 |
| Rennthier | 7—8 | | 32 | 23 | 5 | 46 | 95,2 | 80 | 57 | 29 — | + 18,4 |
| 255 Wallfisch | 7 | | 34 | 23 | 27 | 40 | 45,1 | 5 | 46 | 30 ↄ | — 18,4 |
| 259 | 5—6 | | 36 | 23 | 59 | 14 | 45,0 | 6 | 44 | 18 — | — 18,3 |
| 300 Fische | 8 | | 37 | 24 | 8 | 12 | 47,3 | 9 | 50 | 25 N | + 18,3 |
| 16 Triangel | 6—7 | | 37 | 24 | 19 | 4 | 51,0 | 31 | 40 | 16 — | + 18,2 |
| Perseus | 8 | | 38 | 24 | 22 | 37 | 57,4 | 54 | 13 | 2 — | + 18,2 |
| Widder | 8 | | 38 | 24 | 23 | 0 | 46,3 | 16 | 1 | 4 — | + 18,2 |
| Chem. Apparat. | 6—7 | | 39 | 24 | 50 | 7 | 41,6 | 27 | 15 | 15 S | — 18,2 |
| *g* Perseus | 6 | | 40 | 24 | 52 | 42 | 55,9 | 49 | 47 | 53 N | + 18,2 |
| *F* Andromeda | 6 | | 44 | 26 | 4 | 47 | 52,4 | 36 | 15 | 52 — | + 18,0 |
| Fische | 8 | | 46 | 26 | 23 | 37 | 46,1 | 0 | 51 | 12 — | + 17,9 |
| 107 φ Phönix | 5 | | 46 | 26 | 30 | 45 | 37,5 | 43 | 28 | 57 S | — 17,9 |
| Fische | 7—8 | | 50 | 27 | 29 | 34 | 46,5 | 3 | 24 | 49 N | + 17,8 |

| | | Gerade Aufsteigung in Zeit | Gerade Aufsteigung im Bogen | Jährliche Veränderung | Abweichung. | | Jährliche Veränderung |
|---|---|---|---|---|---|---|---|
| | | St. M. | Gr. M. S. | Sec. | G. M. S. | | Sec. |
| γ Androm. Alamak. | 3 | I 52 | 27 55 11 | 54,2 | 41 21 46 | N | + 17,7 |
| 34 Widder | 7 | 52 | 28 4 36 | 47,6 | 10 2 57 | – | + 17,7 |
| Wallfisch | 7-8 | 53 | 28 20 30 | 46,8 | 5 17 11 | S | – 17,6 |
| Wallfisch | 8 | 57 | 29 15 32 | 47,1 | 7 53 13 | N | + 17,5 |
| Widder | 8 | 58 | 29 26 2 | 47,7 | 7 53 42 | – | + 17,4 |
| 53 - | 8 | II 0 | 30 2 43 | 49,6 | 20 25 44 | – | + 17,3 |
| 326 Wallfisch | 6 | 1 | 30 12 2 | 47,3 | 7 37 39 | – | + 17,3 |
| Widder | 8 | 2 | 30 27 16 | 49,4 | 18 52 36 | – | + 17,3 |
| 59 - | 7 | 3 | 30 41 50 | 49,4 | 18 40 18 | – | + 17,2 |
| Perseus | 8 | 3 | 30 43 40 | 61,1 | 56 5 34 | – | + 17,2 |
| Perseus | 7-8 | 3 | 30 44 52 | 61,2 | 56 6 57 | – | + 17,2 |
| Perseus | 8 | 4 | 30 53 12 | 61,8 | 57 5 3 | – | + 17,2 |
| Andromeda | 8 | 4 | 30 53 52 | 57,3 | 47 56 22 | – | + 17,2 |
| Wallfisch | 8 | 4 | 30 54 0 | 45,2 | 3 58 20 | S | – 17,2 |
| 38 Perseus | 4 | 4 | 30 59 17 | 61,8 | 56 57 47 | N | + 17,2 |
| Wallfisch | 7-8 | 4 | 31 4 16 | 46,1 | 0 44 16 | – | + 17,1 |
| Perseus | 8 | 5 | 31 17 7 | 61,5 | 56 12 8 | – | + 17,1 |
| Wallfisch | 7-8 | 6 | 31 32 11 | 46,2 | 1 18 12 | – | + 17,1 |
| Wallfisch | 8 | 11 | 32 44 57 | 47,2 | 6 49 48 | – | + 16,8 |
| Wallfisch | 8 | 15 | 33 43 10 | 48,9 | 0 16 24 | S | – 16,7 |
| Widder | 8 | 15 | 33 44 46 | 47,8 | 9 35 44 | N | + 16,6 |
| Widder | 7-8 | 15 | 33 51 51 | 47,8 | 9 44 35 | – | + 16,6 |
| Widder | 7 | 16 | 34 0 40 | 47,8 | 9 39 29 | – | + 16,6 |
| Triangel | 7-8 | 16 | 34 7 12 | 52,1 | 28 58 6 | – | + 16,6 |
| Perseus | 8 | 20 | 35 0 38 | 53,6 | 33 47 6 | – | + 16,4 |
| ρ Wallfisch | 4-5 | 22 | 35 39 5 | 42,6 | 16 7 42 | S | – 16,3 |
| Perseus | 8 | 23 | 35 40 27 | 62,6 | 55 1 54 | N | + 16,3 |
| Triangel | 8 | 24 | 35 56 6 | 53,7 | 33 50 35 | – | + 16,2 |
| Perseus | 7-8 | 25 | 36 10 36 | 59,8 | 49 36 49 | – | + 16,2 |
| ι Wallfisch | 4 | 30 | 37 28 19 | 43,2 | 12 43 39 | S | – 15,9 |
| 44 Eridan | 4-5 | 33 | 38 11 27 | 35,3 | 40 43 0 | – | – 15,7 |
| Triangel | 7-8 | 33 | 38 11 39 | 52,7 | 28 36 25 | N | + 15,7 |
| Perseus | 8 | 34 | 38 33 37 | 61,4 | 50 42 9 | – | + 15,7 |
| 452 Wallfisch | 6-7 | 35 | 38 43 1 | 46,8 | 3 51 42 | – | + 15,6 |
| Perseus | 8 | 35 | 38 49 15 | 60,1 | 48 20 20 | – | + 15,6 |
| Widder | 8 | 36 | 39 40 13 | 48,5 | 11 24 51 | – | + 15,6 |
| Perseus | 8 | 37 | 39 8 56 | 61,8 | 51 26 29 | – | + 15,5 |
| Perseus | 8 | 38 | 39 30 36 | 61,8 | 51 21 50 | – | + 15,4 |

| | | Gerade Aufsteigung in Zeit | | Gerade Aufsteigung im Bogen | Jährliche Veränderung | Abweichung | Jährliche Veränderung |
|---|---|---|---|---|---|---|---|
| | | St. | M. | Gr. M. S. | Sec. | Gr. M. S. | Sec. |
| Chemisches Apparat | 8 | II | 39 | 39 44 1 | 35,9 | 38 11 21 S | − 15,4 |
| r Perseus | 5 | | 39 | 39 48 33 | 54,6 | 34 13 40 N | + 15,4 |
| 25 Rennthier | 6 | | 40 | 40 2 52 | 109,9 | 78 36 24 — | + 15,3 |
| 124 Widder | 7 | | 42 | 40 31 7 | 49,6 | 15 39 34 · | + 15,2 |
| 475 Wallfisch | 6−7 | | 46 | 41 23 9 | 47,7 | 7 34 8 — | + 15,0 |
| 98 Perseus | 5-6 | | 47 | 41 40 29 | 62,7 | 51 32 40 — | + 15,0 |
| 102 - | 7 | | 48 | 41 53 42 | 56,1 | 37 19 34 — | + 14,9 |
| Perseus | 8 | | 49 | 42 11 56 | 55,4 | 35 18 53 — | + 14,8 |
| 47 Chem. Apparat | 6 | | 51 | 42 50 45 | 37,0 | 33 18 33 S | − 14,7 |
| Widder | 8 | | 58 | 44 36 50 | 50,1 | 16 29 27 N | + 14,3 |
| 121 Perseus | 7 | III | 0 | 44 53 37 | 61,3 | 47 24 50 — | + 14,2 |
| Erndtehüter | 7-8 | | 0 | 45 2 47 | 76,2 | 64 54 5 — | + 14,1 |
| Eridan | 7-8 | | 3 | 45 51 4 | 37,6 | 29 55 13 S | − 13,9 |
| Stier | 8 | | 6 | 46 28 57 | 50,3 | 16 49 40 N | + 13,8 |
| Stier | 8 | | 8 | 47 6 5 | 50,8 | 18 20 22 — | + 13,6 |
| Camelopard | 8 | | 15 | 48 45 43 | 67,2 | 54 40 10 — | + 13,2 |
| Stier | 8 | | 20 | 50 3 43 | 52,4 | 22 57 24 — | + 12,9 |
| Perseus | 8 | | 25 | 51 11 24 | 55,1 | 30 27 8 — | + 12,5 |
| Stier | 8 | | 25 | 51 12 40 | 50,3 | 15 48 28 — | + 12,5 |
| Stier | 8 | | 25 | 51 13 1 | 51,4 | 19 23 46 — | + 12,5 |
| Stier | 8 | | 31 | 52 37 49 | 52,4 | 22 8 20 N | + 12,1 |
| Perseus | 8 | | 31 | 52 48 57 | 63,0 | 47 1 2 — | + 12,1 |
| Stier | 8 | | 31 | 52 49 23 | 50,7 | 16 38 29 — | + 12,1 |
| Camelopard | 7-8 | | 35 | 53 50 15 | 73,6 | 59 42 44 — | + 11,8 |
| Eridan | 8 | | 45 | 56 18 50 | 44,3 | 5 34 27 S | − 11,1 |
| Persnus | 8 | | 47 | 56 41 43 | 59,7 | 39 25 48 N | + 11,0 |
| Perseus | 8 | | 48 | 56 57 41 | 59,8 | 39 31 8 — | + 10,9 |
| Eridan | 8 | | 53 | 58 13 16 | 46,7 | 2 30 45 — | + 10,5 |
| Eridan | 8 | | 53 | 58 13 42 | 46,7 | 2 37 25 — | + 10,5 |
| Perseus | 8 | | 54 | 58 29 11 | 66,0 | 49 39 1 — | + 10,5 |
| Eridan | 8 | | 54 | 58 33 31 | 36,4 | 29 5 31 S | − 10,5 |
| Perseus | 8 | | 54 | 58 34 6 | 59,0 | 37 32 5 N | + 10,4 |
| Stier | 8 | | 54 | 58 37 25 | 64,6 | 26 58 9 — | + 10,4 |
| Stier | 8 | | 57 | 59 20 44 | 51,1 | 16 45 3 — | + 10,2 |
| Camelopard | 8 | | 59 | 59 40 13 | 69,7 | 53 59 44 — | + 10,1 |
| Camelopard | 8 | | 59 | 59 44 24 | 66,3 | 49 56 59 — | + 10,1 |
| Stier | 8 | IV | 1 | 60 11 35 | 46,5 | 1 47 18 | + 9,9 |
| Stier | 8 | | 3 | 60 45 13 | 49,2 | 10 30 29 — | + 9,8 |
| Stier | 8 | | 5 | 61 11 54 | 47,7 | 5 41 37 — | + 9,6 |
| Stier | 8 | | 6 | 61 23 29 | 48,0 | 6 39 12 — | + 9,6 |

| | | Gerade Aufsteigung in Zeit | | Gerade Aufsteigung im Bogen | | | Jährliche Veränderung | Abweichung | | | | Jährliche Veränderung | |
|---|---|---|---|---|---|---|---|---|---|---|---|---|---|
| | | St. | M. | Gr. | M. | S. | Sec. | G. | M. | S. | | | Sec. |
| Stier | 8 | IV | 9 | 62 | 14 | 33 | 54,9 | 26 | 51 | 31 | — | + | 9,3 |
| Perseus | 8 | | 9 | 62 | 21 | 9 | 67,3 | 50 | 21 | 55 | — | + | 9,3 |
| Stier | 8 | | 11 | 62 | 38 | 45 | 45,8 | 0 | 24 | 52 | S | — | 9,2 |
| Stier | 8 | | 14 | 63 | 36 | 58 | 52,8 | 21 | 0 | 15 | N | + | 8,9 |
| Camelopard | 8 | | 16 | 64 | 3 | 26 | 70,2 | 53 | 27 | 38 | — | + | 8,8 |
| Eridanus | 8 | | 26 | 66 | 25 | 50 | 43,1 | 8 | 42 | 52 | S | — | 8,0 |
| Eridan | 8 | | 28 | 66 | 55 | 5 | 44,9 | 3 | 3 | 31 | — | — | 7,8 |
| Eridan | 8 | | 29 | 67 | 18 | 33 | 43,1 | 8 | 37 | 52 | — | — | 7,7 |
| Eridan | 8 | | 34 | 68 | 31 | 33 | 44,8 | 3 | 33 | 2 | — | — | 7,3 |
| 301 Stier | 8 | | 34 | 68 | 34 | 28 | 52,1 | 18 | 25 | 19 | N | + | 7,3 |
| Camelopard | 8 | | 35 | 68 | 39 | 30 | 88,0 | 66 | 4 | 46 | N | + | 7,3 |
| Eridan | 8 | | 36 | 69 | 7 | 13 | 35,8 | 28 | 19 | 36 | S | — | 7,1 |
| Camelopard | 8 | | 37 | 69 | 19 | 9 | 91,0 | 67 | 25 | 53 | N | + | 7,1 |
| Stier | 8 | | 38 | 69 | 31 | 12 | 51,1 | 15 | 31 | 38 | — | + | 7,0 |
| Orion | 8 | | 39 | 69 | 53 | 5 | 48,1 | 6 | 35 | 30 | — | + | 6,9 |
| 19 Orion | 6-7 | | 44 | 70 | 59 | 46 | 48,4 | 7 | 26 | 34 | — | + | 6,5 |
| Orion | 7-8 | | 45 | 71 | 20 | 7 | 48,4 | 7 | 34 | 35 | — | + | 6,4 |
| Camelopard | 8 | | 46 | 71 | 24 | 15 | 78,9 | 60 | 6 | 40 | — | + | 6,4 |
| Orion | 8 | | 46 | 71 | 33 | 36 | 44,0 | 5 | 39 | 5 | S | — | 6,3 |
| Stier | 8 | | 48 | 71 | 54 | 7 | 50,7 | 14 | 13 | 52 | N | + | 6,2 |
| Orion | 8 | | 49 | 72 | 20 | 13 | 49,1 | 9 | 23 | 19 | — | + | 6,1 |
| Camelopard | 6 | | 59 | 74 | 43 | 0 | 134,9 | 77 | 55 | 26 | — | + | 5,3 |
| Orion | 8 | V | 1 | 75 | 18 | 18 | 41,8 | 11 | 54 | 31 | S | — | 5,1 |
| 66 Fuhrmann | 8 | | 6 | 76 | 33 | 15 | 58,9 | 33 | 45 | 32 | N | + | 4,7 |
| Grabstichel | 7-8 | | 7 | 76 | 40 | 2 | 31,7 | 36 | 3 | 44 | S | — | 4,6 |
| Orion | 8 | | 8 | 76 | 54 | 1 | 50,5 | 13 | 20 | 35 | N | + | 4,5 |
| Orion | 8 | | 9 | 77 | 20 | 40 | 46,7 | 2 | 18 | 2 | — | + | 4,4 |
| Orion | 8 | | 13 | 78 | 11 | 23 | 46,3 | 1 | 5 | 14 | — | + | 4,1 |
| Orion | 8 | | 15 | 78 | 39 | 20 | 45,0 | 2 | 41 | 32 | S | — | 3,9 |
| 110 - | 7-8 | | 19 | 79 | 46 | 40 | 43,0 | 8 | 33 | 3 | — | — | 3,6 |
| Stier | 8 | | 20 | 79 | 59 | 42 | 55,9 | 26 | 49 | 11 | N | + | 3,5 |
| Orion | 8 | | 29 | 82 | 18 | 0 | 44,1 | 5 | 19 | 11 | S | — | 2,7 |
| Taube | 8 | | 30 | 82 | 27 | 21 | 35,0 | 28 | 45 | 10 | — | — | 2,6 |
| Taube | 8 | | 31 | 82 | 41 | 28 | 34,9 | 28 | 57 | 37 | — | — | 2,5 |
| Orion | 8 | | 33 | 83 | 7 | 52 | 52,7 | 18 | 43 | 49 | N | + | 2,4 |
| Fuhrmann | 8 | | 37 | 84 | 13 | 58 | 58,2 | 31 | 42 | 24 | — | + | 2,0 |
| Orion | 8 | | 40 | 85 | 0 | 43 | 53,0 | 19 | 27 | 14 | — | + | 1,7 |
| 99 Camelopard | 7 | | 42 | 85 | 24 | 10 | 92,6 | 66 | 51 | 43 | — | + | 1,6 |
| Taube | 8 | | 45 | 86 | 13 | 41 | 31,4 | 35 | 57 | 52 | S | — | 1,3 |
| Orion | 8 | | 48 | 86 | 57 | 25 | 46,6 | 1 | 49 | 24 | N | + | 1,1 |

| | | Gerade Aufsteigung in Zeit | | Gerade Aufsteigung im Bogen | | | Jährliche Veränderung | Abweichung | | | | Jährliche Veränderung |
|---|---|---|---|---|---|---|---|---|---|---|---|---|
| | | St. | M. | Gr. | M. | S. | Sec. | G. | M. | S. | | Sec. |
| Orion | 8 | V | 51 | 87 | 49 | 17 | 52,3 | 17 | 39 | 7 | N | + 0,8 |
| Fuhrmann | 8 | | 54 | 88 | 36 | 51 | 61,6 | 38 | 5 | 11 | — | + 0,5 |
| 251 Orion | 6-7 | | 54 | 88 | 34 | 34 | 47,8 | 5 | 25 | 7 | — | + 0,5 |
| Orion | 8 | | 55 | 88 | 41 | 40 | 50,3 | 12 | 28 | 57 | — | + 0,5 |
| *L* Camelopard | 5 | | 57 | 89 | 11 | 50 | 99,1 | 69 | 21 | 52 | — | + 0,3 |
| 116 | 5-6 | | 58 | 89 | 25 | 27 | 80,7 | 60 | 2 | 0 | — | + 0,2 |
| Luchs | 7 | | 58 | 89 | 35 | 6 | 79,3 | 59 | 15 | 6 | — | + 0,2 |
| Grofse Hund | 7-8 | | 59 | 89 | 37 | 38 | 37,4 | 23 | 4 | 43 | S | — 0,1 |
| Fuhrmann | 8 | VI | 0 | 90 | 0 | 39 | 67,0 | 46 | 25 | 59 | N | — 0,0 |
| Zwillinge | 8 | | 2 | 90 | 28 | 46 | 54,8 | 24 | 1 | 39 | — | — 0,2 |
| Zwillinge | 8 | | 2 | 90 | 28 | 50 | 54,8 | 23 | 59 | 43 | — | — 0,2 |
| Orion | 8 | | 3 | 90 | 47 | 55 | 52,7 | 16 | 4 | 44 | — | — 0,3 |
| Fuhrmann | 8 | | 6 | 91 | 22 | 38 | 72,1 | 52 | 35 | 15 | — | — 0,5 |
| Einhorn | 8 | | 8 | 92 | 6 | 56 | 50,3 | 12 | 21 | 43 | — | — 0,7 |
| Luchs | 8 | | 9 | 92 | 17 | 2 | 78,6 | 58 | 50 | 23 | — | — 0,8 |
| Einhorn | 8 | | 12 | 93 | 5 | 44 | 47,3 | 3 | 50 | 52 | — | — 1,1 |
| 35 | 7-8 | | 13 | 93 | 17 | 41 | 47,6 | 4 | 41 | 14 | — | — 1,1 |
| Zwillinge | 8 | | 14 | 93 | 35 | 5 | 51,0 | 14 | 11 | 28 | — | — 1,2 |
| 38 | 8 | | 16 | 93 | 57 | 33 | 53,5 | 20 | 53 | 23 | — | — 1,4 |
| Luchs | 8 | | 17 | 94 | 11 | 18 | 79,6 | 59 | 19 | 33 | — | — 1,5 |
| Grofse Hund | 6 | | 17 | 94 | 17 | 29 | 31,1 | 36 | 36 | 2 | S | + 1,5 |
| Grofse Hund | 8 | | 20 | 94 | 54 | 29 | 33,4 | 32 | 2 | 53 | — | + 1,5 |
| Zwillinge | 8 | | 20 | 95 | 0 | 12 | 51,6 | 15 | 58 | 49 | N | — 1,5 |
| Zwillinge | 8 | | 24 | 96 | 4 | 34 | 51,8 | 16 | 35 | 36 | — | — 2,1 |
| Grofse Hund | 8 | | 29 | 97 | 22 | 28 | 33,5 | 32 | 3 | 29 | S | + 2,6 |
| Grofse Hund | 8 | | 30 | 97 | 33 | 46 | 39,5 | 18 | 1 | 2 | — | + 2,6 |
| Luchs | 8 | | 34 | 98 | 23 | 25 | 72,4 | 53 | 14 | 9 | N | — 2,9 |
| Fuhrmann | 8 | | 35 | 98 | 47 | 47 | 66,7 | 46 | 23 | 34 | — | — 3,1 |
| Hund | 8 | | 37 | 99 | 22 | 7 | 38,6 | 20 | 24 | 13 | S | + 3,2 |
| ρ Hund folgend | 8 | | 39 | 99 | 37 | 56 | 38,4 | 20 | 53 | 39 | — | + 3,3 |
| 2κ Hund folg. | 8 | | 42 | 100 | 30 | 44 | 33,5 | 32 | 19 | 12 | S | + 3,6 |
| Zwillinge | 8 | | 43 | 100 | 45 | 13 | 52,0 | 17 | 55 | 16 | N | — 3,7 |
| 60 Schiff folg. | 8 | | 41 | 100 | 57 | 1 | 32,6 | 34 | 2 | 52 | S | + 3,8 |
| Luchs | 8 | | 49 | 102 | 12 | 19 | 67,3 | 47 | 31 | 46 | N | — 4,2 |
| Grofse Hund | 8 | | 51 | 102 | 48 | 12 | 35,2 | 28 | 41 | 47 | S | + 4,4 |
| Luchs | 8 | | 52 | 102 | 55 | 41 | 69,0 | 49 | 45 | 25 | N | — 4,5 |
| Einhorn | 8 | | 53 | 103 | 21 | 0 | 48,0 | 2 | 44 | 37 | S | + 4,6 |
| Luchs | 8 | | 56 | 103 | 55 | 18 | 69,3 | 50 | 12 | 24 | N | — 4,8 |
| Zwillinge | 8 | | 57 | 104 | 8 | 23 | 51,4 | 15 | 50 | 25 | — | — 4,9 |
| Zwillinge | 8 | VII | 1 | 105 | 18 | 0 | 51,6 | 16 | 24 | 26 | — | — 5,3 |

| | | Gerade Aufsteigung in Zeit | Gerade Aufsteigung im Bogen | Jährliche Veränderung | Abweichung | Jährliche Veränderung |
|---|---|---|---|---|---|---|
| | | St. M. | Gr. M. S. | Sec. | G. M. S. | Sec. |
| Schiff | 8 | VII 2 | 105 22 31 | 37,0 | 24 53 35 S | + 5,4 |
| Camelopard | 8 | 2 | 105 35 35 | 79,4 | 60 2 16 N | − 5,4 |
| 47 Luchs | 6-7 | 2 | 105 36 52 | 78,8 | 59 35 45 — | − 5,5 |
| 2 kleine Hund | 7-8 | 3 | 105 41 26 | 49,7 | 11 1 7 — | − 5,3 |
| Kl. Hund | 8 | 4 | 105 55 30 | 48,7 | 8 21 55 — | − 5,4 |
| Luchs | 8 | 4 | 105 55 51 | 62,8 | 41 17 5 — | − 5,5 |
| *f* vorgeh. | 8 | 6 | 106 37 3 | 74,0 | 55 38 35 — | − 5,7 |
| 2 τ grosser Hund folg. | 8 | 11 | 107 43 45 | 37,2 | 24 35 50 S | + 6,1 |
| 124 Schiff | 6 | 12 | 107 57 49 | 27,8 | 43 37 39 — | + 6,2 |
| Zwillinge | 8 | 13 | 108 18 42 | 57,9 | 32 16 34 N | − 6,3 |
| 51 Luchs | 6 | 14 | 108 28 42 | 67,4 | 48 34 27 — | − 6,3 |
| Schiff | 8 | 15 | 108 38 7 | 34,2 | 31 39 36 S | + 6,4 |
| Zwillinge | 8 | 19 | 109 44 53 | 55,9 | 28 1 40 N | − 6,8 |
| 159 Einhorn | 7 | 20 | 109 55 37 | 43,6 | 7 9 21 S | + 6,8 |
| *n* Schiff vorgeh. | 6 | 26 | 111 27 46 | 38,0 | 23 2 48 — | + 7,3 |
| 29 kleine Hund | 7-8 | 26 | 111 28 45 | 48,0 | 6 17 36 N | − 7,3 |
| κ Markeb vorgeh. | 6 | 31 | 112 39 16 | 36,8 | 26 21 18 S | + 7,7 |
| Zwillinge | 8 | 32 | 112 58 20 | 54,4 | 24 42 25 N | − 7,8 |
| 113 Einhorn | 7-8 | 33 | 113 12 11 | 46,1 | 0 39 7 — | − 7,9 |
| 194 Schiff vorgeh. | 7 | 36 | 114 4 0 | 41,3 | 14 12 31 S | + 8,2 |
| 207 Zwillinge | 7-8 | 38 | 114 32 18 | 58,1 | 33 43 29 N | − 8,3 |
| Schiff | 7 | 39 | 114 45 34 | 32,0 | 37 27 6 S | + 8,4 |
| 179 Einhorn | 7 | 41 | 115 8 13 | 43,2 | 8 41 18 — | + 8,5 |
| 168 Camelopard | 7-8 | 42 | 115 25 36 | 85,2 | 65 16 4 N | − 8,6 |
| Zwillinge | 8 | 42 | 115 32 16 | 57,6 | 32 47 45 — | − 8,6 |
| Schiff | 8 | 43 | 115 42 9 | 40,4 | 17 51 19 S | + 8,7 |
| *l* Zwillinge | 6 | 44 | 115 59 37 | 52,6 | 20 24 2 N | − 8,8 |
| 51 kleine Hund | 7-8 | 46 | 116 35 59 | 48,8 | 9 9 54 — | − 9,0 |
| 71 Luchs | 7-8 | 47 | 116 46 10 | 71,1 | 54 40 1 — | − 9,0 |
| 2 Krebs | 7-8 | 47 | 116 46 19 | 51,4 | 17 2 46 — | − 9,0 |
| 3 | 7 | 48 | 117 6 2 | 50,3 | 13 46 32 — | − 9,1 |
| 217 Zwillinge | 7-8 | 49 | 117 16 53 | 52,5 | 20 21 11 — | − 9,2 |
| 218 | 8 | 50 | 117 36 15 | 52,5 | 20 16 50 — | − 9,3 |
| Krebs | 7-8 | 51 | 117 51 5 | 50,8 | 15 29 39 — | − 9,3 |
| Schiff | 8 | 51 | 117 51 55 | 38,5 | 22 48 40 S | + 9,4 |
| 189 Einhorn | 7-8 | 55 | 118 44 15 | 45,0 | 2 56 22 — | + 9,6 |
| 29 Krebs | 7 | 59 | 119 51 13 | 48,7 | 9 44 45 N | − 10,0 |
| Schiff | 8 | VIII 2 | 120 31 20 | 40,2 | 18 23 20 S | + 10,2 |
| 36 Krebs | 7-8 | 3 | 120 38 41 | 49,4 | 11 26 32 N | − 10,2 |
| Luchs | 6-7 | 3 | 120 41 37 | 70,3 | 54 44 57 — | − 10,2 |

| | | Gerade Aufsteigung in Zeit | Gerade Aufsteigung im Bogen | Jährliche Veränderung | Abweichung | Jährliche Veränderung |
|---|---|---|---|---|---|---|
| | | St. M. | Gr. M. S. | Sec. | G. M. S. | Sec. |
| Krebs | 8 | VIII 4 | 121 2 59 | 59,5 | 18 10 19 N | — 10,3 |
| 39 Krebs | 7-8 | 5 | 121 17 54 | 54,9 | 27 39 15 — | — 10,4 |
| Krebs | 8 | 5 | 121 20 31 | 48,9 | 10 0 37 — | — 10,4 |
| Krebs | 8 | 7 | 121 42 10 | 48 9 | 9 46 28 - | — 10,5 |
| Krebs | 7-8 | 8 | 121 53 3 | 48.8 | 9 45 44 — | — 10,6 |
| 49 Krebs | 6-7 | 9 | 122 9 53 | 52.5 | 21 22 4 — | — 10,7 |
| Krebs | 8 | 11 | 122 51 27 | 49,3 | 11 17 21 — | — 10,9 |
| 55 Krebs | 7-8 | 12 | 122 59 17 | 51,6 | 18 46 1 — | — 10 9 |
| 341 Schiff | 6 | 14 | 123 35 38 | 37,9 | 25 42 53 S | + 11,1 |
| Krebs | 8 | 14 | 123 37 1 | 55,0 | 28 42 19 N | — 11,1 |
| 64 Krebs | 8 | 15 | 123 47 33 | 48,3 | 8 12 23 N | — 11,1 |
| 67 | 6-7 | 16 | 123 54 45 | 49.8 | 13 18 15 — | — 11,2 |
| Krebs | 7-8 | 16 | 123 59 40 | 48,3 | 8 17 46 — | — 11,2 |
| 3. 1 ξ Schiffskompas | 6 | 16 | 124 6 12 | 38,7 | 23 24 17 S | + 11,2 |
| 212 Einhorn | 6 | 18 | 124 35 39 | 45,4 | 1 51 49 — | + 11 4 |
| 354 Schiff | 6 | 19 | 124 42 53 | 31,4 | 41 30 21 — | + 11,4 |
| 30 Krebs | 6 | 20 | 124 54 49 | 53,5 | 24 44 44 N | — 11,5 |
| „ | 6 | 21 | 125 16 46 | 52,2 | 21 6 36 - | — 11,6 |
| Buchdrucker W. | 8 | 22 | 125 36 1 | 40,4 | 18 50 20 S | + 11,7 |
| Buchdr. Werkstadt | 6 | 22 | 125 37 42 | 40,3 | 18 54 37 — | + 11,7 |
| Einhorn | 8 | 22 | 125 38 33 | 45,2 | 2 30 32 — | + 11,7 |
| Einhorn | 8 | 23 | 125 51 39 | 45,3 | 2 18 10 — | + 11,7 |
| 90 Krebs | 7-8 | 25 | 126 13 19 | 50,5 | 15 59 45 N | — 11,8 |
| 17 Wasserschlange | 7 | 25 | 126 14 43 | 46,9 | 3 25 21 — | — 11,8 |
| 18 - | 7 | 25 | 126 17 56 | 48,0 | 7 18 32 | — 11,8 |
| Krebs | 8 | 28 | 126 53 44 | 51,9 | 20 22 9 — | — 12,0 |
| Krebs | 8 | 28 | 126 54 37 | 51,8 | 20 17 4 — | — 12,0 |
| Kleine Löwe | 7 | 28 | 126 58 1 | 56,2 | 32 38 16 — | — 12,0 |
| Krebs | 8 | 28 | 127 2 34 | 52,0 | 20 46 51 — | - 12,1 |
| 98 Krebs | 7 | 28 | 127 5 9 | 51,8 | 20 14 9 — | — 12,1 |
| 14 Schiffscompas | 7 | 28 | 127 8 2 | 38,2 | 25 43 32 S | + 12,1 |
| ι Krebs | 7 | 29 | 127 14 15 | 51,8 | 20 14 30 N | — 12,1 |
| „ Schiffscompas | 6 | 29 | 127 19 23 | 38,3 | 25 33 44 S | + 12,1 |
| Krebs | 8 | 30 | 127 25 20 | 52,1 | 21 10 35 N | — 12,2 |
| 19 Schiffscompaſs | 6 | 31 | 127 51 9 | 37,2 | 28 51 25 S | + 12,3 |
| 27 Wasserschlange | 6 | 32 | 128 6 23 | 41,6 | 15 13 57 — | + 12,3 |
| 29 - | 6 | 33 | 128 11 21 | 47,0 | 4 6 28 N | — 12,4 |
| 121 Krebs | 7-8 | 34 | 128 31 16 | 51,5 | 19 32 0 — | — 12,5 |
| 31 Wasserschlange | 7 | 34 | 128 36 8 | 47,7 | 6 23 47 — | — 12,5 |
| 39 - | 6 | 37 | 129 16 32 | 45,6 | 1 10 22 S | + 12,7 |

| | | Gerade Aufsteigung in Zeit | Gerade Aufsteigung im Bogen | Jährliche Veränderung | Abweichung | Jährliche Veränderung |
|---|---|---|---|---|---|---|
| | | St. M. | Gr. M. S. | Sec. | G. M. S. | Sec. |
| *D* Schiff vorgehend | 5 | VIII 37 | 129 18 42 | 32,0 | 41 55 52 S | + 12,7 |
| Schiff | 8 | 38 | 129 23 30 | 32,1 | 41 53 48 — | + 12,7 |
| Krebs | 8 | 38 | 129 26 3 | 49,6 | 13 19 28 N | — 12,7 |
| Luchs | 8 | 38 | 129 31 47 | 63,3 | 48 18 39 - | — 12,7 |
| 138 Krebs | 7 | 39 | 129 49 44 | 51,1 | 18 44 16 — | — 12,8 |
| 139 - | 7 | 39 | 129 50 11 | 51,4 | 19 34 8 · | — 12,8 |
| Krebs | 8 | 40 | 129 53 55 | 51,1 | 18 46 9 — | — 12,8 |
| Schiff | 7 | 41 | 130 13 50 | 32,3 | 41 43 50 S | + 12,9 |
| μ Schiffs-Compas | 6 | 42 | 130 25 52 | 36,4 | 32 2 27 — | + 13,0 |
| 150 Krebs | 7-8 | 42 | 130 28 31 | 50,9 | 18 6 55 N | — 13,0 |
| 153 - | 7-8 | 43 | 130 36 53 | 51,7 | 20 42 51 - | — 13,0 |
| 155 - | 7-8 | 43 | 130 38 1 | 50,9 | 18 17 32 — | - 13,0 |
| 160 - | 6 | 44 | 131 1 19 | 50,8 | 17 59 0 — | — 13,1 |
| 51 ζ Wasserschlange | 4 | 45 | 131 12 8 | 47,7 | 6 41 55 — | — 13,2 |
| 166 Krebs | 8 | 45 | 131 21 51 | 50,9 | 18 14 22 - | — 13,2 |
| 2 α - | 4 | 48 | 131 52 54 | 49,3 | 12 37 22 — | — 13,4 |
| 180 4 ρ - | 6-7 | 50 | 132 27 45 | 54,0 | 28 40 51 — | — 13,5 |
| Wasserschlange | 8 | 50 | 132 27 30 | 45,5 | 1 46 40 S | + 13,5 |
| Wasserschlange | 8 | 51 | 132 47 17 | 45,5 | 1 47 2 — | + 13,6 |
| Wasserschlange | 8 | 51 | 132 48 34 | 47,6 | 6 25 44 N | 13,6 |
| 66 Wasserschlange | 8 | 51 | 132 51 41 | 45,7 | 0 41 59 S | + 13,6 |
| Einhorn | 8 | 52 | 133 2 22 | 44,0 | 7 35 35 | + 13,6 |
| Luchs | 8 | 53 | 133 16 42 | 57,8 | 39 13 42 N | — 13,7 |
| Einhorn | 8 | 54 | 133 32 18 | 42,4 | 13 39 16 S | + 13,8 |
| 195 Krebs | 7 | 55 | 133 48 35 | 50,1 | 16 3 59 N | + 13,8 |
| Krebs | 7 | 56 | 133 54 34 | 50,0 | 16 0 43 | — 13,9 |
| Krebs | 7-8 | 57 | 134 15 49 | 49,9 | 15 30 32 — | — 14,0 |
| 206 Krebs | 6-7 | 58 | 134 26 59 | 50,6 | 18 16 16 — | — 14,0 |
| 79 Wasserschlange | 8 | 58 | 134 28 21 | 45,5 | 1 40 36 S | + 14,0 |
| τ Schiffs-Compas | 5-6 | 59 | 134 48 57 | 39,3 | 25 3 30 - | + 14,1 |
| Schiffs-Compas | 7 | IX 0 | 134 58 34 | 39,3 | 25 2 10 S | + 14,1 |
| Schiffs-Compas | | 1 | 135 14 34 | 39,3 | 24 59 50 — | + 14,2 |
| *e* grofse Bär | 5 | 2 | 135 25 32 | 65,9 | 54 50 13 N | — 14,3 |
| Wasserschlange | 8 | 2 | 135 37 51 | 44,4 | 6 7 0 S | + 14,3 |
| Krebs | 8 | 3 | 135 41 43 | 52,7 | 25 49 54 N | 14,3 |
| 260 Einhorn | 7 | 3 | 135 42 7 | 41,1 | 18 56 13 S | + 14,3 |
| Wasserschlange | 7-8 | 3 | 135 44 15 | 47,0 | 4 38 24 N | - 14,3 |
| Wasserschlange | 7-8 | 4 | 135 52 54 | 42,3 | 14 36 15 S | + 14,4 |
| Wasserschlange | 7-8 | 5 | 136 8 35 | 42,5 | 13 52 27 — | + 14,4 |
| 220 Krebs | 7-8 | 5 | 136 17 55 | 50,9 | 19 37 6 N | — 14,5 |

| | | Gerade Aufsteigung | | | | | Jährliche Veränderung | Abweichung. | | | | Jährliche Veränderung |
|---|---|---|---|---|---|---|---|---|---|---|---|---|
| | | in Zeit | | im Bogen | | | | | | | | |
| | | St | M. | Gr. | M. | S. | Sec. | G. | M. | S. | | Sec. |
| Schiff | 6-7 | IX | 6 | 136 | 23 | 18 | 35,2 | 37 | 47 | 43 | S | + 14,5 |
| Wasserschlange | 8 | | 6 | 136 | 26 | 9 | 44,0 | 7 | 55 | 2 | — | + 14,5 |
| Wasserschlange | 6-7 | | 8 | 136 | 54 | 27 | 42,6 | 13 | 44 | 40 | — | + 14,6 |
| 458 *l* Schiff | 5 | | 8 | 136 | 55 | 57 | 35,3 | 37 | 44 | 37 | — | + 14,6 |
| 2 *K* Schiff | 6 | | 8 | 136 | 56 | 6 | 35,8 | 36 | 35 | 8 | — | + 14,6 |
| *q* Krebs | 7 | | 8 | 136 | 56 | 54 | 50,3 | 18 | 32 | 46 | N | — 14,6 |
| Schiff | 8 | | 8 | 136 | 58 | 6 | 35,7 | 36 | 48 | 8 | S | + 14,6 |
| 104 Wasserschlange | 7-8 | | 9 | 137 | 19 | 46 | 47,4 | 6 | 3 | 15 | N | — 14,7 |
| Wasserschlange | 7 | | 10 | 137 | 31 | 30 | 42,3 | 14 | 59 | 39 | S | + 14,7 |
| 106 Wasserschlange | 7 | | 10 | 137 | 34 | 57 | 46,2 | 1 | 1 | 19 | N | — 14,8 |
| 228 Krebs | 7-8 | | 10 | 137 | 35 | 25 | 40,3 | 13 | 57 | 20 | — | — 14,8 |
| Wasserschlange | 8 | | 11 | 137 | 38 | 40 | 43,8 | 8 | 46 | 5 | S | + 14,8 |
| Wasserschlange | 7 | | 11 | 137 | 51 | 46 | 42,4 | 14 | 46 | 11 | — | + 14,8 |
| 10 kl. Lowe | 6 | | 12 | 137 | 58 | 52 | 52,5 | 26 | 1 | 44 | N | — 14,9 |
| *x* Lowe | 5 | | 13 | 138 | 14 | 37 | 52,7 | 27 | 2 | 9 | — | — 14,9 |
| Grofse Bar | 8 | | 14 | 138 | 23 | 45 | 61,1 | 48 | 37 | 42 | — | — 15,0 |
| Wasserschlange | 7-8 | | 14 | 138 | 28 | 48 | 44,9 | 4 | 30 | 41 | S | + 15,0 |
| Wasserschlange | 7-8 | | 14 | 138 | 30 | 10 | 44,9 | 4 | 36 | 59 | — | + 15,0 |
| 2 Katze | 8 | | 14 | 138 | 31 | 14 | 41,0 | 20 | 11 | 20 | — | — 15,0 |
| 12 Lowe | 7 | | 14 | 138 | 36 | 30 | 50,1 | 17 | 26 | 25 | N | — 15,0 |
| Wasserschlange | 8 | | 15 | 138 | 43 | 26 | 47,1 | 5 | 8 | 22 | N | — 15,0 |
| Lowe | 8 | | 15 | 138 | 52 | 34 | 50,1 | 17 | 33 | 22 | — | — 15,0 |
| 109 Wasserschl. | 7-8 | | 15 | 138 | 53 | 37 | 44,6 | 5 | 32 | 53 | S | + 15,1 |
| Wasserschlange | 8 | | 19 | 139 | 44 | 43 | 45,5 | 1 | 52 | 59 | — | + 15,3 |
| Wasserschlange | 7 | | 19 | 139 | 48 | 48 | 45,6 | 1 | 20 | 17 | — | + 15,4 |
| 133 | 7-8 | | 21 | 140 | 13 | 48 | 44,9 | 4 | 47 | 28 | — | + 15,4 |
| 29 Lowe | 7-8 | | 22 | 140 | 23 | 19 | 53,1 | 29 | 14 | 46 | N | — 15,4 |
| 139 Wasserschlange | 7 | | 22 | 140 | 34 | 58 | 46,5 | 2 | 44 | 34 | — | — 15,5 |
| 2 Sextant | 8 | | 24 | 141 | 0 | 32 | 47,9 | 9 | 4 | 9 | — | — 15,6 |
| 36 Lowe | 6 7 | | 25 | 141 | 12 | 3 | 53,8 | 32 | 3 | 1 | — | — 15,6 |
| 149 Wasserschl. | 7-8 | | 27 | 141 | 50 | 17 | 46,5 | 2 | 35 | 10 | — | — 15,7 |
| Wasserschlange | 8 | | 28 | 141 | 59 | 32 | 46,5 | 2 | 43 | 53 | — | — 15,8 |
| *h* Uran. Sextant | 5-6 | | 28 | 142 | 0 | 5 | 47,2 | 5 | 32 | 46 | — | — 15,8 |
| 48 Lowe | 6 7 | | 30 | 142 | 25 | 48 | 53,6 | 32 | 10 | 43 | — | — 15,8 |
| 51 | 7 | | 31 | 142 | 44 | 30 | 53,2 | 31 | 0 | 55 | — | — 15,9 |
| Low | 6 | | 32 | 142 | 56 | 54 | 53,1 | 30 | 53 | 10 | — | — 16,0 |
| Uran. Sextant | 8 | | 33 | 143 | 15 | 51 | 46,7 | 3 | 32 | 5 | — | — 16,0 |
| Lowe | 8 | | 35 | 143 | 44 | 48 | 50,5 | 21 | 24 | 15 | — | — 16,1 |
| 21 Katze | 7 | | 35 | 143 | 51 | 12 | 41,2 | 21 | 50 | 25 | S | + 16,2 |
| Luftpumpe | 8 | | 36 | 143 | 57 | 48 | 40,0 | 26 | 42 | 54 | — | + 16,2 |

| | | Gerade Aufsteigung in Zeit | | Gerade Aufsteigung im Bogen | | | Jährliche Veränderung | Abweichung | | | | Jährliche Veränderung |
|---|---|---|---|---|---|---|---|---|---|---|---|---|
| | | St. | M. | Gr. | M. | S. | Sec. | G. | M | S. | | Sec. |
| 12 Uran. Sextant | 6-7 | IX | 36 | 144 | 0 | 58 | 46,5 | 2 | 42 | 16 | N | — 16,2 |
| Uran. Sextant | 8 | | 36 | 144 | 3 | 25 | 46,5 | 2 | 38 | 9 | — | — 16,2 |
| 116 - | 8 | | 38 | 144 | 33 | 59 | 44,6 | 6 | 19 | 21 | S | + 16,3 |
| φ grosse Bär | 4-5 | | 38 | 144 | 36 | 4 | 62,5 | 54 | 59 | 26 | N | - 16,3 |
| 70 Löwe | 7-8 | | 39 | 144 | 41 | 41 | 51 4 | 25 | 59 | 5 | — | — 16.3 |
| Löwe | 8 | | 39 | 144 | 46 | 48 | 48,5 | 12 | 2 | 9 | — | — 16,4 |
| Uran. Sextant | 7-8 | | 41 | 145 | 16 | 49 | 45,7 | 0 | 55 | 23 | S | + 16,4 |
| *d* - | 6 | | 43 | 145 | 38 | 56 | 44,5 | 7 | 10 | 12 | — | + 16,5 |
| Uran. Sextant | 7-8 | | 43 | 145 | 47 | 31 | 64,2 | 58 | 21 | 42 | N | — 16,6 |
| Uran. Sextant | 7-8 | | 44 | 145 | 52 | 45 | 44,1 | 8 | 58 | 5 | S | + 16,6 |
| Uran. Sextant | 7-8 | | 45 | 146 | 20 | 0 | 47,6 | 8 | 37 | 11 | [illegible] | — 16,7 |
| Uran. Sextant | 7-8 | | 45 | 146 | 21 | 22 | 43,9 | 10 | 5 | 39 | S | + 16,7 |
| Uran. Sextant | 7-8 | | 48 | 147 | 5 | 11 | 47,0 | 5 | 45 | 36 | N | — 16,8 |
| 38 - | 7-8 | | 51 | 147 | 42 | 48 | 45,5 | 2 | 14 | 4 | S | + 16,9 |
| *x* Löwe | 6-7 | | 52 | 147 | 54 | 30 | 50,4 | 22 | 54 | 30 | N | - 17,0 |
| 103 - | 7-8 | | 53 | 148 | 13 | 28 | 47,9 | 10 | 51 | 39 | — | - 17,0 |
| Uran. Sextant | 7-8 | | 53 | 148 | 18 | 23 | 46,8 | 4 | 55 | 54 | — | — 17,0 |
| *e* - | 6 | | 54 | 148 | 26 | 28 | 46,7 | 4 | 10 | 8 | — | - 17,0 |
| 179 Wasserschl. | 5-6 | | 55 | 148 | 50 | 44 | 43,7 | 12 | 6 | 1 | S | + 17,1 |
| Uran. Sextant | 8 | | 56 | 149 | 1 | 51 | 46,7 | 4 | 26 | 48 | N | — 17,2 |
| Löwe | 8 | X | 1 | 150 | 13 | 2 | 48,2 | 13 | 37 | 7 | — | — 17,7 |
| *K* grosse Bär | 5-6 | | 3 | 150 | 50 | 9 | 68,0 | 66 | 5 | 57 | — | — 17,5 |
| Camelopard | 8 | | 4 | 150 | 55 | 6 | 166,9 | 85 | 24 | 23 | — | - 17,5 |
| grosse Bär | 8 | | 7 | 151 | 39 | 21 | 71,9 | 69 | 55 | 27 | — | - 17,6 |
| 137 Löwe | 7-8 | | 8 | 151 | 55 | 31 | 48,2 | 13 | 37 | 7 | — | — 17.6 |
| 143 grosse Bär | 6 | | 9 | 152 | 15 | 22 | 54,6 | 42 | 50 | 56 | — | — 17,7 |
| Luftpumpe | 8 | | 15 | 153 | 17 | 48 | 41,0 | 28 | 33 | 13 | S | + 17.9 |
| 1 *b* Löwe | 6 | | 15 | 153 | 40 | 26 | 47.4 | 9 | 47 | 53 | N | — 17.9 |
| *k* Uran. Sextant | 5-6 | | 19 | 154 | 49 | 36 | 45,7 | 1 | 43 | 8 | S | + 18,1 |
| grosse Bär | 8 | | 21 | 155 | 21 | 46 | 56,0 | 50 | 22 | 16 | N | 18,2 |
| Wasserschlange | 8 | | 23 | 155 | 43 | 48 | 42,5 | 22 | 34 | 33 | S | + 18,2 |
| Luftpumpe | 8 | | 24 | 155 | 55 | 45 | 40,7 | 32 | 20 | 34 | — | + 18,3 |
| Luftpumpe | 8 | | 27 | 156 | 49 | 49 | 42,0 | 26 | 37 | 23 | — | + 18,4 |
| Wasserschlange | 8 | | 29 | 157 | 20 | 54 | 43,6 | 16 | 32 | 22 | | + 18,5 |
| Löwe | 8 | | 31 | 157 | 44 | 21 | 48,0 | 15 | 1 | 12 | [illegible] | - 18,5 |
| Kl. Löwe | 8 | | 35 | 158 | 41 | 0 | 50,4 | 31 | 40 | 39 | | — 18,6 |
| Luftpumpe | 8 | | 36 | 158 | 55 | 9 | 42,0 | 28 | 38 | 9 | S | + 18,7 |
| Wasserschlange | 8 | | 37 | 159 | 16 | 57 | 44.1 | 14 | 40 | 49 | — | + 18,7 |
| 187 grosse Bär | 8 | | 37 | 159 | 19 | 14 | 53,0 | 44 | 58 | 58 | N | — 18,7 |
| Sextant | 8 | | 40 | 160 | 2 | 49 | 45,0 | 7 | 56 | 2 | S | + 18,8 |

| | | Gerade Aufsteigung in Zeit | | Gerade Aufsteigung im Bogen | | | Jährliche Veränderung | Abweichung | | | | Jährliche Veränderung |
|---|---|---|---|---|---|---|---|---|---|---|---|---|
| | | St. | M | G. | M. | S. | Sec. | G. | M. | S | | Sec. |
| Sextant | 8 | X | 41 | 160 | 24 | 4 | 45,0 | 7 | 28 | 28 | S | + 18,9 |
| 252 Löwe | 6 | | 46 | 161 | 24 | 23 | 46,7 | 7 | 14 | 59 | N | – 19,0 |
| 258 - | 8 | | 48 | 161 | 59 | 2 | 48,4 | 22 | 34 | 39 | — | — 19,0 |
| 262 - | 7-8 | | 49 | 162 | 16 | 13 | 47,1 | 11 | 0 | 1 | — | — 19,1 |
| Löwe | 8 | | 51 | 162 | 42 | 36 | 47,6 | 16 | 5 | 56 | — | — 19,1 |
| 275 Löwe | 7-8 | | 52 | 163 | 1 | 37 | 47,0 | 10 | 14 | 47 | — | — 19,1 |
| Lowe | 8 | | 52 | 163 | 4 | 25 | 46,0 | 0 | 58 | 46 | — | — 19,2 |
| 279 Löwe | 7 | | 53 | 163 | 15 | 5 | 46,0 | 0 | 19 | 42 | — | — 19,2 |
| Grofse Bär | 8 | | 54 | 163 | 23 | 32 | 50,6 | 39 | 19 | 18 | — | — 19,2 |
| 283 Lowe | 7-8 | | 54 | 163 | 30 | 34 | 47,3 | 13 | 44 | 35 | — | — 19,2 |
| Lowe | 8 | | 56 | 163 | 56 | 30 | 46,7 | 8 | 12 | 56 | — | — 19,2 |
| *p* Kleine Löwe | 6-7 | | 56 | 164 | 4 | 28 | 48,7 | 26 | 36 | 58 | — | — 19,2 |
| 2*p* Löwe | 5-6 | | 57 | 164 | 10 | 23 | 46,2 | 3 | 2 | 24 | — | — 19,3 |
| 291 - | 7 8 | | 57 | 164 | 11 | 22 | 47,0 | 11 | 17 | 33 | – | — 19,3 |
| Grofse Bär | 8 | | 57 | 164 | 18 | 20 | 53,7 | 55 | 14 | 1 | — | — 19,3 |
| Löwe | 7 | | 58 | 164 | 30 | 55 | 45,8 | 0 | 49 | 19 | S | + 19,3 |
| 297 Löwe | 7-8 | | 58 | 164 | 31 | 18 | 47,7 | 18 | 17 | 24 | N | — 19,3 |
| Kleine Löwe | 8 | XI | 1 | 165 | 18 | 22 | 49,9 | 37 | 58 | 40 | — | — 19,4 |
| 336 Löwe | 7-8 | | 8 | 166 | 58 | 28 | 47,0 | 13 | 4 | 43 | — | — 19,5 |
| Wasserschlange | 8 | | 13 | 168 | 17 | 28 | 43,1 | 35 | 8 | 44 | S | + 19,6 |
| 275 Wasserschl. vorg. | 5-6 | | 22 | 170 | 35 | 34 | 44,2 | 28 | 10 | 4 | — | + 19,7 |
| Wasserschlange | 8 | | 23 | 170 | 39 | 4 | 44,0 | 29 | 52 | 4 | — | + 19,8 |
| Becher | 8 | | 23 | 170 | 51 | 54 | 45,6 | 5 | 25 | 56 | — | + 19,8 |
| Becher | 8 | | 24 | 171 | 2 | 41 | 45,7 | 4 | 25 | 23 | — | + 19,8 |
| 426 Löwe | 8 | | 27 | 171 | 44 | 52 | 46,4 | 7 | 22 | 33 | N | — 19,8 |
| 431 Löwe | 6 | | 28 | 172 | 2 | 40 | 45,9 | 1 | 19 | 44 | S | + 19,8 |
| Wasserschlange | 8 | | 28 | 172 | 6 | 43 | 41,2 | 32 | 29 | 54 | — | + 19,8 |
| Grofse Bär | 8 | | 31 | 172 | 46 | 35 | 48,3 | 42 | 20 | 55 | N | — 19,9 |
| Löwe | 8 | | 36 | 174 | 7 | 27 | 46,5 | 16 | 6 | 45 | – | — 19,9 |
| Jungfrau | 8 | | 45 | 176 | 8 | 55 | 45,9 | 0 | 19 | 12 | S | + 20,0 |
| 338 Grofse Bär | 6 | | 45 | 176 | 9 | 26 | 47,4 | 47 | 35 | 23 | N | — 20,0 |
| Jungfrau | 8 | | 45 | 176 | 17 | 21 | 46,0 | 2 | 12 | 43 | — | — 20,0 |
| Jungfrau | 8 | | 51 | 177 | 48 | 16 | 46,0 | 7 | 37 | 14 | | – 20,0 |
| Löwe | 8 | | 55 | 178 | 47 | 50 | 46,1 | 18 | 24 | 28 | — | — 20,0 |
| Rabe | 8 | XII | 3 | 180 | 49 | 48 | 46,0 | 20 | 31 | 15 | S | + 20,0 |
| *g* Jungfrau vorgh. | 7-8 | | 8 | 181 | 58 | 28 | 45,9 | 2 | 50 | 31 | — | + 20,0 |
| Berenice | 8 | | 8 | 181 | 58 | 39 | 45,7 | 19 | 32 | 57 | N | – 20,0 |
| *d* Berenice vorgh. | 6 | | 19 | 184 | 40 | 58 | 45,1 | 27 | 0 | 34 | — | — 20,0 |
| *l* vorgh. | 6-7 | | 25 | 186 | 15 | 51 | 45,2 | 19 | 18 | 56 | — | — 19,9 |
| Jungfrau | 8 | | 31 | 187 | 39 | 45 | 45,3 | 13 | 49 | 5 | — | — 19,8 |

| | | Gerade Aufsteigung in Zeit | Gerade Aufsteigung im Bogen | Jährliche Veränderung | Abweichung | Jährliche Veränderung |
|---|---|---|---|---|---|---|
| | | St. M. | Gr. M. S. | Sec. | G. M. S. | Sec. |
| Jagdhunde | 8 | XII 43 | 190 46 35 | 41,3 | 47 51 59 N | − 19,7 |
| Berenice | 8 | 53 | 193 19 22 | 43,8 | 24 16 51 — | − 19,5 |
| große Bär | 8 | XIII 4 | 196 4 15 | 38,6 | 52 57 48 — | − 19,2 |
| Jungfrau | 8 | 8 | 196 56 22 | 44,4 | 14 49 20 — | − 19,1 |
| Wasserschlange | 8 | 11 | 197 41 24 | 46,9 | 18 26 4 S | + 19,1 |
| Große Bär | 6 | 16 | 198 57 58 | 36,3 | 55 58 15 N | − 18,9 |
| Jungfrau | 8 | 18 | 199 30 6 | 45,9 | 0 13 28 — | − 18,9 |
| Jungfrau | 8 | 19 | 199 40 4 | 43,9 | 16 44 58 — | − 18,9 |
| Jungfrau | 8 | 37 | 204 14 39 | 46,7 | 5 41 56 S | + 18,3 |
| Jungfrau | 8 | 40 | 204 59 3[illegible] | 49,0 | 19 59 7 — | + 18,1 |
| Jungfrau | 8 | 44 | 205 52 38 | 43,8 | 13 44 8 — | − 18,0 |
| Bootes | 8 | 49 | 207 17 42 | 43,4 | 15 32 29 N | − 17,8 |
| 384 π Wasserschlange vorg. | 8 | 55 | 208 44 28 | 50,5 | 25 36 49 S | + 17,6 |
| Jungfrau | 8 | XIV 0 | 209 54 45 | 43,9 | 11 12 25 N | − 17,4 |
| Einsiedler | 8 | 27 | 216 39 3 | 50,8 | 22 17 13 S | + 16,1 |
| Wolff | 8 | 41 | 220 10 18 | 54,2 | 32 47 38 — | + 15,3 |
| Bootes | 8 | 49 | 222 11 58 | 43,5 | 10 18 34 N | − 14,8 |
| Waage | 8 | 53 | 223 14 34 | 47,5 | 6 46 36 S | + 14,6 |
| Bootes | 8 | 55 | 223 47 4 | 38,9 | 26 49 48 N | − 14,5 |
| Waage | 8 | 57 | 224 18 30 | 48,7 | 11 16 7 S | + 14,3 |
| Kleine Bär | 8 | 59 | 224 46 0 | 5,5 | 71 23 57 N | − 14,2 |
| Waage | 8 | XV 0 | 225 3 52 | 49,0 | 12 17 6 S | + 14,1 |
| Drache | 8 | 3 | 225 47 45 | 22,6 | 58 25 36 N | − 14,0 |
| τ Waage | 6 | 3 | 225 49 23 | 50,3 | 17 0 36 S | + 13,9 |
| ι | 4-5 | 13 | 228 20 33 | 48,4 | 9 36 31 — | + 13,5 |
| Waage | 8 | 14 | 228 38 3 | 51,6 | 20 39 55 — | + 13,2 |
| Drache | 7-8 | 15 | 228 52 58 | 24,7 | 54 38 58 N | − 13,2 |
| Waage | 8 | 20 | 229 58 2 | 50,1 | 15 8 58 S | + 12,9 |
| 21 Schlange | 6 7 | 20 | 230 0 3 | 41,2 | 17 5 31 N | − 12 9 |
| Waage | 7-8 | 26 | 231 31 53 | 54,1 | 27 32 4 S | + 12,5 |
| 72 ℓ Wolff | 5-6 | 27 | 231 46 25 | 56 4 | 33 44 44 — | + 12,4 |
| Wolff | 8 | 27 | 231 46 51 | 61,1 | 45 57 13 — | + 12,4 |
| Schlange | 8 | 28 | 232 6 4 | 41,0 | 17 11 56 N | − 12,3 |
| Scorpion | 7-8 | 31 | 252 47 34 | 53,3 | 24 45 51 S | + 12,1 |
| Schlange | 8 | 34 | 233 25 4[illegible] | 45,0 | 3 5 8 N | − 11,9 |
| Drache | 8 | 36 | 234 7 13 | 8,7 | 66 29 39 — | − 11,7 |
| Schlange | 8 | 37 | 234 18 0 | 41,2 | 16 9 36 | − 11,7 |
| δ Waage | 5 | 42 | 235 36 49 | 50,7 | 16 7 47 S | + 11,3 |
| ξ Wolff vorgehend. | 5 | 44 | 236 1 56 | 56,8 | 33 1 59 — | + 11,2 |
| folgend | 5-6 | 44 | 236 2 25 | 56,8 | 33 21 52 — | + 11,2 |

| | | Gerade Aufsteigung in Zeit | | Gerade Aufsteigung im Bogen | | | Jährliche Veränderung | Abweichung | | | | Jährliche Veränderung |
|---|---|---|---|---|---|---|---|---|---|---|---|---|
| | | St. | M. | Gr. | M. | S. | Sec. | G. | M. | S | | Sec. |
| Schlange | 8 | XV | 45 | 236 | 17 | 31 | 43,2 | 9 | 10 | 59 | N | — 11,1 |
| γ Schlange | 3-4 | | 47 | 236 | 48 | 16 | 41,0 | 16 | 19 | 40 | - | — 11,0 |
| Wolff | 8 | | 49 | 237 | 8 | 1 | 57,7 | 34 | 52 | 43 | S | + 10,6 |
| Ophiuchus | 8 | | 52 | 237 | 58 | 41 | 48,3 | 7 | 55 | 28 | — | + 10,6 |
| Ophiuchus | 8 | | 52 | 238 | 7 | 18 | 48,3 | 7 | 54 | 44 | — | + 10,6 |
| 2 ω Scorpion | 4-5 | | 56 | 238 | 55 | 21 | 52,3 | 20 | 18 | 50 | — | + 10,3 |
| κ Hercules folgend | 7 | | 59 | 239 | 45 | 54 | 40,5 | 17 | 35 | 38 | N | — 10,1 |
| 1 c Scorpion | 6 | XVI | 0 | 239 | 58 | 50 | 55,1 | 27 | 52 | 56 | S | + 10,0 |
| 83 | 7 | | 2 | 240 | 28 | 58 | 52,6 | 20 | 52 | 33 | — | + 9,9 |
| ρ Scorpion folg. | 6 | | 7 | 241 | 43 | 47 | 56,3 | 39 | 24 | 23 | — | + 9,5 |
| Hercules | 8 | | 8 | 242 | 1 | 12 | 39,7 | 19 | 21 | 1 | N | — 9,4 |
| 101 Scorpion | 8 | | 8 | 242 | 6 | 9 | 52,2 | 19 | 33 | 33 | S | + 9,4 |
| Scorpion | 8 | | 9 | 242 | 12 | 13 | 52,2 | 19 | 37 | 18 | — | + 9,3 |
| Wolff | 6-7 | | 10 | 242 | 37 | 33 | 60,2 | 38 | 42 | 31 | — | + 9,2 |
| 12 g Ophiuchus | 6-7 | | 13 | 243 | 21 | 23 | 53,5 | 22 | 59 | 4 | - | + 9,0 |
| g Ophiuchus folg. | 6-7 | | 14 | 243 | 24 | 13 | 53,5 | 22 | 55 | 59 | — | + 9,0 |
| Scorpion | 8 | | 18 | 244 | 27 | 45 | 54,2 | 24 | 41 | 30 | - | + 8,6 |
| φ Scorpion | 4-5 | | 20 | 244 | 55 | 31 | 51,2 | 16 | 9 | 45 | — | + 8,5 |
| h Hercules | 4-5 | | 23 | 245 | 48 | 46 | 42,1 | 11 | 55 | 46 | N | — 8,0 |
| 98 | 6 | | 26 | 246 | 25 | 23 | 34,9 | 30 | 55 | 43 | — | — 8,0 |
| Ophiuchus | 8 | | 26 | 246 | 31 | 59 | 47,8 | 5 | 52 | 25 | S | + 8,0 |
| Ophiuchus | 8 | | 29 | 247 | 12 | 16 | 48,2 | 7 | 6 | 12 | — | + 7,8 |
| 106 Drachen | 6 | | 30 | 247 | 24 | 33 | 12,2 | 61 | 14 | 45 | N | — 7,7 |
| Hercules | 8 | | 30 | 247 | 30 | 54 | 41,5 | 13 | 26 | 42 | — | — 7,7 |
| Schlange | 8 | | 31 | 247 | 40 | 32 | 46,7 | 2 | 25 | 51 | S | + 7,6 |
| Scorpion | 8 | | 37 | 249 | 13 | 45 | 62,5 | 41 | 27 | 54 | — | + 7,1 |
| Scorpion | 8 | | 37 | 249 | 18 | 13 | 60,5 | 37 | 53 | 26 | — | + 7,1 |
| r Ophiuchus | 5 | | 39 | 249 | 41 | 36 | 49,4 | 10 | 24 | 54 | - | + 6,9 |
| Scorpion | 8 | | 40 | 250 | 4 | 39 | 62,8 | 41 | 28 | 14 | — | + 6,8 |
| Drache | 8 | | 42 | 250 | 35 | 2 | 14,4 | 59 | 1 | 6 | N | - 6,7 |
| 172 Hercules | 5 | | 45 | 251 | 20 | 44 | 34,1 | 32 | 2 | 29 | — | — 6,4 |
| Drache | 8 | | 46 | 251 | 35 | 45 | 22,3 | 51 | 6 | 42 | - | — 6,3 |
| 90 Ophiuchus | 7 | | 48 | 252 | 1 | 32 | 52,1 | 17 | 55 | 22 | S | + 6,2 |
| ι Hercules | 3 | | 53 | 253 | 9 | 37 | 34,3 | 31 | 13 | 48 | N | — 5,9 |
| Ophiuchus | 8 | | 55 | 253 | 47 | 46 | 50,1 | 12 | 7 | 35 | S | + 5,6 |
| Hercules | 7-8 | | 55 | 253 | 47 | 47 | 38,9 | 19 | 58 | 53 | N | — 5,6 |
| Ophiuchus | 7 | XVII | 0 | 254 | 56 | 13 | 55,7 | 26 | 46 | 37 | S | + 5,2 |
| 142 | 6 | | 2 | 255 | 26 | 52 | 55,7 | 26 | 43 | 46 | — | + 5,0 |
| Ophiuchus | 7-8 | | 3 | 255 | 44 | 49 | 53,3 | 20 | 43 | 17 | — | + 4,9 |
| μ Scorpion | 5-6 | | 4 | 256 | 0 | 49 | 58,2 | 32 | 25 | 12 | — | + 4,8 |

| | | Gerade Aufsteigung in Zeit | Gerade Aufsteigung im Bogen | | | Jährliche Veränderung | Abweichung | | | Jährliche Veränderung |
|---|---|---|---|---|---|---|---|---|---|---|
| | | St. M. | Gr. | M. | S. | Sec. | G. | M. | S. | Sec. |
| Hercules | 8 | XVII 5 | 256 | 18 | 24 | 40,8 | 14 | 47 | 44 N | — 4,7 |
| • Ophiuchus folg. | 7 | 6 | 256 | 27 | 18 | 54,6 | 24 | 2 | 59 S | + 4,7 |
| 159 • Ophiuchus | 4-5 | 6 | 256 | 35 | 11 | 46,0 | 0 | 12 | 25 — | + 4,6 |
| • Hercules | 3 | 8 | 257 | 1 | 15 | 31,2 | 37 | 2 | 37 N | — 4,5 |
| | 8 | 8 | 257 | 1 | 27 | 55,6 | 26 | 19 | 41 S | + 4,5 |
| 165 Ophiuchus | 7-8 | 8 | 257 | 6 | 13 | 46,8 | 2 | 34 | 56 — | + 4,5 |
| 167 | 8 | 9 | 257 | 13 | 39 | 46,8 | 2 | 31 | 35 — | + 4,4 |
| Ophiuchus | 8 | 9 | 257 | 15 | 18 | 55,6 | 26 | 17 | 0 — | + 4,4 |
| Ophiuchus | 8 | 10 | 257 | 26 | 19 | 50,4 | 12 | 51 | 56 — | + 4,4 |
| Ophiuchus | 8 | 11 | 257 | 43 | 10 | 55,0 | 24 | 53 | 21 — | + 4,3 |
| Ophiuchus | 8 | 11 | 257 | 47 | 7 | 42,6 | 9 | 38 | 10 N | — 4,2 |
| 48 Altar | 6 | 12 | 258 | 1 | 35 | 65,9 | 45 | 38 | 40 S | + 4,2 |
| 187 Ophiuchus | 7-8 | 12 | 258 | 5 | 18 | 42,5 | 9 | 56 | 41 N | — 4,1 |
| Ophiuchus | 8 | 13 | 258 | 15 | 8 | 49,1 | 9 | 9 | 20 S | + 4,1 |
| Scorpion | 8 | 14 | 258 | 23 | 31 | 56,1 | 27 | 24 | 11 — | + 4,0 |
| Ophiuchus | 8 | 15 | 258 | 41 | 3 | 53,6 | 21 | 16 | 39 — | + 3,9 |
| Ophiuchus | 8 | 15 | 258 | 41 | 37 | 53,5 | 21 | 13 | 19 — | + 3,9 |
| ν Scorpion | 3-4 | 17 | 259 | 17 | 31 | 60,8 | 37 | 7 | 5 — | + 3,7 |
| 214 Ophiuchus | 6 | 19 | 259 | 39 | 25 | 45,7 | 0 | 30 | 22 N | — 3,6 |
| Ophiuchus | 8 | 21 | 260 | 8 | 43 | 46,8 | 2 | 39 | 55 S | + 3,4 |
| *f* vorgeh. | 7-8 | 25 | 261 | 16 | 39 | 42,5 | 9 | 43 | 22 N | — 3,0 |
| Hercules | 8 | 29 | 262 | 13 | 43 | 38,4 | 20 | 43 | 39 — | — 2,7 |
| o Schlange | 4-5 | 30 | 262 | 32 | 33 | 50,4 | 12 | 45 | 1 S | + 2,6 |
| Ophiuchus | 8 | 30 | 262 | 37 | 4 | 41,2 | 13 | 24 | 24 N | — 2,6 |
| 319 Hercules | 8 | 33 | 263 | 20 | 49 | 39,7 | 17 | 20 | 15 — | — 2,3 |
| Ophiuchus | 7-8 | 34 | 263 | 38 | 15 | 45,0 | 2 | 40 | 43 — | — 2,2 |
| 276 Ophiuchus | 7 | 35 | 263 | 47 | 16 | 41,0 | 13 | 52 | 54 — | — 2,2 |
| Ophiuchus | 8 | 36 | 263 | 56 | 20 | 43,9 | 5 | 48 | 39 — | — 2,1 |
| Ophiuchus | 8 | 36 | 264 | 5 | 38 | 43,9 | 5 | 45 | 3 — | — 2,1 |
| Hercules | 4 | 39 | 264 | 39 | 27 | 35,4 | 27 | 50 | 47 — | — 1,9 |
| 341 Hercules | 6 | 41 | 265 | 10 | 35 | 36,3 | 25 | 41 | 59 N | — 1,7 |
| 344 | 7 | 41 | 265 | 22 | 2 | 29,1 | 40 | 2 | 53 — | — 1,6 |
| 306 Ophiuchus | 7-8 | 44 | 265 | 55 | 23 | 46,5 | 1 | 33 | 48 S | + 1,4 |
| Schlange | 8 | 45 | 266 | 19 | 37 | 51,5 | 15 | 38 | 22 — | + 1,3 |
| 8 Poniat. Stier | 7-8 | 46 | 266 | 32 | 37 | 44,1 | 5 | 12 | 10 N | — 1,2 |
| Poniat. Stier | 8 | 47 | 266 | 45 | 0 | 44,2 | 5 | 1 | 23 — | — 1,1 |
| ζ Schlange | 5 | 50 | 267 | 28 | 44 | 47,2 | 3 | 39 | 49 S | + 0,9 |
| Schlange | 8 | 50 | 267 | 35 | 53 | 54,0 | 24 | 14 | 17 — | + 0,8 |
| 24 Schütze | 7 | 51 | 267 | 40 | 25 | 53,5 | 20 | 43 | 11 — | + 0,8 |
| 2. γ | 4 | 53 | 268 | 14 | 19 | 57,7 | 30 | 24 | 32 — | + 0,6 |

| | | Gerade Aufsteigung in Zeit | Gerade Aufsteigung im Bogen | Jährliche Veränderung | Abweichung | Jährliche Veränderung |
|---|---|---|---|---|---|---|
| | | St. M. | Gr. M. S. | Sec. | G. M. S. | Sec. |
| β Hercules | 4 | XVII 53 | 268 15 12 | 38,0 | 21 36 27 N | − 0,6 |
| β Hercules folgend | | 53 | 268 15 18 | 38,0 | 21 36 29 — | − 0,6 |
| Schütze | 8 | 54 | 268 31 38 | 56,7 | 28 21 50 S | + 0,5 |
| p Ophiuchus | 4-5 | 55 | 268 50 14 | 45,0 | 2 33 30 N | − 0,4 |
| Poniat. Stier | 8 | 58 | 269 23 20 | 43,6 | 6 41 39 — | − 0,2 |
| Drache | 6-7 | 58 | 269 23 36 | − 41,2 | 77 3 33 — | − 0,2 |
| Poniatowsk. Stier | 8 | 58 | 269 30 12 | 42,6 | 9 28 58 — | − 0,2 |
| 150 Drache | 6 | 58 | 269 36 23 | − 40,6 | 76 58 41 — | − 0,1 |
| ι Hercules vorg. | 7 | XVIII 0 | 269 56 25 | 36,1 | 26 4 40 — | − 0,0 |
| 413 Hercules | 5 | 0 | 270 3 3 | 38,3 | 20 47 41 — | + 0,0 |
| Hercules | 6 | 0 | 270 3 50 | 38,6 | 20 1 30 — | + 0,0 |
| 1 μ Schütze | 3-4 | 2 | 270 27 0 | 53,6 | 21 5 45 S | − 0,1 |
| 56 Schütze | 6 | 2 | 270 33 53 | 53,9 | 21 45 5 — | − 0,2 |
| Drache | 7 | 3 | 270 41 51 | − 14,4 | 71 37 36 N | + 0,2 |
| Poniat. Stier | 7-8 | 4 | 271 7 41 | 42,6 | 9 23 53 — | + 0,4 |
| Schütze | 7 | 6 | 271 26 4 | 52,6 | 18 31 7 S | − 0,5 |
| 33 Poniat. Stier | 7-8 | 8 | 271 55 24 | 41,7 | 12 0 32 N | + 0,7 |
| δ Schütze | 3-4 | 8 | 272 2 43 | 57,4 | 29 53 47 S | − 0,7 |
| Poniat. Stier | 7-8 | 9 | 272 8 16 | 41,7 | 11 48 51 N | + 0,7 |
| — — | 8 | 11 | 272 41 47 | 59,6 | 34 25 2 S | − 0,9 |
| η Schlange | 4 | 11 | 272 44 23 | 46,9 | 2 56 18 S | − 1,0 |
| Schlange | 8 | 13 | 273 22 18 | 46,3 | 1 14 8 — | − 1,2 |
| μ Cepheus | 5 | 15 | 273 44 32 | − 66,9 | 79 57 28 N | + 1,3 |
| b | 5 | 15 | 273 46 13 | − 66,9 | 79 57 39 — | + 1,3 |
| Poniatow. Stier | 8 | 15 | 273 49 51 | 44,2 | 4 59 13 — | + 1,3 |
| Schütze | 8 | 16 | 273 58 21 | 59,0 | 33 9 39 S | − 1,4 |
| 95 | 6 | 18 | 274 36 30 | 52,7 | 18 50 27 — | − 1,6 |
| Hercules | 8 | 18 | 274 36 35 | 36,0 | 26 21 11 N | + 1,6 |
| Hercules | 7-8 | 19 | 274 39 27 | 36,0 | 26 20 23 — | + 1,6 |
| Schütze | 8 | 21 | 275 14 30 | 58,9 | 33 5 34 S | − 1,8 |
| Drache | 8 | 22 | 275 26 14 | 7,3 | 62 40 8 N | + 1,9 |
| φ | 5 | 24 | 275 54 7 | − 12,7 | 71 13 44 — | + 2,0 |
| 39 q Poniat. Stier | 6 | 24 | 275 58 47 | 49,8 | 11 7 9 S | − 2,1 |
| 121 Schütze | 6-7 | 27 | 276 44 20 | 53,6 | 21 12 7 — | − 2,3 |
| 62 Poniat. Stier | 7-8 | 28 | 276 57 45 | 42,0 | 11 15 57 N | + 2,4 |
| Poniatowsk. Stier | 8 | 28 | 276 59 29 | 42,0 | 11 11 55 — | + 2,4 |
| o Adler | 5 | 31 | 277 49 45 | 49,1 | 9 13 44 S | − 2,4 |
| 72 Poniat. Stier | 8 | 32 | 278 2 33 | 41,7 | 12 3 32 N | + 2,8 |
| Poniat. Stier | 7-8 | 33 | 278 7 53 | 41,7 | 12 4 36 — | + 2,8 |
| Poniat. Stier | 7-8 | 34 | 278 33 56 | 43,0 | 8 26 19 — | + 3,0 |

| | | Gerade Aufsteigung in Zeit | Gerade Aufsteigung im Bogen | | | Jährliche Veränderung | Abweichung | | | Jährliche Veränderung |
|---|---|---|---|---|---|---|---|---|---|---|
| | | St. M. | Gr | M. | S. | Sec. | G. | M. | S. | Sec. |
| δ kleine Bär | 3 | XVIII 37 | 279 | 10 | 30 | —283,0 | 86 | 33 | 43 N | + 3,2 |
| Leyer | 7-8 | 40 | 279 | 58 | 10 | 35,2 | 28 | 26 | 0 — | + 3,5 |
| Leyer | 8 | 41 | 280 | 15 | 13 | 33,3 | 32 | 33 | 48 — | + 3,6 |
| Drache | 8 | 42 | 280 | 34 | 7 | 9,3 | 61 | 43 | 44 — | + 3,7 |
| 1. υ Leyer | 6 | 42 | 280 | 34 | 52 | 33,3 | 32 | 35 | 29 — | + 3,7 |
| Drache | 8 | 43 | 280 | 45 | 55 | — 17,5 | 72 | 45 | 37 — | + 3,7 |
| 82 kleine Bär | 6-7 | 44 | 281 | 6 | 0 | —320,5 | 86 | 55 | 50 — | + 3,8 |
| *O* Poniat. Stier | 6 | 46 | 281 | 25 | 28 | 43,7 | 6 | 22 | 40 — | + 4,0 |
| θ Schlange folg. | 5 | 46 | 281 | 34 | 27 | 44,6 | 3 | 57 | 18 — | + 4,0 |
| *K* Sobiesk. Schild | 6 | 46 | 281 | 35 | 12 | 48,0 | 6 | 5 | 33 — | — 4,0 |
| Leyer | 8 | 47 | 281 | 43 | 24 | 27,4 | 43 | 28 | 31 N | + 4,6 |
| ο Drache | 5 | 48 | 282 | 3 | 37 | 13,1 | 59 | 8 | 52 — | + 4,7 |
| Adler | 8 | 50 | 282 | 31 | 43 | 40,7 | 14 | 52 | 5 — | + 4,8 |
| ι - | 4 | 51 | 282 | 38 | 4 | 40,8 | 14 | 48 | 30 — | + 4,4 |
| λ Leyer | 6 | 52 | 283 | 7 | 1 | 33 8 | 31 | 52 | 30 — | + 4,5 |
| *l* Drache | 5-6 | 53 | 283 | 11 | 5 | — 27,8 | 75 | 11 | 28 — | + 4,6 |
| Adler | 8 | 54 | 283 | 33 | 11 | 42,8 | 9 | 5 | 16 — | + 4,7 |
| Leyer | 8 | 55 | 283 | 48 | 38 | 30,8 | 37 | 31 | 52 — | + 4,8 |
| Leyer | 7 | 57 | 284 | 18 | 58 | 34,5 | 30 | 26 | 31 — | + 4,9 |
| *m* Drache | 6 | XIX 0 | 285 | 6 | 19 | 20,2 | 53 | 5 | 44 — | + 5,2 |
| Leyer | 7-8 | 2 | 285 | 24 | 46 | 34,7 | 30 | 15 | 10 — | + 5,3 |
| Leyer | 7-8 | 3 | 285 | 50 | 52 | 36,3 | 26 | 24 | 57 — | + 5,5 |
| 70 Adler | 7-8 | 7 | 286 | 42 | 2 | 43,8 | 6 | 15 | 20 — | + 5,7 |
| Adler | 8 | 8 | 287 | 7 | 22 | 44,3 | 4 | 46 | 50 — | + 5,9 |
| Adler | 7-8 | 10 | 287 | 36 | 18 | 44,4 | 4 | 25 | 30 — | + 6,0 |
| 14 Fuchs | 7-8 | 12 | 288 | 5 | 22 | 38,3 | 21 | 50 | 5 — | + 6,0 |
| 100 Adler | 7-8 | 15 | 288 | 41 | 27 | 45,4 | 1 | 27 | 21 — | + 6,0 |
| 242 Drache | 8 | 15 | 288 | 43 | 30 | 9,0 | 62 | 50 | 50 — | + 6,4 |
| 9 Cepheus | 5-6 | 16 | 289 | 5 | 31 | — 31,1 | 76 | 13 | 14 — | + 6,4 |
| 186 Leyer | 7 | 17 | 289 | 13 | 52 | 32,1 | 36 | 3 | 56 — | + 6,6 |
| 172 - | 5-6 | 19 | 289 | 44 | 13 | 32,3 | 35 | 55 | 30 — | + 6,8 |
| Leyer | 7 | 22 | 290 | 34 | 7 | 32,4 | 35 | 52 | 31 — | + 7,0 |
| β Schwan folg. | 7-8 | 23 | 290 | 40 | 10 | 36,1 | 27 | 30 | 18 — | + 7,1 |
| 176 Leyer | 6-7 | 24 | 290 | 53 | 10 | 32,4 | 35 | 48 | 57 — | + 7,0 |
| Antinous | 8 | 26 | 291 | 26 | 38 | 47,0 | 3 | 14 | 5 S | — 7,3 |
| 131 Antinous | 7-8 | 26 | 291 | 26 | 32 | 46,0 | 0 | 10 | 46 — | — 7,3 |
| Antinous | 8 | 27 | 291 | 44 | 49 | 46,2 | 0 | 55 | 37 — | — 7,4 |
| 139 Antinous | 7-8 | 27 | 291 | 49 | 16 | 46,1 | 0 | 33 | 58 — | — 7,4 |
| Schwan | 7-8 | 29 | 292 | 11 | 15 | 33,0 | 34 | 46 | 38 N | + 7,6 |
| 55 Schwan | 7 | 31 | 292 | 39 | 36 | 33,1 | 34 | 48 | 59 — | + 7,7 |

| | | Gerade Aufsteigung im Zeit | Gerade Aufsteigung im Bogen | Jährliche Veränderung | Abweichung | Jährliche Veränderung |
|---|---|---|---|---|---|---|
| | | St. M. | Gr. M. S. | Sec. | G. M. S. | Sec. |
| Adler | 7-8 | XIX 35 | 293 13 26 | 34,9 | 30 57 2N | + 7,9 |
| Adler | 8 | 35 | 293 49 12 | 41,8 | 12 45 41 — | + 8,1 |
| c Schwan folg. | 6-7 | 37 | 294 7 53 | 24,1 | 50 3 36 — | + 8,2 |
| Schwan | 8 | 38 | 294 35 0 | 32,9 | 35 36 34 — | + 8,3 |
| 187 Adler folg. | 7 | 40 | 295 57 1 | 48,7 | 8 44 39 S | — 8,6 |
| Pfeil | 7 | 42 | 296 30 59 | 39,6 | 19 32 27 N | + 8,9 |
| Adler | 7-8 | 48 | 297 6 49 | 42,5 | 10 53 16 — | + 9,1 |
| ι Drachen | 5-6 | 49 | 297 11 37 | — 2 3 | 69 45 31 — | + 9,1 |
| 206 Adler | 8 | 50 | 297 36 46 | 43,8 | 6 45 5 — | + 9,3 |
| 35 Pfeil | 7-8 | 55 | 298 48 4 | 40,5 | 17 10 50 — | + 9,6 |
| Antinous | 8 | 56 | 299 0 56 | 48,8 | 9 28 34 S | — 9,7 |
| ν Pfeil | 6 | 56 | 299 4 8 | 39,7 | 19 25 39 N | + 9,7 |
| 224 Antinous | 7-8 | 58 | 299 24 17 | 45,4 | 1 52 31 — | + 9,8 |
| Adler | 8 | 59 | 299 44 24 | 43,0 | 9 28 53 — | + 9,9 |
| 37 Pfeil | 7-8 | 59 | 299 52 12 | 39,7 | 19 38 50 — | + 10,0 |
| 4 *h* Steinbock | 7 | XX 0 | 300 4 34 | 48,9 | 9 25 21 S | — 10,0 |
| Antinous | 7-8 | 0 | 300 6 26 | 48,0 | 6 40 4 — | — 10,0 |
| Antinous | 8 | 1 | 300 15 6 | 46,1 | 0 43 17 — | — 10,1 |
| 266 Drache | 6 | 2 | 300 35 3 | 14,3 | 61 25 3 N | + 10,2 |
| 10 Steinbock | 6-7 | 5 | 301 19 20 | 49,9 | 12 56 12 S | — 10,4 |
| 248 Antinous | 7 | 5 | 301 21 45 | 45,3 | 2 14 50 N | + 10,4 |
| Fuchs | 7-8 | 8 | 302 2 6 | 37,2 | 27 10 7 — | + 10,6 |
| Fuchs | 8 | 8 | 302 5 14 | 39,4 | 20 57 29 — | + 10,6 |
| 271 Drachen | 6 | 12 | 302 56 1 | 11,2 | 64 9 9 — | + 10,9 |
| 6 Delphin | 7-8 | 14 | 303 27 45 | 43 1 | 9 43 48 — | + 11,0 |
| Cepheus | 8 | 14 | 303 30 4 | 15,2 | 61 31 1 — | + 11,0 |
| Fuchs | 8 | 14 | 303 30 42 | 38,7 | 23 26 52 — | + 11,0 |
| 263 Antinous | 7 | 14 | 303 37 40 | 45,7 | 0 43 59 — | + 11,[illegible] |
| Fuchs | 8 | 16 | 303 57 0 | 38,6 | 23 38 19 — | + 11,2 |
| 267 Antinous | 7-8 | 16 | 304 2 29 | 45,2 | 2 18 53 — | + 11,2 |
| 273 Drache | 6 | 16 | 304 3 41 | 15,2 | 61 37 33 N | + 11,2 |
| 11 *f* Delphin | 7 | 18 | 304 35 43 | 43,7 | 7 47 9 — | + 11,4 |
| Antinous | 8 | 18 | 304 35 52 | 45,9 | 0 14 57 — | + 11,4 |
| Delphin | 8 | 19 | 304 42 29 | 43,7 | 7 36 25 — | + 11,4 |
| 271 Adler | 6-7 | 21 | 305 22 17 | 47,6 | 5 54 29 S | — 11,6 |
| 15 Delphin folg. | 8 | 21 | 305 24 52 | 42,9 | 10 35 52 N | + 11,6 |
| 206 Schwan | 5-6 | 24 | 305 53 11 | 35,6 | 32 25 56 — | + 11,7 |
| Delphin | 8 | 24 | 306 13 7 | 42,9 | 10 38 8 — | + 11,8 |
| *l* Schwan | 6 | 26 | 306 31 48 | 34,8 | 34 34 25 — | + 11,9 |
| 221 Schwan | 6 | 29 | 307 20 53 | 36,4 | 30 52 58 — | + 12,1 |

| | | Gerade Aufsteigung in Zeit | | Gerade Aufsteigung im Bogen | | | Jährliche Veränderung | Abweichung | | | | Jährliche Veränderung |
|---|---|---|---|---|---|---|---|---|---|---|---|---|
| | | St. | M. | Gr. | M. | S. | Sec. | G. | M. | S. | | Sec. |
| Schwan | 6-7 | xx | 29 | 307 | 21 | 16 | 36,4 | 30 | 49 | 59 | N | + 12,1 |
| 32 Delphin | 7 | | 30 | 307 | 28 | 59 | 41,6 | 15 | 8 | 41 | — | + 12,2 |
| Wassermann | 8 | | 30 | 307 | 36 | 29 | 42,4 | 12 | 36 | 32 | — | + 12,2 |
| 224 Schwan | 6 | | 31 | 307 | 41 | 18 | 36,9 | 29 | 38 | 30 | — | + 12,2 |
| 106 Fuchs | 7-8 | | 32 | 308 | 1 | 42 | 38,4 | 25 | 22 | 41 | — | + 12,3 |
| Delphin | 8 | | 34 | 308 | 25 | 13 | 45,0 | 3 | 22 | 8 | — | + 12,2 |
| Schwan | 8 | | 34 | 308 | 27 | 38 | 35,0 | 34 | 50 | 11 | — | + 12,4 |
| Schwan | 7-8 | | 35 | 308 | 37 | 59 | 35,1 | 34 | 44 | 50 | — | + 12,5 |
| Fuchs | 8 | | 35 | 308 | 40 | 45 | 38,6 | 25 | 6 | 50 | — | + 12,5 |
| 77 Steinbock | 8 | | 38 | 309 | 30 | 34 | 49,6 | 13 | 20 | 20 | S | − 12,7 |
| 109 Fuchs | 8 | | 39 | 309 | 47 | 37 | 38,6 | 25 | 27 | 2 | N | + 12,8 |
| Fuchs | 8 | | 40 | 309 | 54 | 36 | 38,5 | 25 | 39 | 55 | — | + 12,8 |
| 111 Fuchs | 6-7 | | 43 | 310 | 44 | 41 | 38,0 | 27 | 30 | 32 | — | + 13,1 |
| 13 Microscop | 8 | | 43 | 310 | 52 | 47 | 55,5 | 32 | 18 | 5 | S | − 13,1 |
| Wassermann | 7-8 | | 44 | 310 | 53 | 5 | 47,3 | 5 | 17 | 23 | — | − 13,1 |
| Wassermann | 7 8 | | 45 | 311 | 13 | 31 | 45,6 | 1 | 3 | 40 | N | + 13,1 |
| 25 Wassermann | 7-8 | | 47 | 311 | 39 | 20 | 45,7 | 0 | 58 | 8 | — | + 13,3 |
| Wassermann | 7-8 | | 48 | 312 | 4 | 2 | 47,1 | 4 | 36 | 23 | S | − 13,4 |
| Fuchs | 7-8 | | 50 | 312 | 31 | 41 | 40,1 | 21 | 34 | 54 | N | + 13,5 |
| Kleine Pferd | 8 | | 51 | 312 | 45 | 33 | 43,5 | 9 | 13 | 24 | — | + 13,6 |
| 37 ε Wassermann | 7 | | 53 | 313 | 9 | 59 | 46,4 | 1 | 42 | 16 | S | − 13,7 |
| Fuchs | 8 | | 53 | 313 | 11 | 42 | 40,5 | 20 | 19 | 35 | N | + 13,7 |
| 284 Schwan | 6 | | 54 | 313 | 33 | 1 | 31,9 | 45 | 22 | 35 | — | + 13,8 |
| Schwan | 8 | | 54 | 313 | 36 | 7 | 38,1 | 28 | 12 | 11 | — | + 13,8 |
| 4 kleine Pferd | 7-8 | | 55 | 313 | 38 | 41 | 45,4 | 2 | 9 | 23 | — | + 13,8 |
| 287 Schwan | 7 8 | | 55 | 313 | 44 | 37 | 38,1 | 28 | 18 | 36 | — | + 13,8 |
| Fuchs | 8 | | 56 | 314 | 5 | 4 | 39,9 | 22 | 48 | 43 | — | + 13,9 |
| Schwan | 8 | | 57 | 314 | 14 | 28 | 38,2 | 28 | 18 | 20 | — | + 14,0 |
| 122 Fuchs | 6 7 | | 58 | 314 | 25 | 18 | 38,9 | 26 | 7 | 54 | — | + 14,0 |
| kleine Pferd | 7-8 | | 59 | 314 | 38 | 45 | 44,4 | 6 | 11 | 26 | — | + 14,1 |
| 2 *f* Schwan | 5-6 | xxi | 0 | 314 | 55 | 39 | 30,9 | 46 | 51 | 1 | — | + 14,1 |
| Schwan | 8 | | 0 | 315 | 4 | 59 | 30,8 | 46 | 56 | 1 | — | + 14,2 |
| Fuchs | 8 | | 2 | 315 | 23 | 42 | 39,0 | 26 | 29 | 36 | — | + 14,3 |
| Fuchs | 8 | | 3 | 315 | 41 | 16 | 39,0 | 26 | 44 | 45 | — | + 14,3 |
| 50 Wassermann | 7-8 | | 3 | 315 | 43 | 42 | 47,6 | 6 | 43 | 34 | S | − 14,3 |
| Schwan | 8 | | 3 | 315 | 44 | 5 | 40,2 | 22 | 16 | 19 | N | + 14,3 |
| Wassermann | 7-8 | | 5 | 316 | 15 | 57 | 48,3 | 9 | 56 | 28 | S | − 14,5 |
| Wassermann | 8 | | 5 | 316 | 17 | 10 | 48,4 | 10 | 12 | 50 | — | − 14,5 |
| 54 Wassermann | 6 | | 6 | 316 | 23 | 3 | 48,4 | 10 | 2 | 16 | — | − 14,5 |
| 23 kleine Pferd | 8 | | 6 | 316 | 36 | 25 | 43,5 | 10 | 6 | 23 | N | + 14,5 |

| | | Gerade Aufsteigung in Zeit | | Gerade Aufsteigung im Bogen | | | Jährliche Veränderung | Abweichung | | | Jährliche Veränderung |
|---|---|---|---|---|---|---|---|---|---|---|---|
| | | St. | M. | Gr. | M. | S. | Sec. | G. | M. | S. | Sec. |
| 10 Pegasus | 7 | XXI | 10 | 317 | 28 | 0 | 41,5 | 10 | 59 | 27 N | + 14,8 |
| 321 Schwan | 7-8 | | 10 | 317 | 36 | 29 | 38,4 | 28 | 54 | 27 — | + 14,8 |
| 33 kleine Pegasus | 7-8 | | 12 | 317 | 59 | 37 | 45,1 | 3 | 30 | 10 — | + 14,9 |
| Pegasus | 8 | | 12 | 318 | 5 | 3 | 40,5 | 22 | 2 | 48 — | + 14,9 |
| 68 Wassermann | 5 | | 15 | 318 | 42 | 34 | 46,9 | 4 | 24 | 18 S | — 15,0 |
| 15 Pegasus | 6 | | 15 | 318 | 44 | 33 | 40,2 | 23 | 25 | 20 N | + 15,0 |
| Schwan | 6 | | 20 | 319 | 53 | 52 | 38,1 | 31 | 21 | 23 — | + 15,3 |
| 2 *f* Pegasus | 5 | | 21 | 320 | 13 | 23 | 40,5 | 22 | 46 | 11 — | + 15,4 |
| 27 Pegasus | 7-8 | | 23 | 320 | 41 | 45 | 40,5 | 22 | 58 | 13 — | + 15,5 |
| Luftballon | 7 | | 24 | 320 | 56 | 55 | 51,6 | 24 | 20 | 8 S | — 15,5 |
| Schwan | 7 | | 25 | 321 | 12 | 57 | 34,8 | 41 | 25 | 9 N | + 15,6 |
| 363 Schwan | 7 | | 28 | 321 | 52 | 52 | 39,0 | 29 | 9 | 49 — | + 15,7 |
| Cepheus | 8 | | 29 | 322 | 9 | 25 | 23,9 | 60 | 54 | 45 — | + 15,8 |
| 47 Pegasus | 6 | | 34 | 323 | 23 | 43 | 37,7 | 34 | 36 | 16 — | + 16,1 |
| Cepheus | 8 | | 34 | 323 | 32 | 22 | 27,8 | 56 | 40 | 42 — | + 16,1 |
| Schwan | 8 | | 35 | 323 | 51 | 48 | 39,7 | 27 | 52 | 25 — | + 16,2 |
| 149 Steinbock | 6 | | 36 | 323 | 58 | 25 | 48,6 | 12 | 36 | 21 S | — 16,2 |
| 93 Wassermann | 7 | | 39 | 324 | 38 | 3 | 46,9 | 6 | 19 | 24 — | — 16,3 |
| 95 | 7-8 | | 42 | 325 | 34 | 32 | 46,9 | 4 | 55 | 30 — | — 16,5 |
| Wassermann | 8 | | 45 | 326 | 22 | 1 | 45,6 | 1 | 25 | 18 N | + 16,7 |
| 106 *C* Wassermann | 6-7 | | 48 | 326 | 55 | 49 | 47,1 | 6 | 21 | 56 S | — 16,8 |
| *A* Pegasus | 5 | | 50 | 327 | 31 | 58 | 44,8 | 5 | 46 | 1 N | + 16,9 |
| 96 - | 5 6 | | 51 | 327 | 48 | 17 | 44,6 | 7 | 18 | 12 — | + 16,9 |
| 102 - | 6 7 | | 52 | 328 | 2 | 49 | 44,0 | 10 | 1 | 2 — | + 17,0 |
| Südl. Fisch | 8 | | 55 | 328 | 40 | 4 | 51,9 | 30 | 2 | 10 S | — 17,1 |
| 175 Cepheus | 6 | | 59 | 329 | 44 | 1 | 27,1 | 61 | 48 | 45 N | + 17,3 |
| 130 Wassermann | 6-7 | XXII | 0 | 329 | 58 | 35 | 50,0 | 22 | 12 | 27 S | — 17,3 |
| 136 Wassermann | 6 | | 2 | 330 | 24 | 19 | 48,6 | 15 | 10 | 18 — | — 17,4 |
| 145 *z* Pegasus | 6 | | 4 | 330 | 59 | 19 | 39,5 | 33 | 37 | 26 N | + 17,5 |
| 147 | 6-7 | | 4 | 331 | 7 | 15 | 40,9 | 27 | 37 | 25 — | + 17,5 |
| Wassermann | 7 | | 6 | 331 | 33 | 36 | 46,4 | 2 | 35 | 10 S | — 17,6 |
| 1 Friedrichs Ehre | 6-7 | | 10 | 332 | 32 | 46 | 39,0 | 36 | 46 | 11 N | + 17,8 |
| 164 Wassermann | 6 | | 12 | 333 | 4 | 8 | 50,3 | 25 | 45 | 57 S | — 17,8 |
| 170 - | 6 | | 13 | 333 | 15 | 26 | 47,2 | 8 | 11 | 59 — | — 17,9 |
| 184 Pegasus | 6-7 | | 19 | 334 | 39 | 21 | 40,8 | 30 | 49 | 25 N | + 18,1 |
| Wassermann | 8 | | 29 | 337 | 13 | 14 | 46,5 | 4 | 38 | 30 S | — 18,5 |
| 207 - | 7-8 | | 30 | 337 | 36 | 30 | 46,5 | 4 | 35 | 24 — | — 18,5 |
| 229 Cepheus | 6-7 | | 32 | 337 | 53 | 40 | 31,4 | 62 | 32 | 51 N | + 18,5 |
| 236 Pegasus | 7 | | 36 | 339 | 3 | 56 | 41,9 | 29 | 24 | 53 — | + 18,7 |
| 1 *τ* Wassermann | 5-6 | | 39 | 339 | 16 | 02 | 47,8 | 15 | 6 | 21 S | — 18,7 |

| | | Gerade Aufsteigung. im Zeit | in Bogen | Jährliche Veränderung | Abweichung. | Jährliche Veränderung |
|---|---|---|---|---|---|---|
| | | St. M. | Gr. M. S | Sec. | G. M. S. | Sec. |
| 231 Wassermann | 7 | XXII 38 | 339 22 51 | 46,6 | 5 16 42 S | — 18,7 |
| 2 τ - | 5-6 | 39 | 339 44 44 | 47,7 | 14 38 31 — | — 18,8 |
| 252 Pegasus | 8 | 42 | 340 35 31 | 45,6 | 2 29 43 N | + 18,9 |
| 69 südl. Fisch | 6 | 49 | 342 9 11 | 49,5 | 30 31 46 S | 19,1 |
| 269 Pegasus | 8 | 49 | 342 9 16 | 45,2 | 6 16 41 N | + 19,1 |
| Pegasus | 8 | 50 | 342 25 22 | 45,3 | 6 17 26 — | + 19,1 |
| Pegasus | 8 | 50 | 342 29 59 | 45,3 | 6 18 55 — | + 19,1 |
| Cepheus | 8 | 51 | 342 48 16 | — 7,7 | 83 42 52 — | + 19,1 |
| Pegasus | 7-8 | 56 | 344 5 29 | 44,3 | 17 26 17 — | + 19,3 |
| 294 Pegasus | 7-8 | 57 | 344 9 10 | 44,0 | 18 50 1 — | + 19,3 |
| 261 Cepheus | 6 | XXIII 1 | 345 18 19 | 37,6 | 58 15 2 — | + 19,4 |
| Fische | 8 | 4 | 345 51 59 | 45,8 | 1 7 0 — | + 19,4 |
| 312 Pegasus | 7-8 | 4 | 346 1 7 | 44,3 | 18 32 55 — | + 19,4 |
| Pegasus | 8 | 8 | 347 6 52 | 43,7 | 26 30 45 — | + 19,5 |
| 86 Friedrichs Ehre | 5 | 8 | 347 7 35 | 40,9 | 47 55 28 — | + 19,5 |
| Z Wassermann | 6 | 9 | 347 8 33 | 47,1 | 14 32 35 S | — 19,5 |
| Pegasus | 8 | 9 | 347 10 34 | 43,7 | 26 31 0 N | + 19,5 |
| 342 *D* Pegasus | 8 | 12 | 348 2 15 | 43,9 | 25 31 10 — | + 19,6 |
| Pegasus | 6-7 | 14 | 348 29 42 | 43,5 | 31 26 7 — | + 19,6 |
| *O* Wassermann | 7 | 18 | 349 24 52 | 46,7 | 12 32 49 S | — 19,7 |
| θ Fische | 5 | 18 | 349 27 20 | 45,6 | 5 16 58 N | + 19,7 |
| Wassermann | 7 | 22 | 350 27 22 | 46,7 | 12 38 42 S | — 19,7 |
| Friedrichs-Ehre | 7 | 22 | 350 30 2 | 42,8 | 42 58 12 N | + 19,7 |
| Wassermann | 8 | 25 | 351 10 57 | 46,4 | 8 46 52 S | - 19,8 |
| 120 Friedr. Ehre | 6 | 29 | 352 22 19 | 42,8 | 49 22 0 N | + 19,8 |
| 365 Wassermann | 6 | 31 | 352 41 43 | 46,5 | 12 47 16 S | — 19,9 |
| 2 μ Wassermann | 6 | 32 | 353 4 58 | 46,6 | 15 38 55 — | — 19,9 |
| Wassermann | 7-8 | 34 | 353 30 40 | 47,1 | 27 21 15 — | — 19,9 |
| 126 Friedr. Ehre | 8 | 35 | 353 42 52 | 43,9 | 42 38 13 N | + 19,9 |
| 377 Wassermann | 7-8 | 39 | 354 45 8 | 46,7 | 22 43 29 S | — 19,9 |
| 29 Andromeda | 7 | 43 | 355 43 32 | 44,8 | 35 50 52 N | + 20,0 |
| 4r9 Pegasus | 6-7 | 46 | 356 25 21 | 45,6 | 14 7 8 — | + 20,0 |
| 423 | 7-8 | 48 | 356 53 10 | 45,7 | 10 21 46 — | + 20,0 |
| μ Fische | 4 | 49 | 357 15 38 | 45,8 | 5 45 29 — | + 20,0 |
| 430 Pegasus | 7 | 50 | 357 32 49 | 48,5 | 25 48 31 - | + 20,0 |
| g Wallfisch | 4 | 53 | 358 22 6 | 46,1 | 18 26 53 S | - 20,0 |
| Andromeda | 6-7 | 54 | 358 36 46 | 45,6 | 33 32 30 N | + 20,0 |
| Andromeda | 7 | 55 | 358 44 28 | 45,6 | 34 27 35 — | + 20,0 |

## Zweites Supplement.

Aus des Herrn D. *Piazzi's* Del Reale Osservatorio di Palermo Lib. VI. von mir entlehnt. (S. astron. Jahrb. 1810 Seite 268) Die geraden Aufsteigungen und Abweichungen sind für den 1. Jan. 1805 angesetzt.

*Bode.*

| | | Gerade Aufsteigung in Zeit | Gerade Aufsteigung im Bogen | Jährliche Veränderung | Abweichung | Jährliche Veränderung |
|---|---|---|---|---|---|---|
| | | St. M. | Gr. M. S. | Sec. | Gr. M. S. | Sec. |
| Wallf. | 8 | 0 0 | 0 6 17 | 46,0 | 12 52 14 S | — 20,1 |
| - | 8-9 | 3 | 0 48 34 | 46,0 | 6 19 24 | — 20,1 |
| - | 8 | 7 | 1 47 42 | 45,9 | 13 7 30 | — 20,0 |
| - | 8 | 9 | 2 12 56 | 45,9 | 12 1 57 | — 20,0 |
| 53 - | 6 | 13 | 3 17 35 | 45,7 | 17 1 35 | — 20,0 |
| - | 7 | 18 | 4 34 14 | 45,7 | 12 40 43 | — 20,0 |
| 66 - | 6 | 20 | 4 59 37 | 45,5 | 15 56 31 | — 20,0 |
| - | 7 | 21 | 5 16 39 | 45,7 | 11 9 45 | — 20,0 |
| 87 - | 7 | 30 | 7 28 16 | 45,5 | 12 13 2 | — 19,9 |
| Androm. | 8 | 31 | 7 51 42 | 47,0 | 19 4 7 N | + 19,9 |
| 95 Wallf. | 6 | 32 | 8 5 53 | 45,4 | 12 52 29 S | — 19,9 |
| 101 - | 6-7 | 34 | 8 30 12 | 45,4 | 13 4 12 | — 19,8 |
| - | 8 | 35 | 8 47 35 | 45,3 | 13 12 46 | — 19,8 |
| 108 - | 7 | 36 | 8 59 0 | 45,1 | 17 29 34 | — 19,8 |
| φ - | 7 | 40 | 9 54 24 | 45,1 | 14 37 17 | — 19,8 |
| Fische | 7-8 | 43 | 10 48 34 | 47,2 | 17 20 0 N | + 19,7 |
| 267 vor χ Wallf. | 7-8 | I. 40 | 24 57 8 | 44,3 | 11 41 :: S | . . . |
| - - | 8-9 | II. 34 | 38 25 47 | 46,5 | 1 58 12 N | + 15,7 |
| μ Penduluhr | 6 | III. 53 | 58 14 29 | 29,3 | 44 28 37 S | — 10,6 |
| 23 Br. Scepter | 6 | IV. 30 | 67 27 0 | 41,9 | 12 31 7 | — 7,7 |

| | | Gerade Aufsteigung im Zeit | Gerade Aufsteigung im Bogen | Jährliche Veränderung | Abweichung | Jährliche Veränderung |
|---|---|---|---|---|---|---|
| | | St. M | Gr. M. S | Sec. | G. M. S. | Sec. |
| Eridan | 8 | IV. 30 | 67 33 39 | 34,5 | 31 48 28 S | − 7,7 |
| 30 Br. Scepter | 7 | 34 | 68 32 7 | 37,9 | 23 33 22 | − 7,3 |
| 367 Eridan | 6 | 34 | 68 33 43 | 43,0 | 9 10 15 | − 7,3 |
| *q* Br. Scepter | 6 | 37 | 69 10 15 | 38,6 | 21 38 57 | − 7,1 |
| Grabstichel | 8 | 42 | 70 31 1 | 32,6 | 35 26 11 | − 6,7 |
| - | 8 | 43 | 70 41 55 | 32,6 | 35 26 39 | − 6,6 |
| Eridan | 7 | 45 | 71 10 47 | 44,9 | 3 33 12 | − 6,5 |
| Orion | 8 | 47 | 71 41 44 | 47,0 | 2 58 5 N | + 6,3 |
| Haase | 7 | 50 | 72 31 36 | 39,8 | 18 6 51 S | − 6,0 |
| *v* - | 6 | 53 | 73 14 31 | 38,9 | 29 29 44 | − 5,8 |
| Orion | | V. 0 | 75 7 9 | 44,7 | 4 6 27 | − 5,1 |
| - | 7-8 | 14 | 78 34 32 | 47,2 | 3 19 37 N | + 4,0 |
| Stier | 7 | 17 | 79 20 43 | 53,3 | 20 16 13 | + 3,7 |
| Orion | 7 | 18 | 79 29 57 | 41,8 | 12 4 28 S | − 3,7 |
| - | 8 | 20 | 79 56 25 | 45,7 | 0 57 57 | − 3,5 |
| *i* Fuhrmann | 6 | 21 | 80 8 50 | 73,5 | 54 16 51 N | + 3,4 |
| 113 | 6 | 25 | 81 22 59 | 72,7 | 53 23 2 | + 3,0 |
| Taube | 8-9 | 32 | 82 55 55 | 34,6 | 29 49 43 S | − 2,5 |
| Stier | 6-7 | 40 | 84 55 21 | 51,2 | 14 22 29 N | + 1,8 |
| Fuhrmann | 7 | VI. 23 | 95 59 23 | 58,3 | 31 37 16 | − 2,0 |
| Einhorn | 7 | 36 | 98 54 45 | 47,0 | 2 41 35 N | − 3,1 |
| Hydra | 8 | IX. 5 | 136 14 37 | 45,1 | 3 44 12 S | + 14,5 |
| Löwe | 8 | X. 55 | 163 41 42 | 45,9 | 1 27 44 | + 19,2 |
| - | 8 | XI. 21 | 170 13 50 | 45,7 | 5 38 39 | + 19,8 |
| Jungfr. | 8 | XII. 15 | 183 38 44 | 45,9 | 5 24 53 N | − 20,0 |
| - | 7 8 | 16 | 183 59 31 | 45,9 | 5 16 54 | − 20,0 |
| - | 8 | 18 | 184 25 38 | 45,9 | 5 29 57 | − 20,0 |
| Rabe | 8 | 26 | 186 36 16 | 46,7 | 15 18 28 S | + 19,9 |
| 250 Jungfr. | 7 | 28 | 187 6 24 | 45,9 | 2 55 49 N | − 19,9 |
| Gr. Bär | 8 | 56 | 193 58 51 | 39,1 | 55 0 16 | − 19,5 |
| 9 kl. Bär. | 6 | XIII 21 | 200 17 42 | 22,7 | 73 24 25 | − 18,8 |
| Camelop. | 6 | 25 | 201 21 34 | 6,0 | 79 39 8 | − 18,7 |
| 20 Bootes | 6 | 31 | 202 50 18 | 43,1 | 20 56 48 | − 18,5 |
| 41 Drache | 7 | 35 | 203 51 16 | 28,0 | 65 48 38 | − 18,3 |
| Bootes | 7-8 | 48 | 207 7 20 | 43,2 | 17 9 41 | − 17,9 |
| 219 Camelop. | 6 | 49 | 207 9 30 | − 36.4 | 83 43 46 | − 17,8 |
| Jungfr. | 8-9 | 52 | 207 58 36 | 47,9 | 11 5 21 S | + 17,7 |
| - | 8-9 | 57 | 209 18 33 | 49,4 | 18 47 11 | + 17,5 |
| - | 8 | XIV 1 | 210 14 5 | 47,7 | 9 33 9 | + 17,3 |
| Scorpion | 7-8 | XV 2 | 215 31 42 | 52,6 | 24 33 49 | + 14,1 |

| | | Gerade Aufsteigung in Zeit | Gerade Aufsteigung im Bogen | | | Jährliche Veränderung | Abweichung | | | Jährliche Veränderung |
|---|---|---|---|---|---|---|---|---|---|---|
| | | St. M. | Gr. | M. | S. | Sec. | G. | M. | S. | Sec. |
| Waage | 7-8 | XV 15 | 228 | 38 | 18 | 43,5 | 9 | 36 | 21 N | — 13,3 |
| ν Schlange | 6-7 | 38 | 234 | 33 | 42 | 41,7 | 14 | 43 | 33 | — 11,6 |
| 38 Regel | 6-7 | XVI 7 | 241 | 50 | 54 | 60,3 | 38 | 56 | 31 S | + 9,5 |
| Herknles | 7-8 | 30 | 247 | 28 | 30 | 36,4 | 27 | 26 | 45 N | — 7,7 |
| 124 - | 8 | 33 | 248 | 14 | 30 | 39,5 | 19 | 18 | 21 | — 7,4 |
| 226 ( - | 7 | XVII 3 | 255 | 44 | 38 | 37,2 | 24 | 29 | 7 | — 4,9 |
| - | 8 | 3 | 255 | 48 | 2 | 37,2 | 24 | 29 | 55 | — 4,9 |
| 239 - | 7-8 | 8 | 256 | 53 | 50 | 35,4 | 23 | 58 | 11 | — 4,5 |
| - | 8 | 12 | 257 | 57 | 38 | 22,7 | 49 | 54 | 23 | — 4,2 |
| 259 - | 6-7 | 12 | 258 | 3 | 2 | 36,6 | 2[illegible] | 44 | 43 | — 4,1 |
| - | 8-9 | 21 | 260 | 14 | 44 | 37,9 | 22 | 18 | 16 | — 3,4 |
| 289 - | 6 | 24 | 260 | 53 | 0 | 34,0 | 31 | 18 | 45 | — 3,2 |
| 299 - | 7 | 28 | 261 | 54 | 52 | 38,4 | 21 | 7 | 48 | — 2,8 |
| 256 Ophiuch | 7 | 30 | 262 | 30 | 8 | 41,3 | 13 | 26 | 53 | — 2,6 |
| 322 Herkules | 8 | 34 | 263 | 34 | 30 | 35 6 | 27 | 44 | 49 | — 2,2 |
| 323 Herkules | 6-7 | 34 | 263 | 37 | 13 | 36,9 | 24 | 40 | 19 | — 2,2 |
| - | 8 | 49 | 267 | 16 | 21 | 25,6 | 45 | 35 | 30 | — 1,0 |
| 384 - | 8 | 52 | 268 | 3 | 15 | 41,0 | 14 | 8 | 11 | — 0,7 |
| - | 8 | 54 | 268 | 32 | 39 | 40,7 | 15 | 0 | 34 | — 0,5 |
| 418 - | 7-8 | XVIII 2 | 270 | 25 | 46 | 34,2 | 30 | 26 | 12 | — 0,0 |
| *H* Herkules | 6 | 21 | 275 | 22 | 37 | 37,2 | 23 | 44 | 45 N | + 1,9 |
| 464 - | 6 | 25 | 276 | 9 | 51 | 37,4 | 23 | 28 | 50 | + 2,1 |
| Schütze | 8 | 25 | 276 | 11 | 31 | 57,4 | 29 | 23 | 0 S | — 2,2 |
| 469 Herkules | 6 | 27 | 276 | 50 | 52 | 37,4 | 23 | 27 | 26 N | + 2,4 |
| Schütze | 8 | 28 | 277 | 7 | [illegible] | 57,9 | [illegible] | 41 | 21 S | 2,5 |
| - | 7-8 | 38 | 279 | 37 | 16 | 56,1 | 26 | 58 | 38 | — 3,4 |
| 61 Sobiesk. | 7 | 39 | 279 | 48 | 40 | 48,1 | 6 | 7 | 15 | — 3,5 |
| - | 7-8 | 40 | 280 | 3 | 43 | 49,5 | 9 | 59 | 16 | — 3,5 |
| Herkules | 8 | 41 | 280 | 10 | 12 | 37,4 | 23 | 39 | 44 N | + 3,6 |
| - | 8 | 46 | 281 | 30 | 49 | 38,8 | 20 | 7 | 23 | + 4,0 |
| 210 Schlange | 6-7 | 47 | 281 | 39 | 14 | 45,3 | 2 | 13 | 52 | + 4,0 |
| Schütze | | 48 | 281 | 56 | 13 | 56,6 | 28 | 18 | 10 S | — 4,1 |
| Antinous | 8 | 49 | 282 | 21 | 17 | 47,1 | 3 | 5 | 25 | — 4,3 |
| 180 Schütze | 8 | 54 | 283 | 32 | 20 | 56,2 | 27 | 34 | 5 | — 4,7 |
| - | 7-8 | 58 | 284 | 23 | 55 | 56,1 | 27 | 24 | 39 | — 5,0 |
| Antinous | 8-9 | 58 | 284 | 27 | 47 | 48,0 | 5 | 37 | 35 | — 5,0 |
| Adler | 8 | 58 | 284 | 28 | 35 | 44,0 | 5 | 52 | 8 N | + 5,0 |
| Gans | 8 | 59 | 284 | 44 | 36 | 38,9 | 20 | 8 | 20 | + 5,1 |
| Leyer | 8 | XIX 4 | 285 | 58 | 34 | 35,1 | 29 | 34 | 29 | + 5,5 |
| Schutze | 8 | 5 | 286 | 9 | 11 | 51,3 | 15 | 9 | 52 S | — 5,6 |

| | | Gerade Aufsteigung in Zeit | | im Bogen | | | Jährliche Veränderung | Abweichung | | | Jährliche Veränderung |
|---|---|---|---|---|---|---|---|---|---|---|---|
| | | St. | M. | Gr. | M. | S. | Sec. | G. | M. | S. | Sec. |
| Schützе | 8 | XIX | 6 | 286 | 24 | 48 | 53,6 | 21 | 24 | 15 S | — 5,7 |
| Antinous | 8 | | 7 | 286 | 50 | 25 | 49,8 | 10 | 57 | 6 | — 5,8 |
| 221 Schütze | 8 | | 9 | 287 | 12 | 41 | 54,8 | 24 | 32 | 58 | — 5,9 |
| Antinous | 8-9 | | 12 | 287 | 56 | 28 | 48,2 | 6 | 24 | 10 | — 6,2 |
| 90 - | 7-8 | | 12 | 288 | 5 | 53 | 49,8 | 11 | 3 | 51 | — 6,2 |
| Gans | 8 | | 16 | 289 | 3 | 12 | 39,3 | 19 | 33 | 59 N | + 6,5 |
| Antinous | 8 | | 28 | 292 | 5 | 42 | 46,1 | 0 | 5 | 8 S | — 7,6 |
| Schütze | 8-9 | | 29 | 292 | 9 | 39 | 54,2 | 23 | 45 | 54 | — 7,6 |
| Antinous | 9 | | 29 | 292 | 16 | 48 | 44,1 | 5 | 59 | 53 N | + 7,6 |
| - | 8 | | 29 | 292 | 22 | 45 | 49,0 | 8 | 24 | 17 S | — 7,7 |
| - | 8 | | 32 | 293 | 6 | 30 | 49,7 | 11 | 7 | 13 | - 7,9 |
| 153 - | 8 | | 33 | 293 | 13 | 45 | 44,6 | 4 | 30 | 19 N | + 7,9 |
| - | 8-9 | | 34 | 293 | 29 | 31 | 49,8 | 11 | 38 | 52 S | - 8,0 |
| Pfeil | 8 | | 34 | 293 | 31 | 15 | 40,2 | . | 31 | 3 N | + 8,0 |
| 160 Adler | 7 | | 35 | 293 | 49 | 4 | 43,4 | 8 | 16 | 12 | + 8,1 |
| Schwan | 7-8 | | 37 | 294 | 13 | 13 | 31,8 | 37 | 51 | 43 | + 8,2 |
| Pfeil | 8-9 | | 38 | 294 | 35 | 17 | 39,9 | 18 | 42 | 42 | + 8,3 |
| Schwan | 8-9 | | 42 | 295 | 33 | 24 | 34,4 | 32 | 47 | 36 | + 8,7 |
| Adler | 8 | | 49 | 297 | 10 | 30 | 42,5 | 11 | 4 | 34 | + 9,2 |
| - | 7 | | 49 | 297 | 15 | 58 | 43,7 | 7 | 24 | 10 | + 9 3 |
| Adler | 7-8 | | 50 | 297 | 24 | 23 | 42,6 | 11 | 2 | 45 | + 9,1 |
| - | 8 | | 51 | 297 | 50 | 33 | 43,7 | 7 | 27 | 19 | + 9,4 |
| - | 7 | | 51 | 297 | 51 | 8 | 43,9 | 6 | 52 | | |
| Schütze | 8 | | 54 | 298 | 33 | 48 | 51,4 | 16 | 54 | 50 S | — 9,6 |
| 34 Pfeil | 7-8 | | 55 | 298 | 47 | 5 | 40,8 | 16 | 34 | 55 N | + 9,7 |
| Fuchs | 8 | | 57 | 299 | 11 | 39 | 38,6 | 23 | 7 | 11 | + 9,8 |
| - | 7-8 | | 59 | 299 | 39 | 53 | 39,5 | 20 | 32 | 56 | + 9,9 |
| Adler | 8 | XX | 0 | 300 | 3 | 51 | 40,4 | 16 | 20 | 54 | + 10,1 |
| Fuchs | 7-8 | | 1 | 300 | 8 | 7 | 37,7 | 25 | 42 | 49 | + 10,1 |
| - | 7-8 | | 1 | 300 | 20 | 13 | 39,6 | 20 | 26 | 17 | + 10,1 |
| Steinbock | 8 | | 4 | 301 | 1 | 20 | 49,8 | 12 | 12 | 57 S | — 10 3 |
| 245 Antinous | 7 | | 5 | 301 | 16 | 31 | 45,2 | 2 | 49 | 26 N | + 10,4 |
| Fuchs | 8-9 | | 12 | 303 | 6 | 22 | 39,6 | 20 | 54 | 33 | + 11,0 |
| - | 8-9 | | 13 | 303 | 18 | 32 | 39,7 | 20 | 47 | 25 | + 11,0 |
| - | 8-9 | | 15 | 303 | 44 | 30 | 38,9 | 23 | 3 | 5 | + 11,1 |
| - | 8 | | 17 | 304 | 22 | 42 | 39,0 | 22 | 58 | 24 | + 11,3 |
| 91 - | 7-8 | | 19 | 304 | 43 | 24 | 39,0 | 23 | 9 | 22 | + 11,4 |
| Delphin | 7 | | 21 | 305 | 19 | 47 | 40,4 | 19 | 1 | 27 | + 11,6 |
| Schwan | 7 | | 22 | 303 | 37 | 20 | 27,8 | 48 | 16 | 33 | + 11,7 |
| | 8 | | 23 | 305 | 42 | 13 | 27,8 | 48 | 13 | 27 | + 11,7 |

| | | Gerade Aufsteigung in Zeit | | Gerade Aufsteigung im Bogen | | | Jährliche Veränderung | Abweichung | | | | Jährliche Veränderung |
|---|---|---|---|---|---|---|---|---|---|---|---|---|
| | | St. | M. | Gr. | M. | S. | Sec. | G. | M. | S. | | Sec. |
| Delphin | 8 | XX | 25 | 306 | 13 | 0 | 42,0 | 14 | 3 | 22 | N | + 11,9 |
| *C* Cepheus | 7 | | 27 | 306 | 45 | 0 | 22,1 | 56 | 7 | 18 | | + 12,0 |
| 220 Schwan | 7-8 | | 29 | 307 | 17 | 18 | 26,2 | 51 | 11 | 9 | | + 12,1 |
| 33 Delphin | 7-8 | | 30 | 307 | 37 | 18 | 43,9 | 7 | 46 | 8 | | + 12,2 |
| Steinbock | 8 | | 31 | 307 | 46 | 23 | 49,3 | 11 | 37 | 44 | S | − 12,3 |
| 47 Cepheus | 7-8 | | 32 | 307 | 59 | 4 | 2,9 | 69 | 51 | 48 | N | + 12,3 |
| Delphin | 8 | | 32 | 308 | 5 | 31 | 43,0 | 10 | 52 | 53 | | + 12,4 |
| Wassermann | 7-8 | | 35 | 308 | 36 | 50 | 48,6 | 9 | 9 | 18 | S | − 12,6 |
| Delphin | 8 | | 36 | 309 | 3 | 52 | 43,0 | 10 | 57 | 38 | N | + 12,6 |
| Steinbock | 7 | | 40 | 309 | 58 | 58 | 49,7 | 13 | 15 | 26 | S | − 12,9 |
| Wassermann | 7 | | 41 | 310 | 20 | 0 | 49,3 | 12 | 9 | 34 | | − 13,0 |
| 64 Cepheus | 8-9 | | 42 | 310 | 33 | 52 | 24,4 | 54 | 51 | 13 | N | + 13,0 |
| Delphin | 8-9 | | 43 | 310 | 46 | 40 | 44,3 | 6 | 36 | 16 | | + 13,1 |
| 13 Mikrosk. | 8-9 | | 44 | 310 | 58 | 48 | 55,6 | 32 | 14 | 19 | S | − 13,2 |
| Delphin | 8 | | 45 | 311 | 18 | 8 | 43,2 | 10 | 42 | 31 | N | − 13,2 |
| Kl. Pferd | 7 | | 45 | 311 | 22 | 54 | 44,2 | 6 | 47 | 46 | | + 13,3 |
| - - | 7 | | 46 | 311 | 33 | 17 | 44,2 | 6 | 57 | 0 | | + 13,3 |
| ε- - | 5-6 | | 49 | 312 | 19 | 55 | 45,1 | 3 | 33 | 15 | | + ·3,5 |
| Schwan | 8 | | 50 | 312 | 25 | 1 | 36,6 | 32 | 33 | 19 | | + 13,5 |
| - | 8 | | 51 | 312 | 47 | 52 | 33,7 | 39 | 56 | 55 | | + 13,6 |
| λ kl. Pferd | 6 | | 53 | 313 | 8 | 54 | 44,4 | 6 | 25 | 19 | | + 13,7 |
| 289 Schwan | 6-7 | | 55 | 313 | 52 | 43 | 34,8 | 37 | 53 | 32 | | + 13,9 |
| - | 8-9 | XXI | 0 | 314 | 54 | 5 | 27,9 | 51 | 50 | 37 | | + 14,2 |
| Wassermann | 8-9 | | 1 | 315 | 11 | 19 | 48,5 | 10 | 3 | 20 | S | − 14,2 |
| kl. Pferd | 8 | | 3 | 315 | 42 | 4 | 43,3 | 10 | 59 | 25 | N | + 14,4 |
| - - | 8 | | 4 | 315 | 58 | 37 | 43,5 | 10 | 25 | 1 | | + 14,4 |
| γ Schwan | 6 | | 4 | 316 | 3 | 28 | 27,7 | 52 | 46 | 18 | | + 14,4 |
| kl. Pferd | 8-9 | | 5 | 316 | 11 | 57 | 43,5 | 10 | 23 | 19 | | + 14,5 |
| - - | 7 | | 7 | 316 | 38 | 37 | 43,6 | 9 | 52 | 57 | | + 14,6 |
| *G* Cepheus | 6-7 | | 7 | 316 | 42 | 25 | 23,0 | 59 | 11 | 18 | | + 14,6 |
| 97 - | 7 | | 8 | 316 | 57 | 9 | 23,0 | 59 | 18 | 48 | | + 14,7 |
| *x* - | 6-7 | | 11 | 317 | 51 | 6 | 26,6 | 54 | 58 | 59 | | + 14,9 |
| Wassermann | 9 | | 18 | 319 | 23 | 6 | 49,0 | 12 | 55 | 42 | S | − 15,2 |
| 107 Cepheus | 6 7 | | 18 | 319 | 23 | 50 | −7,0 | 76 | 11 | 23 | N | + 15,2 |
| 341 Schwan | 7 | | 18 | 319 | 32 | 34 | 32,8 | 45 | 52 | 32′ | | + 15,3 |
| Wassermann | 8 | | 19 | 319 | 43 | 17 | 49,0 | 12 | 55 | 15 | S | − 15,3 |
| Cepheus | 8 | | 19 | 319 | 43 | 31 | 24,5 | 58 | 55 | 25 | N | + 15,3 |
| Pegasus | 8-9 | | 20 | 319 | 53 | 21 | 39,5 | 26 | 44 | 7 | | + 15,3 |
| Wassermann | 8 | | 23 | 320 | 50 | 13 | 47,6 | 7 | 13 | 44 | S | − 15,6 |
| 28 Pegasus | 7-8 | | 24 | 320 | 53 | 53 | 40,8 | 22 | 32 | 19 | N | + 15,6 |

| | | Gerade Aufsteigung in Zeit | Gerade Aufsteigung im Bogen | Jährliche Veränderung | Abweichung | Jährliche Veränderung |
|---|---|---|---|---|---|---|
| | | St. M. | Gr. M. S. | Sec. | G. M. S. | Sec. |
| Steinbock | 7-8 | XXI 25 | 321 22 20 | 50,4 | 19 15 19 S | − 15,7 |
| 32 Pegasus | 7 | 27 | 321 39 26 | 40,6 | 23 35 18 N | + 15,7 |
| Wassermann | 8 | 31 | 322 47 24 | 45,9 | 0 26 23 | + 16,0 |
| 56 Pegasus | 7 | 37 | 324 16 37 | 40,6 | 24 41 24 | + 16,3 |
| 62 - | 7 | 37 | 324 22 48 | 40,7 | 24 39 57 | + 16,3 |
| 65 - | 7-8 | 40 | 324 59 3 | 38,9 | 31 53 44 | + 16,4 |
| 72 - | 6-7 | 42 | 325 36 10 | 42,2 | 18 55 4 | + 16,5 |
| Wassermann | 6 | 44 | 325 59 43 | 47,1 | 5 11 2 S | − 16,6 |
| Pegasus | 8 | 45 | 326 15 47 | 38,2 | 35 12 51 N | + 16,7 |
| 150 Cepheus | 7 | 46 | 326 37 30 | 31,3 | 53 4 56 | + 16,7 |
| 86 Pegasus | 7-8 | 47 | 326 45 30 | 38,3 | 35 13 43 | + 16,8 |
| 88 - | 7 | 47 | 326 49 13 | 42,0 | 20 19 9 | + 16,8 |
| μ Cepheus | 5-6 | 48 | 327 5 9 | 30,1 | 55 41 30 | + 16,8 |
| 95 Pegasus | 8 | 51 | 327 48 23 | 40,8 | 25 51 13 | + 17,0 |
| 101 - | 8 | 52 | 328 4 32 | 40,9 | 25 53 57 | + 17,0 |
| Cepheus | 6 | 53 | 328 12 45 | 29,9 | 56 43 39 | + 17,1 |
| 121 Pegasus | 8 | 58 | 329 37 0 | 39,3 | 33 34 16 | + 17,3 |
| 123 - | 7-8 | 59 | 329 48 37 | 45,7 | 1 47 5 | + 17,3 |
| Cepheus | 6-7 | XXII 0 | 330 8 53 | 30,1 | 57 53 33 | + 17,4 |
| Pegasus | 8 | 6 | 331 25 9 | 42,3 | 23 21 1 | + 17,6 |
| 156 Pegasus | 7 | 8 | 331 56 0 | 40,9 | 28 12 17 | + 17,7 |
| - | 8 | 10 | 332 28 0 | 43,9 | 13 5 50 | + 17,8 |
| 161 - | 7-8 | 9 | 332 21 55 | 42,8 | 18 59 35 | + 17,8 |
| 166 - | 7-8 | 11 | 332 47 33 | 43,9 | 13 3 29 | + 17,8 |
| 2 Friedrichs Ehre | 7 | 14 | 333 33 7 | 39,6 | 35 40 29 | + 17,9 |
| 261 Wassermann | 6-7 | 51 | 342 43 10 | 48,7 | 23 49 30 S | − 19,1 |
| Pegasus | 6-7 | 53 | 343 13 52 | 44,5 | 15 11 13 N | + 19,2 |
| 14 Fische | 7 | XXIII 1 | 345 19 51 | 45,7 | 3 56 53 | + 19,4 |
| 420 Pegasus | 7-8 | 47 | 356 41 31 | 45,6 | 21 33 48 | + 20,0 |
| Wallfisch | 6-7 | 55 | 358 52 34 | 46,1 | 10 41 57 S | − 20,1 |

## Über die Breite von Quito. Von Herrn *Jabbo Oltmanns,*

im Jan. 1808 mitgetheilt.

Bereits vor einem Jahre, als ich den Meridian der peruanischen Gradmessung von 50 Bogenminuten verdrängen mufste, bemerkte ich, dafs auch die Breite von *Quito*, so wie sie uns von Bouguer und seinen Gehülfen überliefert worden, ebenfalls einer Verbesserung bedürfen möge. Allein die Erinnerung dafs sie mit zwanzigfüfsigen Sectoren ausgemittelt worden sey, verbunden mit der Achtnng welche ich für die Arbeiten dieser verdienstvollen Männer hegte, hielten mich um so eher von einer nähern Untersuchung dieses Gegenstandes ab, da ich ihnen nur sehr wenige Breitenbeobachtungen entgegenstellen konnte. Denn die Sonne culminirt für die Tropenländer in einer zu grofsen Höhe, als dafs sie mit dem Sextanten beobachtet werden könnte. Dieser Umstand, verbunden mit der unbeständigen und den astronomischen Beobachtungen ungünstigen Witterung, welche während Herrn von Humboldt's Aufenthalt zu Quito herrschte, verhinderten ihn, alle weitere Breitenbeobachtungen anzustellen, und er mufste sich mit 3 einzelnen Höhen des α im südl. Kreuze begnügen. Hierzu kam noch ein Zufall ähnlicher widriger Art. Jene 3 Höhen gaben nehmlich, nach Herrn von Humboldts provisorischer Rechnung, ein

Resul-

Resultat, welches die von Bouguer ausgemittelte Breite auf 25″ darstellte, vielleicht ganz genau damit zusammengestimmt haben würde, wenn Herr von Humboldt sich der de Laplacischen Strahlenbrechung bedient hätte. Nach wiederholter Rechnung finde ich nun die Breite 15′ 14″ aus den 3 Höhen des α Crusis, und zwar mit Anwendung von Bouguer's Refraction.

Ich bedaure es sehr, daſs Herr von Humboldt durch einen Rechnungsfehler die Breite von Quito so übereinstimmend mit den Academikern fand. Denn das wahre Resultat seiner Beobachtung hätte ihn alsdann auf die groſse Verschiedenheit der Breiten aufmerksam machen müssen; und *vielleicht*, daſs ihm dann wenigstens noch einige Beobachtungen zu Theil geworden wären, welche den Streit um *ganze* Minuten hätten heben können, wenn sie vorerst auch zur genauen Breitenbestimmung nicht viel getaugt hatten.

Es war mir, als ich die von Herrn von Humboldt beobachteten Stundenwinkel berechnete, keineswegs möglich, den daraus folgenden Stand und Gang der Uhr mit *dem* in Übereinstimmung zu bringen, was mir die correspondirenden ⊙ Höhen dafür gegeben hatten, wenn ich nehmlich bey diesem Calcul die *Bouguersche* Breitenbestimmung annahm. Ich war genöthigt die Breite auf 0° 14′ anzusetzen, eine Bestimmung welche zwischen den schwankenden Angaben der Academiker das Mittel hält, von welchen *Condamine* sie zu 0° 15′, *Ulloa* sie zu 14′ annimmt.

Das Resultat welches mir die 3 von Herrn von *Humboldt* beobachteten Höhen gegeben haben, ist indeſs für nicht ganz sicher anzusehen. Denn erstens war ich der Zeitbestimmung nicht recht gewiſs, und zweitens lieſsen die Manuscripte den Werth der Beobachtung

achtung den sie sonst sorgfältig anzugeben pflegen, unbestimmt. Doch glaube ich nicht, daſs die Summe beyder daher entspringenden Fehler eine Minute übersteigen könne.

Im Oct. Stück der M. Correspondenz wird der Werth eines Breitengrades auf den Entfernungen der Parallelen von Quito, Mira, Tarqui, Cotchesqui und Cuenca hergeleitet und daraus Resultate gefunden, welche um mehr als 500 Toisen unter einander abweichen. Diese interessante Abhandlung führte meine Aufmerksamkeit auf die Breite von *Quito* zurück, um so mehr, da ich sah, daſs eine Vergröſserung derselben fast allenthalben mehr Harmonie in jene disparaten Resultate bringen würde.

Als ich dem Herrn von Humboldt diesen Umstand eröffnete, erhielt ich sogleich den Auftrag die Breite von Quito aufs neue, aus seinen und Ulloa's Beobachtungen zu untersuchen, und jetzt lege ich davon öffentliche Rechenschaft ab, in wiefern und ob ich mich desselben zur Genüge entledigt habe. Ich hielt es für nöthig, die *Veranlaſsung* zu meinem Aufsatze anzuführen; denn die Arbeiten der peruanischen Gradmesser sind von *der* Art, daſs man jede Änderung, welche man an ihnen vornehmen will, mit bündigen Gründen unterstützen muſs. Sind gleichwohl die von mir jetzt angewandten Beobachtungen gleich nicht fähig, die in der Breite von Quito annoch obwaltende Ungewiſsheit zu *tilgen*; so hielt ich es doch für Pflicht, die gegen sie gefaſste Meinung zu untersuchen. Denn gerade *dies* ist es, *was* unser jetziges Zeitalter characterisirt.

## 1) Ulloa's Beobachtungen.

### α) Um die Zeit des Sommer-Solstitiums.

| | | Merid. Höhe ⊙ | Abweichung | S. Breite |
|---|---|---|---|---|
| | 1736. Juny 1 Unt. R. | 67° 20′ 40″ | 22° 10′ 6,3 | 13′ 34″,7 |
| | 3 Ob. | 37 5 | 22 25 11,0 | 13 42, 0 |
| | 8 Unt. | 66 34 39 | 22 55 55,0 | 13 51, 6 |
| | 12 Ob. | *47 58 | 23 13 14,7 | 13 45, 7 |
| Godins Quadr. 22 Z. im radio | 15 - | 40 5 | 23 21 58,7 | 13 54, 7 |
| | 22 - | 34 7½ | 23 27 54,8 | 13 55, 7 |
| | 23 Unt. | 3 37 | 23 27 6,6 | 13 43, 6 |
| | 26 Ob. | 40 0 | 23 22 13,0 | 13 44, 8 |
| | July 4 - | 67 11 30 | 22 51 14,6 | 13 12, 8 |
| | 18 Unt. | 68 34 0 | 20 56 40,6 | 13 42, 8 |
| | 27 - | 70 24 50 | 19 5 55,3 | 13 37, 5 |
| | 28 - | 39 0 | 18 52 0,9 | 13 21, 8 |
| | Aug. 11 - | 74 25 10 | 18 5 59,4 | 13 9, 1 |

*Im Original 48′. Ist wohl ein Druckfehler und gäbe 1′ mehr für die Breite.

### β) Winter-Solstitium.

| 1737. | Mittagshöhe ⊙ | Abweichung | S. Breite | |
|---|---|---|---|---|
| Jan. 8 Unt. R. | 67° 46′ 45″ | 22° 10′ 42″,1 | 13′ 33″,1 | |
| 11 - | 68 33 55 | 21 23 25, 2 | 13 26, 3 | mit einem |
| 14 Ob. | 69 16 50 | 21 12 43, 0 | 13 5, 4 | 24 zölligen |
| 17 Unt. | 69 19 0 | 20 38 10, 1 | 13 16, 3 | Quadranten |
| 18 Ob. | 70 3 30 | 20 25 54, 8 | 12 57, 9 | |

Die Breite folgt aus den Sommer-Beobachtungen im Mittel 13′ 41″,40
aus den Winter-Beobachtungen - - - 13′ 15″,8

Das Mittel aus allen 18 Beobachtungen ohne Unterschied ist 13′ 31″,16.

Ich bediente mich bey der Reduction von Ulloa's Beobachtungen der Bouguerschen Strahlenbrechung, Lalande's ⊙ Halbmesser und der hundertjährigen Abnahme me der ⊙Bahn-Schiefe von 52'',1, indem ich die mittlere für 1800 zu 23° 27' 57'',0 annahm. Laplace's Refraction und Piazzi's Secular-Abnahme der Obliquität hätten die im Sommer beobachteten Breiten *vergrößert*, jene im Winter *verkleinert.* Erstere, weil sie sehr gut unter sich übereinstimmen, scheinen mir die besten zu seyn, sie weichen von Bouguer's Bestimmung aber 30 bis 40'' ab. Leider! giebt Ulloa in seiner Voyage à l'Amerique meridionale, die Lage des Orts wo obige Beobachtungen angestellt wurden, nicht an; allein auf seinem von der Stadt Quito entworfenen Plane, bemerkt er den Ort, wo er das Winter-Solstitium von 1737 beobachtete. Es ist mir daher sehr wahrscheinlich, daſs sich auf diesen, der 2 bis 3 Secunden nördlich von *San Barbe* liegt, alle von mir berechnete Breiten beziehen. So daſs aus *Ulloa's* Sommer-Beobachtungen die Breite von S. Barbe 13' 44'' folgen würde, welche man bey vergröſserter Refraction und bey Annahme der Piazzischen Secular-Abnahme der Obliquität noch um ohngefähr 10'' vermehren müſste.

## 2) v. Humboldt's Beobachtungen.

Herr von *Humboldt* hatte, wie bereits oben gesagt worden ist, nur 3 dürftige Höhen des α Crucis erhascht, um aus selbigen die Breite bestimmen zu können. Ich suchte sie daher aus correspondirenden ⊙Höhen herzuleiten. Ein Mittel, wozu ich ungern griff, weil es für die Tropenländer keine groſse Genauigkeit gewähren mag. Die Methode, welche ich zu meinem Endzweck anwandte, ist kürzlich folgende. Die ⊙Höhen gaben mir den Stand der Uhr im Augenblick der Culmination. Aus ihnen berechnete ich mit einer supponirten

nirten Breite von 15′ 0″ den Stand der Uhr für die Zeit der Beobachtungen, und reducirte ihn vermittelst des bekannten Uhrganges auf die der Culmination; beyde Resultate mufsten einander *gleich* seyn, wenn die Breite *richtig* angenommen worden war. Die Abweichung der ⊙, Refraction und den vom Werkzeug gemessenen Winkel, mufste ich hier, so wie dies bey jeder andern Methode nicht minder der Fall ist, als fehlerfrey ansehen. Es sey nun die Declination der ⊙ $=\delta$, für den Stundenwinkel $t$, und die supponirte Breite $=\phi$, so ist vermöge unendlicher Differentiale:

$$\Delta\phi = \frac{\sin t}{\tang\delta - \tang\phi.\cos t} \times \Delta t.$$

Auf diese Weise fand ich: aus den am 4. Febr. genommenen ⊙Höhen die Breite 12′58″,1 } (am plaza
am 13. Febr. - - 13′53″,7 } major)

bey der ersten Beobachtung war der Coefficient von $\Delta t = 0{,}6236$, bey der zweyten 0,4886; daher der Unterschied beyder Resultate uns eben nicht befremden darf, wenn 1 Zeitsekunde die Breite um 30″ ändern konnte, und Stand und Gang der Uhr als fehlerfrey angesehen werden mufste.

Wir haben also folgende Resultate für die Breite von Quito gefunden:

| | | |
|---|---|---|
| 1) aus *Ulloa's* Beobachtungen | 13′ 44″ | |
| 2) aus *v. Humboldts* - α Crucis | 15′ 4″ | } auf *S. Barbe* |
| desselben ⊙Beobachtungen | 13′ 16″ | } reduz. mit 10″. |
| im Mittel | 14′ 1″,3. | |

Allein dies Mittel ist, aus Ursache weil die Beobachtung des α Crucis nicht recht sicher ist, ebenfalls *etwas zweifelhaft*, vielleicht auf mehr als 20″.

Wenn ich nun gleich der Beobachtung der 3 mehrmals erwähnten Sternhöhen keinen Fehler von *einer* Minute

Minute absprechen will; so kann ich ihr doch einen Irrthum von 2′ nicht aufbürden. Freylich war ich genöthigt, die von *Lacaille* beobachtete Declination auf die gegenwärtige Zeit zu reduziren, und konnte also der eigenen Bewegung, welche der Stern etwa haben mögte, nicht Rechnung tragen. Allein es scheint mir nicht als wenn man von dieser Seite vieles zu befürchten hätte. *Ulloa* findet nehmlich aus seinen ⊙ Beobachtungen die Breite von *alt Riobamba* 1° 41′ 47″ südl. Herrn *v. Humboldt's* Beobachtungen gaben mir für *neu Riobamba* (denn das alte Riobamba ist durch den Ausbruch des Cotopaxi zerstört worden) 1° 41′ 46″ und zwar gründet sich diese Bestimmung auf die beobachteten Circummeridianhöhen des α im Centaur und α im südl. Kreutz, wovon die des letztern Sterns sie nur 1° 41′ 19″ machten. Nun ist ferner nach Herrn *von Humboldt's* graphometrischen Beobachtungen das alte Riobamba 1 Grad südlich vom Parallel des *neuen*, und wenn wir die Declination der Magnetnadel, welche zu Quito ohngefähr 9°,5 nordöstlich war, in Rechnung ziehen; so läge das *alte* Riobamba 8°,5 nordlich vom Parallel des *neuen*, oder mit andern Worten: die Breite des neuen Riobamba muſs *südlicher* als die des alten seyn. Auch zu *Acapulco* gaben die von α Crucis beobachteten Höhen eine Breite, welche mit der vom unglücklichen *Malaspina* mit groſsen Quadranten ausgemittelten, zusammenstimmte.

Wenn nun die Breite von *Quito* einer Correction bedürfen mag; so ist es merkwürdig, daſs auch die von *Cuenza*, des südlichen Endpuncts der peruanischen Gradmessung, eine ähnliche Änderung zu erfordern scheint. Ich finde nehmlich für *Cuenza* folgende Breiten.

1)

1) Aus *Ulloa's* Beobachtungen.

| 1739. | Merid. Höhe der Sonne | Abweich. der Sonne | S. Breite | |
|---|---|---|---|---|
| Sept. 24 Unt. ☉ | 87° 17′ 15″ | 0° 27′ 45″,3 S. | 2° 54′ 31″,9 | Mit *Godin's* 24zölligen Quadranten. |
| 25 Ob. ☉ | 88 13 49 | 0 51 4, 4 - | 2 53 15, 6 | |

*Ulloa's* Beobachtungsort war nahe bey der grofsen Kirche. Refraction nach Bouguer.

2) Aus Herrn *von Humboldt's* Beobachtungen des α Centauri finde ich die Breite des grofsen Platzes in *Cuenza* 2° 55′ 3″; statt dessen die am Zenithsector angestellten 2° 54′ 2″,8 gaben.

Es ist merkwürdig, dafs die Vergröfserung der Breiten beyder Endpuncte der Dreyecksreihe, indem sie den Werth des Breitengrades für Quito und Cuenca wenig ändert, für die Verbindung mit den zwischenliegenden Puncten durchgängig Resultate gewährt, welche sich nicht so *enorm* von der Wahrscheinlichkeit entfernen *). Und gerade *dies* möchte für die Vergröfserung jener beyden Breiten sprechen.

Möge es immerhin wahr seyn, dafs die mir zu Gebote stehende Beobachtungen älterer und neuerer Zeit in Hinsicht sowohl der geringen Gröfse der Instrumente womit sie angestellt wurden, als auch der Methoden, welcher ich mich zu ihrer Reduction bedienen mufste, keinesweges die Resultate, welche 20füfsige Sectoren gewährten, *mit Recht* verdrängen können; *rechtfertigen* werden sie doch wenigstens den Wunsch, dafs irgend jemand mit bordaischen Kreisen den astronomischen Theil der peruanischen Gradmessung wiederholen möge. Er würde dadurch den Zweifel heben, welchen man seit einiger Zeit gegen ihn aufgeworfen hat; ob *mit*

*) Man vergleiche hiermit M. C. 1807 Oct. p.

*mit Recht* oder *mit Unrecht*, das würde gerade *dann* entschieden werden.

## Über die Theilungsfehler der Hadleyschen Spiegel-Sextanten, von Herrn *F. W. Bessel* in Lilienthal.

unterm 18. Febr. 1808 eingesandt.

Das was Herr *Doctor Benzenberg* im astron. Jahrbuche für 1809 über diesen Gegenstand äufserte, ist, wie es scheint, das erste was darüber gedruckt wurde, auch die Veranlassung dieser Bemerkung *). Es kann allen Astronomen die den Sextanten gebrauchen, und von diesem trefflichen Instrumente alle den Nutzen ziehen wollen, den es gewähren kann, nicht anders als sehr angenehm seyn, von Herrn Dr. B. auf einen Fehler aufmerksam gemacht worden zu seyn, der vorher vielleicht nie berücksichtigt wurde, der bey dem am angeführten Orte beschriebenen Sextanten beträchtlich genug ist, um in Rechnung gebracht werden zu müssen, und dessen Einflufs man um so mehr zu vermeiden suchen mufs, da er sich auf eine constante Weise äufsert, und durch ein Mittel aus mehrern Beobachtungen keinesweges aufgehoben werden kann. In dieser Rücksicht ist es vielleicht auch mir erlaubt, etwas über diese Materie zu sagen, und eine theoretische Schwierigkeit

*) S. auch den vorigen Aufsatz des Herrn D. Benzenberg.
*Bode.*

rigkeit zu erwähnen, die das Benzenbergsche Verfahren übrig läſst.

Den Theilungsfehler für jeden Winkel von $\frac{360^\circ}{n}$ bestimmte Herr Dr. Benzenberg dadurch, daſs er die Angularabstände zwischen *n* im Horizonte befindlichen, scheinbar etwa gleich weit von einander entfernten Gegenständen, mit dem Sextanten maaſs, und den Unterschied ihrer Summe, von 360°, als die *n* mahlige, diesem Winkel zugehörige, und bei den Messungen anzubringende Correction ansah. Man kann indeſs leicht erweisen, daſs dieses Verfahren in allen Fällen, wenn der Sextant wirklich unrichtig getheilt ist, ein unrichtiges Resultat geben, und daſs es desto mehr fehlen muſs, je mehr die Correctionen sich ändern. Die Einrichtung des Sextanten erlaubt nämlich nicht, einen Winkel unmittelbar durch die Stellung des o Punkts der Alhidade zu messen, es sei denn, daſs dieser Punct genau auf einen Theilstrich fiele; in allen andern Fällen muſs man den Überschuſs des Winkels über den, durch den nächst vorhergehenden Theilstrich angegebnen, durch den Nonius bestimmen; und diese Bestimmung kann nur dann richtig seyn, wenn die bei der Construction des Sextanten gemachte Voraussetzung, daſs *m* Theile des Nonius, $m-1$ Theilen des Limbus gleich sind, wirklich Statt findet, oder mit andern Worten, nur dann, wenn der Sextant eine überall gleichförmige Theilung hat, und der Nonius dieser vollkommen entspricht.

Die Tafel, die Herr Dr. Benzenberg beibringt, zeigt. daſs der Fehler dieser Voraussetzung bei dem dort erwähnten Sextanten, oft sehr beträchtlich ist: so z. B. beträgt er für den Zwischenraum zwischen 36 und 45°,

der

der noch nicht einmahl so groſs ist, als der vom Nonius bedeckte Raum, volle 43″; zwischen 36 und 25° aber 19″ u. s. w. Man kann hieraus leicht übersehen, daſs das beschriebene Verfahren in solchen Fällen sehr irrige Resultate geben muſs, die sich der Wahrheit oft kaum nähern werden.

Indeſs kann man allerdings diese Fehler vermeiden; ich würde dazu folgendes sehr einfache Mittel vorschlagen. Auſser dem auf gewöhnliche Weise abgelesenen Winkel $w'$ muſs nämlich bey jeder Messung der Theilstrich des Limbus $W'$ notirt werden, mit dem der, den Winkel angebende Noniusstrich coincidirt; der Unterschied der Summe $n$ solcher Winkel, wird denn der Summe der Correctionen für alle $W'$, oder $= \varphi W' + \varphi W'' + \varphi W''' + \ldots\ldots + \varphi W^n$ seyn (durch $\varphi W'$ u. s. w. sind die den Winkeln $W'$ u. s. w. zugehörigen Correctionen bezeichnet). Nimmt man nun an, daſs die Correctionen als Ordinaten einer krummen Linie betrachtet werden können, deren Abscissen die zugehörigen Puncte des Limbus sind — eine Voraussetzung die man machen *muſs*, wenn man nicht jeden *einzelnen* Theilstrich untersuchen kann oder will; — so kann man $\varphi W''$ durch die Reihe

$$\varphi W' + \frac{d\varphi W'}{dW'}(W'' - W') + \frac{d^2\varphi W''}{1.2.dW'^2}(W'' - W')^2 + \ldots$$

und $\varphi W'''$ u. s. w., durch ähnliche Reihen, die desto schneller convergiren, je kleiner $W'' - W'$, $W''' - W'$, u. s. w. sind, ausdrücken. Dadurch daſs man die Winkel $W'$, $W''$, etc. beinahe gleich macht, wird man sich es also erlauben dürfen, die Reihen schon beim zweiten Gliede abzubrechen, oder

$$\varphi W'' = \varphi W' + \frac{d\varphi W'}{dW'}(W'' - W')$$

zu setzen, in welcher Voraussetzung

$$\frac{360^\circ - (w' + w'' + w''' \ldots\ldots + w^n)}{n} = \varphi\left(\frac{W' + W'' + W''' \ldots + W^n}{n}\right)$$

ist: oder die gefundene Correction, ist nicht die dem Winkel $\frac{360}{n}$ zugehörige, sondern sie gehört zu einem Mittel aus $W' + W'' + W''' +$ &c. Auf diese Weise könnte man für mehrere Winkel die Correction bestimmen, und denn durch Hülfe einer leichten Interpolation eine Tafel entwerfen, die sie von Grad zu Grad angäbe, und deren Argument immer der Theilstrich des Limbus seyn würde, dessen Coincidenz mit einem Noniusstriche man beobachtet.

Die Änderungen dieses Verfahrens, wenn man, außer den beinahe gleichen Winkeln, einen oder mehrere größere beobachtet, wie Herr Dr. Benzenberg p. 227 vorschlägt, so wie die Correctionen die von einer etwa unrichtigen Theilung des Nonius herrühren könnten, wird sich jeder leicht selbst entwickeln.

## Astronomische Beobachtungen, zu Paris auf der Kayserl. Sternwarte angestellt, vom Herrn *Bouvard*.

1804 Jan. 26. Von der ☾ Finsterniß erlaubten die Wolken nur zu beobachten: Austr. der Mitte des Tycho 6 U. 26′ 38″ M. Z. Das Ende geschätzt 7 U. 0′ 30″.

1804

1804 Febr. 16. Eintr. des I. ♃ Trab. 18 U. 20′ 36″ M. Z. Dollond. Fernrohr, eine gute Beob.

May 15. Eintr. des III. ♃ Trab. um 9 U. 5′ 29″ M. Z. Dollond. Telesk. 130 mit Vergr. Luft neblicht, doch Streifen deutlich.

— — Austr. des III. ♃ Trab. um 11 U. 0′ 6″ M. Z. eine gute Beobachtung.

— 29. Austr. des I. ♃ Trab. um 12 U. 2′ 57″ M. Z. neblichte Luft, Streifen kaum kenntlich.

Jun. 1. Austr. des II. ♃ Trab. um 13 U. 15′ 1′ M. Z. Dünste, ♃ zitterte, schlecht begränzt.

— 27. Austr. des II. ♃ Trab. um 10 U. 20′ 32″ M. Z. heitre Luft, ♃ und seine Streifen sehr sichtbar.

Jul. 17. Eintr. * ♏ am dunkeln ☾ Rande 9 U. 42′ 1″ M. Z.

Austr. * ♏ am hellen ☾ R. 10 U. 36′ 8″ M. Z. Eintr. gut, Austr. etwas zweifelhaft, der Dünste wegen.

Dies sind sämmtliche Beobachtungen der Himmelsbegebenheiten, die in dem vom 24. Sept. 1803 bis dahin 1804 geführten Tagebuche der Sternwarte über beobachtete Culminationen der Sonne, des Mondes, der Planeten und Fixsterne am Mittagsfernrohr, vorkommen. (S. C. d. T. pour l'an 1808 p. 255—321).

*B.*

Schein-

# Scheinbarer mittlerer Abstand von 38 Paar Sternen, und die Coefficienten für die Verbesserung desselben, wegen Aberration in gerader Aufsteigung und Abweichung, für eine jede Zeit.

## T a f. I.

| No. | | Abstand G. M. S. | Verbesserungen. A | B | C |
|---|---|---|---|---|---|
| 1 | ε gr. Bär γ kl. Bär | 21 58 38 | 0,274 | − 0,86 | + 0,41 |
| 2 | δ — — β — — | 22 39 4 | 0,235 | − 0,89 | + 0,42 |
| 3 | β — — α Drache | 23 19 41 | 0,417 | − 0,63 | − 0,05 |
| 4 | β — — η gr. Bär | 25 33 47 | 0,538 | − 0,04 | − 0,54 |
| 5 | α — — γ kl. — | 25 41 1 | 0,292 | − 0,77 | − 0,23 |
| 6 | ι — — η Drache | 27 0 45 | 0,456 | − 0,55 | − 0,24 |
| 7 | ζ — — ζ — | 28 39 55 | 0,403 | − 0,69 | − 0,14 |
| 8 | α Drache β — | 28 35 17 | 0,417 | + 0,02 | − 0,73 |
| 9 | *Arctur* η gr. Bär | 30 32 56 | 0,138 | − 0,99 | + 0,97 |
| 10 | ζ Drache ε gr. Bär | 30 58 34 | 0,392 | − 0,26 | − 0,69 |
| 11 | β Bootes γ kl. Bär | 31 31 6 | 0,049 | − 0,99 | + 0,99 |
| 12 | θ Drache α Krone | 32 10 33 | 0,118 | + 0,97 | − 0,99 |
| 13 | α — δ Bootes | 32 54 23 | 0,187 | + 0,89 | − 0,97 |
| 14 | β — ζ gr. Bär | 35 27 11 | 0,521 | − 0,52 | − 0,36 |
| 15 | α — α Krone | 40 20 4 | 0,213 | + 0,86 | − 0,97 |

*) Diese Tafeln sind aus des Herrn Prof. *van Beeck Calkoen* in Utrecht: *Guide des Marins etc.* 26 Seiten in 8vo Amsterdam 1806 entlehnt. Die Abstände hat Hr. *Merkus* in Leiden mit dem gröfsten Fleifs aufs genaueste berechnet, und die geraden Aufsteigungen und Abweichungen dieser 27 Sterne nach Piazzi's Catalog dabey zum Grunde gelegt. (S. meine Ausgabe desselben vom Jahre 1805) Die Tafeln für die Aberration sind aus *Mezger's* Tabulae Aberrat. etc. und der C. d. T. 1791. X und XIV genommen. *Bode.*

| No. | | Abstand G | M. | S. | Verbesserungen. A | B | C |
|---|---|---|---|---|---|---|---|
| 16 | Drache β gr. Bär | 41 | 12 | 59 | 0,331 | — 0,58 | — 0,79 |
| 17 | *Arctur* ι Drache | 41 | 35 | 16 | 0,266 | — 0,97 | + 0,89 |
| 18 | β Drache λ — | 42 | 9 | 0 | 0,304 | — 0,86 | — 0,42 |
| 19 | λ — γ — | 44 | 54 | 36 | 0,292 | — 0,49 | — 0,88 |
| 20 | α Drache *Arctur* | 45 | 6 | 40 | 0,018 | + 1,00 | — 1,00 |
| 21 | β — γ gr. Bär | 47 | 34 | 22 | 0,377 | — 0,63 | — 0,56 |
| 22 | α gr. B. β Drache | 48 | 25 | 20 | 0,368 | — 0,59 | — 0,80 |
| 23 | *Arctur* β — | 49 | 58 | 46 | 0,570 | — 0,79 | + 0,35 |
| 24 | *Capella* β gr. B. | 51 | 21 | 58 | 0,480 | — 0,72 | — 0,45 |
| 25 | β Drach. β — | 51 | 54 | 34 | 0,411 | — 0,74 | — 0,44 |
| 26 | β Fuhrm. γ — | 54 | 32 | 39 | 0,500 | — 0,71 | + 0,40 |
| 27 | β Cepheus *Capella* | 54 | 58 | 50 | 0,269 | — 0,63 | — 0,92 |
| 28 | γ Drach. β gr. B. | 55 | 14 | 8 | 0,392 | — 0,77 | — 0,68 |
| 29 | ι gr. Bär *Wega* | 56 | 31 | 3 | 0,509 | — 0,35 | — 0,76 |
| 30 | *Wega* α Cassiopeja | 58 | 56 | 35 | 0,517 | — 0,75 | — 0,41 |
| 31 | *Wega* γ — | 59 | 6 | 11 | 0,459 | — 0,81 | — 0,42 |
| 32 | α Pers. β gr. B. | 60 | 41 | 0 | 0,366 | — 0,83 | — 0,73 |
| 33 | *Wega* δ — | 60 | 55 | 48 | 0,469 | — 0,79 | — 0,46 |
| 34 | α Drach. β Fuhrm. | 61 | 24 | 14 | 0,281 | — 0,74 | — 0,92 |
| 35 | ι gr. B. *Capella* | 64 | 7 | 25 | 0,379 | — 0,72 | — 0,84 |
| 36 | *Wega* γ gr. B. | 65 | 15 | 0 | 0,496 | — 0,76 | — 0,49 |
| 37 | *Wega* [illegible] — | 66 | 2 | 13 | 0,355 | — 0,89 | — 0,64 |
| 38 | *Wega* β — | 69 | 38 | 48 | 0,406 | — 0,85 | — 0,66 |

## Beyläufige gerade Aufsteigungen.

| | | | | | | | |
|---|---|---|---|---|---|---|---|
| α Cassiopeja | 7° | ι gr. Bär | 191° | γ kl. Bär | 230° | | |
| α Perseus | 48 | ζ — — | 199 | α Krone | 232 | | |
| *Capella* | 76 | η — — | 205 | θ Drache | 240 | | |
| β Fuhrmann | 86 | α Drachen | 210 | η — | 245 | | |
| β gr. Bär | 162 | *Arctur* | 212 | ζ — | 257 | | |
| α — — | 163 | β kl. Bär | 223 | β — | 261 | | |
| λ Drache | 170 | β Bootes | 224 | γ — | 268 | | |
| γ gr. Bär | 176 | δ — | 227 | *Wega* | 278 | | |
| δ — — | 181 | ι Drache | 230 | β Ceph. | 321 | | |

Taf. II.

Taf. II. Zur Erfindung der Aberration in ger. Aufst. und Abweichung.

α ger. Aufst. δ Abweichung.

| Länge der ☉ Z. | Gr. | Z. | α Cassiopeja. α | δ | α Perseus. α | δ |
|---|---|---|---|---|---|---|
| O | 0 | VI | − 32″,0 + | − 2″,6 + | − 19″,1 + | + 4″,9 − |
| | 10 | | 32, 3 | 5, 4 | 22, 6 | 3, 0 |
| | 20 | | 31, 6 | 8, 1 | 25, 6 | 1, 0 |
| I | 0 | VII | 29, 9 | 10, 5 | 27, 7 | − 0, 8 + |
| | 10 | | 27, 3 | 12, 5 | 29, 0 | . 8 |
| | 20 | | 23, 9 | 14, 2 | 2[illegible], 4 | 4, 7 |
| II | 0 | VIII | 19, 7 | 15, 4 | 29, 0 | 6, 4 |
| | 10 | | 14, 9 | 16, 2 | 27, 6 | 7, 9 |
| | 20 | | 9, 8 | 16, 5 | 25, 3 | 9, 2 |
| III | 0 | IX | 4″,3 | 16″,3 | 22″4 | 10″,2 |
| | 10 | | + 1, 3 − | 15, 6 | 18, 7 | 10, 8 |
| | 20 | | 6, 9 | 14, 4 | 14, 5 | 11, 3 |
| IV | 0 | X | 12, 3 | 12, 6 | 9, 8 | 11, 3 |
| | 10 | | 17, 4 | 10, 7 | 4, 8 | 11, 0 |
| | 20 | | 21, 8 | 8, 4 | + 0, 2 − | 10, 4 |
| V | 0 | XI | 25, 5 | 5, 8 | 5, 3 | 9, 3 |
| | 10 | | 28, 7 | 3, 0 | 10, 2 | 8, 1 |
| | 20 | | 30, 9 | 0, 2 | 14, 9 | 6, 6 |

| Länge der ☉ Z. | Gr. | Z. | Capella α | δ | β Fuhrmann. α | δ |
|---|---|---|---|---|---|---|
| O | 0 | VI | − 6″,7 + | + 7″,1 − | − 1″,9 + | + 7″,3 − |
| | 10 | | 11, 4 | 6, 4 | 6, 8 | 7, 0 |
| | 20 | | 15, 8 | 5, 4 | 10, 5 | 6, 5 |
| I | 0 | VIV | 19, 7 | 4, 3 | 15, 8 | 5, 8 |
| | 10 | | 22, 9 | 3, 1 | 19, 7 | 4, 9 |
| | 20 | | 25, 6 | 1, 8 | 22, 9 | 3, 9 |
| II | 0 | VIII | 27, 4 | 0, 4 | 25, 5 | 2, 8 |
| | 10 | | 28, 3 | − 1, 0 + | 27, 3 | 1, 5 |
| | 20 | | 28, 5 | 2, 4 | 28, 2 | 0 2 |
| III | 0 | IX | 27″,7 | 3″,7 | 28″ 3 | − 1″,0 + |
| | 10 | | 26, 1 | 4, 8 | 27, 6 | 2, 3 |
| | 20 | | 23, 7 | 5, 8 | 26, 0 | 3, 5 |
| IV | 0 | X | 20, 6 | 6, 7 | 23, 6 | 4, 6 |
| | 10 | | 16, 9 | 7, 4 | 20, 5 | 5, 5 |
| | 20 | | 12, 6 | 7, 8 | 16, 7 | 6, 3 |
| V | 0 | XI | 8, 0 | 8, 0 | 12, 5 | 6, 9 |
| | 10 | | 3, 1 | 7, 9 | 7, 9 | 7, 2 |
| | 20 | | + 1, 8 − | 7, 6 | 3, 0 | 7, 4 |

| Länge der ⊙ Z. | Gr. | Z. | β grofse Bär. α | β grofse Bär. δ | α grofse Bär. α | α grofse Bär. δ |
|---|---|---|---|---|---|---|
| O | 0 | VI | + 32″,6 − | + 0″,5 − | + 38″,3 − | + 1″,5 − |
| | 10 | | 30, 0 | 3, 3 | 35, 6 | 4, 4 |
| | 20 | | 26, 7 | 6, 0 | 31, 6 | 7, 2 |
| I | 0 | VII | 22, 5 | 8, 4 | 26, 6 | 9, 7 |
| | 10 | | 17, 6 | 10, 6 | 20, 8 | 12, 0 |
| | 20 | | 11, 8 | 12, 6 | 14, 4 | 14, 0 |
| II | 0 | VIII | 6, 3 | 14, 1 | 7, 5 | 15, 4 |
| | 10 | | 0, 3 | 15, 2 | 0, 3 | 16, 4 |
| | 20 | | − 5, 1 + | 15, 9 | − 6, 8 + | 17, 0 |
| III | 0 | IX | 11″,5 | 16″,0 | 13″,7 | 17″,1 |
| | 10 | | 17, 6 | 15, 7 | 20, 2 | 17, 0 |
| | 20 | | 22, 0 | 14, 8 | 26, 0 | 16, 4 |
| IV | 0 | X | 26, 3 | 13, 6 | 31, 2 | 15, 4 |
| | 10 | | 30, 0 | 11, 9 | 35, 2 | 14, 0 |
| | 20 | | 32, 4 | 9, 9 | 38, 3 | 12, 0 |
| V | 0 | XI | 34, 0 | 7, 6 | 40, 1 | 9, 7 |
| | 10 | | 34, 6 | 4, 9 | 40, 8 | 7, 2 |
| | 20 | | 34, 1 | 2, 3 | 40, 2 | 4, 4 |

| Länge der ⊙ Z. | Gr. | Z. | λ Drache. α | λ Drache. δ | γ grofse Bär. α | γ grofse Bär. δ |
|---|---|---|---|---|---|---|
| O | 0 | VI | + 54″,6 − | + 0″,3 − | + 31″,9 | − 3″,3 + |
| | 10 | | 51, 8 | 3, 6 | 31, 0 | 0 4 |
| | 20 | | 47, 6 | 6, 7 | 29, 1 | + 2, 5 − |
| I | 0 | VII | 41, 9 | 9, 7 | 26, 3 | 5, 3 |
| | 10 | | 34, 9 | 12, 3 | 22, 6 | 8, 0 |
| | 20 | | 26, 9 | 14, 6 | 18, 3 | 10, 4 |
| II | 0 | VIII | 18. 0 | 16, 4 | 13, 4 | 12, 5 |
| | 10 | | 8, 6 | 17, 7 | 8, 1 | 14, 2 |
| | 20 | | − 1, 0 + | 18, 5 | 2, 6 | 15, 1 |
| III | 0 | IX | 10″,7 | 18″,7 | − 3″,0 + | 16″,4 |
| | 10 | | 20, 0 | 18, 4 | 8, 5 | 16, 7 |
| | 20 | | 28, 7 | 17, 5 | 13, 7 | 16, 5 |
| IV | 0 | X | 36, 5 | 16, 0 | 18, 5 | 15, 8 |
| | 10 | | 43, 2 | 14, 1 | 22, 7 | 14, 6 |
| | 20 | | 48, 6 | 11, 7 | 26, 3 | 13, 0 |
| V | 0 | XI | 52, 6 | 9, 0 | 29, 1 | 11, 0 |
| | 10 | | 54, 9 | 6, 0 | 31, 0 | 8, 7 |
| | 20 | | 55, 6 | 2, 8 | 31, 9 | 6, 1 |

| Länge der ☉ Z. | Gr. | Z. | δ grosse Bär. α | δ | ε grosse Bär. α | δ |
|---|---|---|---|---|---|---|
| O | 0 | VI | + 35",1 − | − 4",4 + | + 33",2 − | − 7",1 + |
| | 10 | | 34, 6 | 1, 3 | 33, 9 | 4, 3 |
| | 20 | | 33, 1 | + 1, 7 − | 33, 6 | 1, 2 |
| I | 0 | VII | 30, 6 | 4, 7 | 32, 2 | + 1, 9 |
| | 10 | | 27, 2 | 7, 6 | 29, 9 | 5, 0 |
| | 20 | | 23, 0 | 10, 2 | 26, 7 | 7, 9 |
| II | 0 | VIII | 18, 0 | 12, 5 | 22, 6 | 10, 6 |
| | 10 | | 12, 5 | 14, 4 | 18, 0 | 13, 0 |
| | 20 | | 6, 6 | 15, 9 | 12, 7 | 14, 9 |
| III | 0 | IX | 0",5 | 17",0 | 7",1 | 16",5 |
| | 10 | | − 5, 6 + | 17, 5 | 1, 2 | 17, 5 |
| | 20 | | 11, 5 | 17, 5 | − 4, 7 + | 17, 9 |
| IV | 0 | X | 17, 0 | 17, 0 | 10, 5 | 17, 9 |
| | 10 | | 22, 1 | 15, 9 | 16, 0 | 17, 3 |
| | 20 | | 26, 5 | 14, 4 | 20, 4 | 16, 1 |
| V | 0 | XI | 30, 1 | 12, 3 | 25, 2 | 14, 5 |
| | 10 | | 32, 8 | 10, 0 | 28, 7 | 12, 4 |
| | 20 | | 34, 5 | 7, 2 | 31, 4 | 9, 9 |

| Länge der ☉ Z. | Gr. | Z. | ζ grosse Bär. α | δ | η grosse Bär. α | δ |
|---|---|---|---|---|---|---|
| O | 0 | VI | + 31",2 − | − 9",3 + | + 26",3 − | − 11",0 + |
| | 10 | | 32, 7 | 6, 4 | 28, 1 | 8, 4 |
| | 20 | | 33, 2 | 3, 4 | 29, 1 | 5, 5 |
| I | 0 | VII | 32, 7 | 0, 2 | 29, 3 | 2, 5 |
| | 10 | | 31, 2 | 2, 9 − | 28, 5 | + 0, 7 − |
| | 20 | | 28, 8 | 6, 2 | 26, 9 | 3, 7 |
| II | 0 | VIII | 25, 5 | 9, 0 | 24, 5 | 6, 6 |
| | 10 | | 21, 4 | 11, 6 | 21, 3 | 9, 4 |
| | 20 | | 16, 7 | 13, 8 | 17, 5 | 12, 0 |
| III | 0 | IX | 11",5 | 15",6 | 13",1 | 14",0 |
| | 10 | | 5, 8 | 17, 0 | 8, 4 | 15, 7 |
| | 20 | | 0, 1 | 17, 9 | 3, 3 | 16, 9 |
| IV | 0 | X | − 5, 6 | 18, 2 | − 12, 7 + | 17, 6 |
| | 10 | | 11, 3 | 17, 9 | 6, 8 | 17, 8 |
| | 20 | | 16, 5 | 17, 2 | 11, 6 | 17, 4 |
| V | 0 | XI | 21, 2 | 15, 9 | 16, 2 | 16, 5 |
| | 10 | | 25, 4 | 14, 1 | 20, 1 | 15, 1 |
| | 20 | | 28, 7 | 11, 9 | 23, 5 | 13, 2 |

| Länge der ☉ | | | α Drache. | | *Arcturus.* | |
|---|---|---|---|---|---|---|
| Z. | Gr. | Z. | α | δ | α | δ |
| O | 0 | VI | + 38″,6 − | − 11″,6 + | + 16″,8 − | − 10″,4 + |
| | 10 | | 42, 0 | 8, 6 | 18, 4 | 9, 3 |
| | 20 | | 44, 5 | 5, 5 | 19, 5 | 7, 8 |
| I | 0 | VII | 45, 3 | 2, 1 | 20, 1 | 6, 2 |
| | 10 | | 44, 9 | + 1, 3 − | 20, 0 | 4, 3 |
| | 20 | | 43, 1 | 4, 7 | 19, 3 | 2, 3 |
| II | 0 | VIII | 39, 8 | 7, 9 | 18, 1 | 0, 3 |
| | 10 | | 35, 4 | 10, 9 | 16, 2 | + 1, 8 − |
| | 20 | | 30, 9 | 13, 6 | 13, 9 | 3, 3 |
| III | 0 | IX | 23″,9 | 15″,8 | 11″,2 | 5″,7 |
| | 10 | | 16, 7 | 17, 6 | 8, 1 | 7, 5 |
| | 20 | | 9, 3 | 18, 8 | 4, 7 | 9, 0 |
| IV | 0 | X | 1, 4 | 19, 5 | 1, 3 | 10, 2 |
| | 10 | | − 6, 5 + | 19, 5 | − 2, 2 + | 11, 2 |
| | 20 | | 14, 2 | 19, 0 | 5, 6 | 11, 7 |
| V | 0 | XI | 21, 5 | 17, 9 | 9, 0 | 11, 9 |
| | 10 | | 28, 0 | 16, 2 | 12, 0 | 11, 8 |
| | 20 | | 33, 9 | 14, 1 | 14, 0 | 11, 3 |

| Länge der ☉ | | | β kl. Bär. | | β Bootes. | |
|---|---|---|---|---|---|---|
| Z. | Gr. | Z. | α | δ | α | δ |
| O | 0 | VI | + 52″,6 − | − 14″,1 + | + 17″,8 − | − 14″,3 + |
| | 10 | | 61, 1 | 11, 5 | 20, 6 | 12, 4 |
| | 20 | | 67, 7 | 8, 4 | 23, 0 | 10, 1 |
| I | 0 | VII | 72, 3 | 6, 2 | 24, 5 | 7, 6 |
| | 10 | | 74, 6 | 1, 7 | 25, 4 | 4, 8 |
| | 20 | | 74, 7 | + 1, 7 − | 25, 4 | 1, 9 |
| II | 0 | VIII | 72, 6 | 5, 2 | 24, 7 | + 1, 2 − |
| | 10 | | 68, 2 | 8, 4 | 23, 3 | 4, 1 |
| | 20 | | 61, 7 | 11, 5 | 21, 1 | 6, 9 |
| III | 0 | IX | 53″,4 | 14″,1 | 18″,3 | 9″,6 |
| | 10 | | 43, 4 | 16, 4 | 14, 9 | 11, 9 |
| | 20 | | 32, 1 | 18, 1 | 11, 1 | 13, 9 |
| IV | 0 | X | 19, 9 | 19, 3 | 6, 9 | 15, 5 |
| | 10 | | 6, 9 | 19, 9 | 2, 5 | 16, 5 |
| | 20 | | − 6, 0 + | 19, 9 | − 1, 8 + | 17, 1 |
| V | 0 | XI | 18, 9 | 19, 1 | 6, 2 | 17, 1 |
| | 10 | | 31, 2 | 18, 1 | 10, 5 | 16, 7 |
| | 20 | | 42, 6 | 16, 4 | 14, 3 | 15, 8 |

| Länge der ⊙ | | | δ Bootes. | | ι Drache. | |
|---|---|---|---|---|---|---|
| Z. | Gr. | Z. | α | δ | α | δ |
| O | 0 | VI | + 15″,3 − | − 14″,1 + | + 23″,6 − | − 16″,0 + |
| | 10 | | 18, 0 | 12, 5 | 28, 6 | 13, 9 |
| | 20 | | 20, 4 | 10, 6 | 32, 7 | 11, 3 |
| I | 0 | VII | 22, 0 | 8, 4 | 35, 7 | 8, 4 |
| | 10 | | 23, 0 | 5, 8 | 37, 7 | 5, 2 |
| | 20 | | 23, 3 | 3, 1 | 38, 6 | 1, 8 |
| II | 0 | VIII | 22, 9 | 0, 4 | 38, 3 | + 1, 6 − |
| | 10 | | 21, 7 | + 2, 4 − | 36, 8 | 4, 9 |
| | 20 | | 19, 7 | 5, 1 | 34, 2 | 8, 1 |
| III | 0 | IX | 17″,5 | 7″,7 | 30″,5 | 11″,1 |
| | 10 | | 14, 7 | 10, 0 | 26, 0 | 13, 7 |
| | 20 | | 11, 3 | 12, 0 | 20, 6 | 15, 9 |
| IV | 0 | X | 7, 6 | 13, 7 | 14, 6 | 17, 6 |
| | 10 | | 3, 7 | 14, 9 | 8, 2 | 18, 8 |
| | 20 | | − 0, 4 + | 15, 7 | 1, 5 | 19, 4 |
| V | 0 | XI | 4, 5 | 16, 0 | − 5, 2 + | 19, 4 |
| | 10 | | 8, 3 | 15, 8 | 11, 8 | 18, 9 |
| | 20 | | 12, 0 | 15, 1 | 18, 0 | 17 7 |

| Länge der ⊙ | | | γ kl. Bär. | | α Krone, *Gemma.* | |
|---|---|---|---|---|---|---|
| Z. | Gr. | Z. | α | δ | α | δ |
| O | 0 | VI | + 39″,6 − | − 15″,9 + | + 12″,9 | − 13″,6 + |
| | 10 | | 48, 0 | 13, 5 | 15, 8 | 12, 4 |
| | 20 | | 55, 0 | 10, 7 | 18, 1 | 10, 8 |
| I | 0 | VII | 60, 3 | 7, 6 | 19, 9 | 8, 9 |
| | 10 | | 63, 7 | 4, 3 | 21, 2 | 6, 8 |
| | 20 | | 65, 3 | 0, 8 | 21, 7 | 4, 3 |
| II | 0 | VIII | 64, 9 | + 2, 6 − | 21, 7 + | 1, 8 |
| | 10 | | 62, 4 | 6, 1 | 20, 9 | + 0, 8 − |
| | 20 | | 58, 0 | 9, 3 | 19, 6 | 3, 4 |
| III | 0 | IX | 51″,8 | 12″,2 | 17″,6 | 5″,8 |
| | 10 | | 44, 3 | 14, 8 | 15, 1 | 8, 1 |
| | 20 | | 35, 4 | 16, 9 | 12, 1 | 10, 1 |
| IV | 0 | X | 25, 3 | 18, 5 | 8, 7 | 11, 9 |
| | 10 | | 14, 5 | 19, 6 | 5, 2 | 13, 2 |
| | 20 | | 3, 2 | 20, 0 | 1, 5 | 14, 2 |
| V | 0 | XI | − 8, 1 + | 19, 8 | − 2, 4 + | 14, 7 |
| | 10 | | 19, 2 | 19, 0 | 6, 1 | 14, 8 |
| | 20 | | 29, 8 | 17, 8 | 9, 7 | 14, 5 |

| Länge der ⊙ | | | ι Drache. | | η Drachen. | |
|---|---|---|---|---|---|---|
| Z. | Gr. | Z. | α | δ | α | δ |
| O | o | VI | + 18″,1 − | − 17″,7 + | + 16″,9 − | − 18″,5 + |
| | 10 | | 23, 6 | 15, 9 | 23, 0 | 16, 9 |
| | 20 | | 28, 5 | 13, 6 | 28, 8 | 14, 8 |
| I | o | VII | 32, 4 | 10, 9 | 33, 7 | 12, 3 |
| | 10 | | 35, 4 | 7, 9 | 37, 6 | 9, 4 |
| | 20 | | 37, 4 | 4, 7 | 40, 4 | 6, 2 |
| II | o | VIII | 38, 1 | 1, 3 | 41, 9 | 2, 8 |
| | 10 | | 37, 6 | + 2, 1 − | 42, 1 | + 0, 7 − |
| | 20 | | 36, 2 | 5, 5 | 41, 1 | 4, 1 |
| III | o | IX | 33″,6 | 8″,7 | 38″,8 | 7″,4 |
| | 10 | | 29, 9 | 11, 6 | 35, 4 | 10, 5 |
| | 20 | | 25, 4 | 14, 2 | 30, 9 | 13, 3 |
| IV | o | X | 20, 0 | 16, 3 | 25, 4 | 15, 7 |
| | 10 | | 14, 1 | 18, 0 | 19, 2 | 17, 6 |
| | 20 | | 7, 7 | 19, 1 | 12, 3 | 18, 9 |
| V | o | XI | 1, 1 | 19, 6 | 5, 1 | 19, 7 |
| | 10 | | − 5, 5 + | 19, 6 | − 2, 2 + | 19, 9 |
| | 20 | | 12, 0 | 18, 9 | 9, 5 | 19, 5 |

| Länge der ⊙ | | | ζ Drache. | | β Drache. | |
|---|---|---|---|---|---|---|
| Z. | Gr. | Z. | α | δ | α | δ |
| O | o | VI | + 10″,6 − | − 19″,6 + | + 4″,6 − | − 19″,1 + |
| | 10 | | 19, 1 | 18, 5 | 10, 1 | 18, 4 |
| | 20 | | 27, 0 | 17, 0 | 15, 4 | 17, 3 |
| I | o | VII | 34, 1 | 14, 9 | 20, 2 | 15, 4 |
| | 10 | | 40, 2 | 12, 3 | 24, 4 | 13, 2 |
| | 20 | | 45, 0 | 9, 4 | 27, 8 | 10, 5 |
| II | o | VIII | 48, 5 | 6, 2 | 30, 2 | 7, 5 |
| | 10 | | 50, 5 | 2, 8 | 32, 1 | 4, 4 |
| | 20 | | 51, 0 | + 0, 7 − | 32, 8 | 1, 0 |
| III | o | IX | 49″,9 | 4″,1 | 32″,5 | + 2″,3 − |
| | 10 | | 47, 3 | 7, 5 | 31, 2 | 5, 7 |
| | 20 | | 43, 3 | 10, 6 | 28, 9 | 8, 7 |
| IV | o | X | 37, 9 | 13, 4 | 25, 8 | 11, 6 |
| | 10 | | 31, 4 | 15, 7 | 22, 0 | 14, 1 |
| | 20 | | 24, 6 | 17, 7 | 17, 4 | 16, 2 |
| V | o | XI | 15, 8 | 19, 0 | 12, 4 | 17, 8 |
| | 10 | | 7, 1 | 19, 8 | 6, 8 | 18, 8 |
| | 20 | | − 1, 7 + | 20, 0 | + 1, 2 − | 19, 3 |

| Länge der ☉ Z. | Gr. | Z. | γ Drache. α | δ | *Wega.* α | δ |
|---|---|---|---|---|---|---|
| O | 0 | VI | + 1'',1 − | − 19'',3 + | − 2'',8 − | − 17'',5 + |
| | 10 | | 6, 6 | 19, 8 | + 1, 4 − | 17, 5 |
| | 20 | | 12, 1 | 17, 9 | 5, 8 | 17, 0 |
| I | 0 | VII | 17, 1 | 16, 4 | 10, 1 | 15, 9 |
| | 10 | | 21, 5 | 14, 4 | 14, 0 | 14, 4 |
| | 20 | | 25, 4 | 12, 0 | 17, 4 | 12, 4 |
| II | 0 | VII | 28, 5 | 9, 1 | 20, 5 | 10, 1 |
| | 10 | | 30, 7 | 6, 1 | 22, 8 | 7, 4 |
| | 20 | | 31, 9 | 2, 8 | 24, 4 | 4, 6 |
| III | 0 | IX | 32'',2 | + 0'',6 − | 25'',2 | 1'',6 |
| | 10 | | 31, 5 | 4, 0 | 25, 5 | + 1, 8 − |
| | 20 | | 29, 9 | 7, 1 | 24, 8 | 4, 6 |
| IV | 0 | X | 27, 3 | 10, 2 | 23, 4 | 7, 4 |
| | 10 | | 23, 9 | 12, 9 | 21, 3 | 10, 1 |
| | 20 | | 19, 8 | 15, 1 | 18, 5 | 12, 4 |
| V | 0 | XI | 15, 1 | 17, 0 | 15, 2 | 14, 4 |
| | 10 | | 10, 0 | 18, 3 | 11, 4 | 15, 9 |
| | 20 | | 4, 4 | 19, 1 | 7, 3 | 17, 0 |

| Länge der ☉ Z. | Gr. | Z. | β Cepheus. α | δ |
|---|---|---|---|---|
| O | 0 | VI | − 41'',2 + | − 13'',5 + |
| | 10 | | 34, 4 | 15, 9 |
| | 20 | | 26, 5 | 17, 8 |
| I | 0 | VII | 17, 8 | 19, 0 |
| | 10 | | 8, 5 | 19, 7 |
| | 20 | | + 1, 0 − | 19, 9 |
| II | 0 | VIII | 10, 3 | 19, 4 |
| | 10 | | 19, 6 | 18, 3 |
| | 20 | | 28, 1 | 16, 7 |
| III | 0 | IX | 35'',8 | 14'',6 |
| | 10 | | 40, 9 | 12, 0 |
| | 20 | | 47, 7 | 9, 2 |
| IV | 0 | X | 51, 6 | 6, 0 |
| | 10 | | 54, 0 | 2, 5 |
| | 20 | | 54, 5 | + 0, 9 − |
| V | 0 | XI | 53, 6 | 4, 4 |
| | 10 | | 50, 9 | 7, 7 |
| | 20 | | 46, 9 | 10, 7 |

Hr. Prof. *van Beek Calkoen* schlägt in seinen Tractat: *Guide des Marins etc.* den Seefahrern sehr sinnreich vor, zur Erfindung des Totalfehlers eines Sextanten, Octanten etc. sich den im voraus genau berechneten

schein

scheinbaren Abstand zweyer Sterne zu bedienen, solchen zu messen und die Zeit abzuwarten, da, zur Bestimmung der Zeit auf der See, die Sonne eine gleiche Höhe hat, woraus sich dann der Fehler des Sextanten und die Correction der ⊙ Höhe unmittelbar ergeben würde. Ich beschränke mich hier aber nur mit der von ihm gegebenen Anweisung, diese Abstände für eine jede Zeit genau zu finden und solche allenfalls auch zur Untersuchung der Eintheilung eines Sextanten anzuwenden *).

Nemlich, die Abstände in der 1sten Tafel sind eigentlich die *mittlern* scheinbaren, welche aber beständig von den scheinbaren verschieden sind, indem die Stralenbrechung beyde Sterne erhebt und näher an ein ander bringt. Um diese Verkürzung zu bestimmen, setzt Herr C. voraus, daſs der Abstand gemessen wird, wenn beyde Sterne ohngefähr eine gleiche Höhe haben. Und dann ist selbige $= 2 \text{ Tang} \left(\frac{a}{2}\right) \text{ Tang } h \, \Delta h$ (wenn $a$ der Abstand, $h$ die Höhe und $\Delta h$ die Refraction für diese Höhe bedeutet). Der Werth von Tang $h$ $\Delta h$ ist beynahe derselbe für alle Bogen von 5 bis 80°, so daſs der mittlere Werth von $55\frac{1}{2}''$ keinen Fehler von $2''$ giebt. Daher $111'' \text{ Tang} \left(\frac{a}{2}\right) =$ diese Verkürzung jedes mittlern Abstandes. Nun ist in der Tafel jeder aus der geraden Aufst. und Abw. sich ergebende Abstand nach dieser Formel berechnet $a - 111'' \text{ Tang} \left(\frac{a}{2}\right)$ und

*) Zumal da nach aller Überlegung, gegen diese Methode sich die Einwendung machen läſst, daſs der gefundene Totalfehler bey jeder gemessenen Distanz wol nicht völlig als constant angenommen werden darf.

und giebt den in derselben angesetzten *mittleren scheinbaren Abstand*.

Die geraden Aufsteigungen und Abweichungen der Sterne sind wegen der Praecession, der Nutation, der Aberration und der eigenen Bewegung, Veränderungen unterworfen. Die beiden ersten haben aber bey dem scheinbaren Abstande zweyer Sterne keinen Einflufs; und letztere ist äufserst unbedeutend oder auch noch nicht genau bekannt. Es bleibt also nur die Wirkung der Aberration zu berechnen, übrig. Hierzu gebraucht Herr C. das Differential der Gleichung für den Abstand und setzt die Seiten der Abweichung und dem Winkel zwischen beyden als veränderlich an. Dadurch ergiebt sich: die Veränderung $= Ax + By + Cz$ ($x$ zeigt den Unterschied der Veränderungen in gerader Aufst.; $y$ die der Abweichung des in der 1sten Tafel zuerst genannten Sterns; $z$ die der Abweichung des andern Sterns; indefs $A$, $B$ und $C$ veränderliche, für jeden Abstand berechnete Coefficienten sind. Wenn also die Werthe von $x$, $y$ und $z$ damit multiplicirt werden, so hat man die von der Aberration bewirkte Veränderung des Abstandes, sobald die Wirkung der Aberration bey ger. Aufst. und Abw. nach der zweiten Tafel für eine gegebene Zeit bekannt ist.

### Erstes Beispiel.

Die Länge der Sonne sey VIZ. 10°. Man sucht die Verbesserung wegen der Aberration für den scheinb. Abstand β Cepheus von *Capella* No. 27 in der Tafel.

ger.

ger. Aufst. β Ceph. 321°. ⊙ VI Z. 10° Taf. II. Aberr. in ger. Aufst. + 34″,4 in Abw. + 15″,9
- - - *Capella* 76°. - - + 11″,4 - - - 6″,4
*Untersch. - - − 23″,0 = $x$
+ 15, 9 = $y$
− 6, 4 = $z$

No. 27. Verbesserungsn $A$ = 0,269; $B$ = − 0,63; $C$ = − 0,92. Folglich $A.x$ = − 6″,19
$B.y$ = − 10, 02
− 16″,21
$C.z$ = + 5, 89
Veränderung im Abstande − 10″,42
Abstand nach der Tafel 54° 58′ 50″
scheinbarer Abstand 54° 58′ 39″,6

### Zweites Beispiel.

Es sey die Länge der ⊙ VII Z. 10° und man verlangt die Verbesserung des scheinb. Abstandes von α Drachen und α Krone. No. 15.

ger.

*) Man darf sich nur das sphärische Dreyeck welches die beyden Sterne mit dem Pole bilden, vorstelleu um einzusehen, ob der Werth von $x$ positiv oder negativ sey. Wenn, wie in diesem Fall der Unterschied der geraden Aufst. gröfser als 180° ist, so ist der Winkel am Pol das Supplement dieses Unterschiedes. Da folglich β Cepheus 34″ vorwärts rückt, so wird der Winkel kleiner; da aber Capella gleichfalls 11″ avancirt, so machen beyde Veränderungen zusammen, den Winkel um 23″ kleiner. Überhaupt, wenn △ die Veränderung in ger. Aufst. desjenigen Sterns bedeutet, der die geringste Aufst. hat und δ die des andern Sterns, so hat man δ − △ = $x$, wenn der Untersch. der ger. Aufst. kleiner als 180° ist; hingegen $x$ = △ − δ wenn derselbe gröfser ist.

ger. Aufst. ⁎ Drache 210°. ☉ VII Z. 10°. Taf. II. Aberr. in ger. Aufst. — 44″,9 Abw. — 1″,3
- - ⁎ Krone 232°. - - — 21. 2 — + 6″,8
Untersch. - + 23″,7 = $x$
— 1, 3 = $y$
+ 6, 8 = $z$

No. 15. Verbesserungen. $A$ = 0,213. $B$ = + 0,86. $C$ = — 0,97. Folglich $A.x$ = + 5″,05
$B.y$ = — 1, 12
$C.z$ = — 6, 60

Veränderung im Abstande — 2, 67
Abstand nach der Tafel 40° 20′ 4″
scheinbarer Abstand 40° 20′ 1″,3

*B.*

## Geographische Ortsbestimmungen an den italienischen Küsten.

Diese geographische Positionen sind vom Capitain *Durban* Esq. angestellt, und uns von Herrn von *Humboldt* mitgetheilt worden. Die Längen sind östlich von Greenwich gerechnet.

| | Breite | Länge | |
|---|---|---|---|
| *Cape Tolaro* | 38° 51′ 45″ | 8° 29′ 45″ | |
| Isle *Taureaux* | 38 51 32 | 8 15 25 | |
| Isle *Galita* | 37 35 45 | 9 27 8 | |
| *Esquirques* (Rocks) | 37 47 15 | 11 23 44 | *vor Anker* bestimmt. |
| *Zimbra* (Isle) | 37 11 0 | 11 26 14 | |
| *Cap Bon* | 37 5 30 | 11 39 34 | |
| *Stromboli* (Isle) | 38 44 47 | 16 2 48 | |
| *Messina* | 38 10 45 | 16 15 15 | |

*Galita*

*Galita* ist auch von Don *Dionisio Galiano*, des unglücklichen *Malaspina* verdienstvollen Gefährten auf seiner Reise um die Welt, bestimmt worden, welcher sie 37° 33′ 40″ 9° 2′ 38″ setzt. Der Unterschied zwischen beyden Positionen mag auch wohl zum Theil in einer Verschiedenheit der relevirten Puncte der Insel seinen Grund haben.

Berlin Jan. 1808. *J. Oltmanns.*

## Verzeichniſs der Längen und Breiten einiger Sterne bis zur vierten Gröſse die der Mond bedecken kann, für den Anfang des Jahres 1800, zum Behufe geographischer Längenbestimmungen berechnet, von Herrn *Jabbo Oltmanns*

im Jan. 1807 mitgetheilt.

Das nachstehende Verzeichniſs der Längen und Breiten einiger Sterne die der Mond bedecken kann, habe ich zur Erleichterung parallactischer Rechnungen berechnet. Die Rectascensionen und Declinationen sind aus Piazzi's groſsem Catalog entlehnt, und zwar erstere durchaus um 3″,8 (im Bogen) vermehrt, letztere so oft es anging aus dem Appendix genommen, weil diese nach Piazzi's Versicherung etwas genauer seyn sollen, als diejenigen die im Catalog stehen. Professor Bürgs Abhandlung in den Wiener Eph. f. 1806 p. 319

319 wird die erwähnte Vergröſserung der geraden Aufsteigungen rechtfertigen. Die mittlere Schiefe der Ecliptik nahm ich zu 23° 27′ 56″,7 an, und die Tafel für die Secularveränderung der Breite ist diejenige die in Prof. Wurms Parallaxenrechnung befindlich ist.

Nahme

| Nahme und Character der Sterne. | | Länge 1800. | | | | Breite 1800. | | | |
|---|---|---|---|---|---|---|---|---|---|
| δ ♓ | 4 | 0 Z | 11° | 21′ | 9,5 | 2° | 10 | 28″,4 | N |
| η ♓ | 4 | 0 | 24 | 1 | 17,9 | 5 | 21 | 51,6 | N |
| δ ♈ | 4 | 1 | 18 | 3 | 9,6 | 1 | 48 | 21,7 | N |
| Celaeno Plej. | 5 | 1 | 26 | 38 | 36,0 | 4 | 20 | 42,2 | N |
| Electra | 5 | 1 | 26 | 37 | 14,6 | 4 | 10 | 13,5 | N |
| Taygeta | 5 | 1 | 26 | 46 | 23,1 | 4 | 29 | 52,9 | N |
| Maja | 5 | 1 | 26 | 53 | 17,8 | 4 | 22 | 13,0 | N |
| Merope | 5 | 1 | 26 | 54 | 30,1 | 3 | 56 | 12,3 | N |
| Alcione | 3 | 1 | 27 | 12 | 3,9 | 4 | 1 | 54,3 | N |
| γ ♉ | 3 | 2 | 3 | 0 | 21,8 | 5 | 45 | 10,9 | S |
| 1 δ ♉ | 4 | 2 | 4 | 4 | 18,6 | 3 | 59 | 26,0 | S |
| 2 δ ♉ | 4 | 2 | 4 | 19 | 46,8 | 4 | 7 | 51,0 | S |
| ε ♉ | 3 | 2 | 5 | 40 | 1,3 | 2 | 35 | 22,6 | S |
| Aldebaran | 1 | 2 | 6 | 59 | 39,0 | 5 | 28 | 50,5 | S |
| ι ♉ | 4 | 2 | 13 | 59 | 33,4 | 1 | 13 | 17,2 | S |
| β ♉ | 2 | 2 | 19 | 46 | 54,8 | 5 | 22 | 7,9 | N |
| B ♉ | 3 | 2 | 24 | 42 | 33,0 | 1 | 7 | 40,9 | N |
| η ♊ | 4 | 3 | 0 | 38 | 48,1 | 0 | 54 | 45,6 | S |
| μ ♊ | 3 | 3 | 2 | 30 | 22,9 | 0 | 50 | 20,4 | S |
| ν ♊ | 4 | 3 | 4 | 0 | 45,0 | 3 | 4 | 49,2 | S |
| ε ♊ | 3 | 3 | 7 | 8 | 45,2 | 2 | 2 | 44,2 | N |
| ζ ♊ | 3 | 3 | 12 | 12 | 5,3 | 2 | 3 | 43,7 | S |
| δ ♊ | 3 | 3 | 15 | 43 | 38,8 | 0 | 12 | 1,4 | S |
| ι ♊ | 4 | 3 | 16 | 10 | 12,1 | 5 | 44 | 29,4 | N |
| κ ♊ | 4 | 3 | 20 | 52 | 24,2 | 3 | 3 | 30,8 | N |
| 2 ψ ♋ | 4 | 3 | 26 | 27 | 2,1 | 5 | 19 | 1,4 | N |
| γ ♋ | 4 | 4 | 4 | 45 | 0,0 | 3 | 10 | 31,0 | N |
| δ ♋ | 4 | 4 | 5 | 55 | 35,4 | 0 | 4 | 17,1 | N |
| 1 α ♋ | 4 | 4 | 10 | 18 | 40,1 | 5 | 29 | 39,1 | S |
| 2 α ♋ | 4 | 4 | 10 | 50 | 53,3 | 5 | 5 | 47, | S |
| κ ♋ | 4 | 4 | 13 | 22 | 47,4 | 5 | 35 | 7,0 | S |
| ξ ♌ | 4 | 4 | 18 | 51 | 35,3 | 3 | 9 | 44,8 | S |
| σ ♌ | 3 | 4 | 21 | 27 | 45,9 | 3 | 45 | 57,0 | S |
| ν ♌ | 4 | 4 | 24 | 32 | 43,8 | 0 | 2 | 28,5 | N |
| π ♌ | 4 | 4 | 26 | 31 | 23,9 | 3 | 55 | 13,2 | S |
| η ♌ | 3 | 4 | 25 | 6 | 44,4 | 4 | 51 | 14,3 | N |
| Regulus | 1 | 4 | 27 | 2 | 55,5 | 0 | 27 | 33,3 | N |
| 2 ϱ ♌ | 4 | 5 | 3 | 35 | 39,6 | 0 | 8 | 34,4 | N |
| χ ♌ | 4 | 5 | 11 | 43 | 55,8 | 1 | 20 | 50,5 | N |
| σ ♌ | 4 | 5 | 15 | 54 | 56,2 | 1 | 44 | 49,3 | N |
| ι ♌ | 4 | 5 | 14 | 45 | 30,6 | 6 | 6 | 8,0 | N |
| τ ♌ | 4 | 5 | 18 | 43 | 5,1 | 0 | 33 | 19,5 | S |
| e ♌ | 4 | 5 | 21 | 35 | 6,4 | 5 | 41 | 55,5 | S |
| υ ♌ | 4 | 5 | 22 | 14 | 44,2 | 3 | 2 | 45,6 | S |

| Nahme und Character der Sterne. | | Länge 1800. | | | | Breite 1800. | | | |
|---|---|---|---|---|---|---|---|---|---|
| β ♍ | 3 | 5 ∠ | 24° | 19 | 48,3 | 0° | 41' | 35'', 5 | N |
| η ♍ | 4 | 6 | 2 | 2 | 29,4 | 1 | 22 | 21, 6 | N |
| c ♍ | 3 | 6 | 0 | 34 | 29,2 | 5 | 4 | 38, 8 | N |
| 1 ν ♍ | 3 | 6 | 7 | 22 | 34,5 | 2 | 38 | 36, 2 | N |
| δ ♍ | 4 | 6 | 15 | 26 | 38,2 | 1 | 45 | 21, 9 | |
| Spica | 1 | 6 | 21 | 3 | 2,0 | 2 | 2 | 19, 5 | |
| ι ♍ | 4 | 6 | 21 | 58 | 35,5 | 3 | 20 | 9, 9 | S |
| κ ♍ | 4 | 7 | 1 | 42 | 7,5 | 2 | 55 | 23, 8 | N |
| λ ♍ | 4 | 7 | 4 | 9 | 34,1 | 0 | 30 | 27, 8 | N |
| 2 α ♎ | 2 | 7 | 12 | 17 | 39,2 | 0 | 21 | 33, 8 | N |
| 1 ι ♎ | 3 | 7 | 18 | 12 | 48,9 | 1 | 49 | 25, 8 | S |
| 4 ζ ♎ | 4 | 7 | 22 | 13 | 30,5 | 2 | 15 | 31, 3 | N |
| γ ♎ | 3 | 7 | 22 | 20 | 26,0 | 4 | 24 | 33, 7 | N |
| κ ♎ | 4 | 7 | 24 | 57 | 55,6 | 0 | 0 | 42, 7 | N |
| η ♎ | 4 | 7 | 24 | 33 | 39,5 | 4 | 1 | 38, 2 | N |
| λ ♎ | 4 | 7 | 27 | 40 | 56,9 | 0 | 6 | 43, 1 | N |
| θ ♎ | 4 | 7 | 27 | 4 | 30,0 | 3 | 29 | 17, 4 | N |
| 1 A ♏ | 4-5 | 7 | 28 | 49 | 31,5 | 4 | 55 | 15, 7 | S |
| π ♏ | 3 | 8 | 0 | 8 | 53,3 | 5 | 26 | 51, 4 | S |
| δ ♏ | 3 | 7 | 29 | 46 | 44,3 | 1 | 57 | 30, 9 | S |
| β1 ♏ | 2 | 8 | 0 | 23 | 49,9 | 1 | 2 | 6, 9 | N |
| Antares | 1 | 8 | 6 | 58 | 12,6 | 4 | 32 | 32, 4 | S |
| ν ♏ | 4 | 8 | 1 | 51 | 3,9 | 1 | 38 | 38, 6 | N |
| τ ♏ | 4 | 8 | 8 | 39 | 54,5 | 6 | 5 | 30, 0 | S |
| π Ophiuchi | 3 | 8 | 18 | 36 | 8,5 | 1 | 48 | 51, 8 | S |
| 1 μ ♐ | 4 | 9 | 0 | 25 | 16,5 | 2 | 22 | 10, 9 | N |
| δ ♐ | 3 | 9 | 1 | 47 | 11,9 | 6 | 26 | 30, 0 | S |
| λ ♐ | 4 | 9 | 3 | 31 | 39,8 | 2 | 5 | 56, 8 | S |
| σ ♐ | 3 | 9 | 9 | 35 | 44,0 | 3 | 25 | 9, 2 | S |
| ο ♐ | 4 | 9 | 12 | 11 | 52,2 | 0 | 53 | 25, 5 | N |
| τ ♐ | 4 | 9 | 12 | 2 | 47,1 | 5 | 2 | 55, 1 | S |
| π ♐ | 4 | 9 | 13 | 27 | 35,1 | 1 | 27 | 54, 7 | N |
| β ♑ | 3 | 10 | 1 | 15 | 14,4 | 4 | 36 | 40, 2 | N |
| ε ♑ | 4 | 10 | 17 | 24 | 18,0 | 4 | 57 | 33, 5 | |
| γ ♑ | 4 | 10 | 18 | 59 | 17,3 | 2 | 32 | 11, 6 | S |
| δ ♑ | 4 | 10 | 20 | 44 | 29,6 | 2 | 33 | 55, 5 | |
| ι ♒ | 4 | 10 | 25 | 55 | 25,7 | 2 | 3 | 53, 7 | |
| θ ♒ | 4 | 11 | 0 | 27 | 58,7 | 2 | 43 | 2, 7 | N |
| λ ♒ | 4 | 11 | 8 | 46 | 55,4 | 0 | 22 | 57, 8 | |
| ʃ ♓ | 4 | 11 | 26 | 8 | 56,1 | 5 | 46 | 10, 5 | |

## Secularänderung der Breite der Sterne für die Abnahme der Schiefe der Ecliptik. 55″.

| Länge des Sterns. | Seculairänderung der Breite. | Länge des Sterns. | Länge des Sterns. | Seculairänderung der Breite. | Länge des Sterns |
|---|---|---|---|---|---|
| 0 Z 0° | + 10″,3 − | VI 0 | III 0 | + 55″,0 − | IX 0 |
| 5 | + 15 ,0 − | 5 | 5 | + 53, 9 − | 5 |
| 10 | + 19 ,7 − | 10 | 10 | + 52, 4 − | 10 |
| 15 | + 24 ,2 − | 15 | 15 | + 50, 4 − | 15 |
| 20 | + 28 ,5 − | 20 | 20 | + 48, 2 − | 20 |
| 25 | + 32 ,6 − | 25 | 25 | + 45, 5 − | 25 |
| I 0 | + 36 ,4 − | VII 0 | IV 0 | + 42, 5 − | X 0 |
| 5 | + 40, 0 − | 5 | 5 | + 39, 2 − | 5 |
| 10 | + 43, 2 − | 10 | 10 | + 35, 5 − | 10 |
| 15 | + 46, 2 − | 15 | 15 | + 31, 6 − | 15 |
| 20 | + 48, 8 − | 20 | 20 | + 27, 5 − | 20 |
| 25 | + 51, 0 − | 25 | 25 | + 23, 1 − | 25 |
| II 0 | + 52, 8 − | VIII 0 | V 0 | + 18, 6 − | XI 0 |
| 5 | + 54, 2 − | 5 | 5 | + 13, 9 − | 5 |
| 10 | + 55, 2 − | 10 | 10 | + 9, 1 − | 10 |
| 15 | + 55, 8 − | 15 | 15 | + 4, 3 − | 15 |
| 20 | + 56, 0 − | 20 | 20 | − 0, 6 + | 20 |
| 25 | + 55, 7 − | 25 | 25 | − 5, 5 + | 25 |
| III 0 | + 55, 0 − | IX 0 | VI 0 | − 10, 3 + | XII 0 |

Anm. Für südl. Sterne wird die Breite noch mehr südlich wo − steht, kleiner aber bey +.

Eini-

## Einige astronomische zu Mitau in Curland angestellte Beobachtungen, vom Hrn. Prof. *Beitler*,

unterm 24. Febr. 1808 eingesandt.

### *A)* Sternbedeckungen durch den Mond.

M. Z. 1806. 12. Jul. 14ᵘ 37′ 27″.

Austritt τ♉ am dunkeln Mondrande. Den Eintritt hatte ich von deswegen nicht genau beobachten können, weil wegen des dunstigen Himmels der Stern verschwand, ehe der helle Mondrand ihn erreicht hatte. Setze ich die Verbesserung der Summe der Halbmesser $= \delta$, der Breite $= y$, der Aequatorialparallaxe $= \pi$, den vergröſserten und durch die Inflexion $= 2''$ verbesserten Halbmesser des Mondes $= 16' \, 14'',3$ scheinbare Länge, τ♉ nach *Bradley* $= 2^z \, 9^o \, 27' \, 15'',8$, dessen scheinbare Breite $= + \, 41' \, 28'',9$; so findet sich das Moment der wahren ☌ $= 14^u \, 57' \, 5'',2 - 2'',06 \, \delta + 1'',18 y - 0'',32 \pi$.

1806. 7. Sept. 15ᵘ 50′ 14″.

Austritt ζ♊ am dunkeln Mondrande. Auch diesesmal hatte der Eintritt am hellen Mondrande wegen der Dünste nicht genau beobachtet werden können.

1806. 2. Oct. 12ᵘ 7′ 29″,5.

Eintritt des Sterns τ♉. Genaue Beobachtung.

 1806.

1806. 2. Oct. $12^u 29' 26'',0$.

Austritt. Gleichfalls genau. Nach dem Bradleyischen Sternverzeichnisse war damals

Scheinbare Länge τ♉ = $2^z 9° 27' 51'',7$
Scheinbare Breite τ♉ = $+ 41' 29'',0$

den wegen der Inflexion um 2'' verminderten Halbmesser des Mondes, fand ich

für das Moment des Eintritts = $15' 47'',4$
für das Moment des Austritts = $15\ 48,2$

und so ergab sich durch die Rechnung nach der in des seel. la Lande Astronomie Tom. II. §. 1970. seq. der IIIten Ausgabe erklärten Methode das Moment der wahren Conjunction,

aus dem Eintr. = $12^u 52' 43'',82 + 5'',64\delta + 5'',35y - 3'',17\pi$
aus dem Austr. = $12\ 52\ 42,\ 74 - 5,\ 23\delta - 4,\ 91y + 3,\ 96\pi$
Mittel = $12\ 42\ 43,\ 28 + 0,\ 21\delta + 0,\ 22y + 0,\ 40\pi$
Differenz = $+ 1,\ 08 + 10,\ 88\delta + 10,\ 26y - 7,\ 13\pi$

Verbesserung der in erwähnter Astronomie befindlichen Mondstafeln, nach der Länge = + 8'',7
nach der Breite = + 2, 1

um welche letztere Gröfsen nämlich die aus den Tafenl berechnete Länge und Breite des Mondes vermehrt werden müssen.

1807. 22. Jul. $12^u 35' 15''$.

*Geschätzter* Eintritt des Sterns ϰ♒ hinter dem hellen Mondrande. Vielleicht mit einem Fehler von 8 — 10 Sec. wegen der Dünste.

1807. 22. Jul. $13^u 28' 54''$.

Austritt des Sterns ϰ♒ am dunkeln Mondrande. Der Fehler kann höchstens 2 Secunden betragen.

1807. 24. Sept. $17^u 16' 25''$.

Eintritt des Sterns ν♊ am erleuchteten Mondrande

sehr

sehr genaue Beobachtung, ungeachtet der starken Dämmerung. Der Austritt ereignete sich bey Tage.

1807. 13 Oct. $11^u 35' 33''$

Eintritt 2 ♓ am dunkeln Mondrande. Wegen des hellen Mondlichts und der Dünste war dieses im angegebenen Augenblicke völlig verschwindende kleine Sternchen schon zuweilen vorher nur mit äußerster Mühe zu unterscheiden gewesen. Zweifelhafte Beob.

*B)* Einige Jupiterstrabanten-Verfinsterungen mit 80maliger Vergrößerung eines Dollondschen Achromaten boobachtet

1806. 1. Sept. $7^u 15' 20''$

Austritt des I. 16 bis 17 Min. nach Untergang der Sonne. ♃ 10° hoch.

1806. 8. Sept. $9^u 10' 5''$.

Austritt des I. ♃ $4\frac{1}{2}$° hoch.

1806. 15. Sept. $6^u 42' 51''$.

Austritt des III. Höhe des ♃ = 10°.

1806. 18. Sept. $8^u 34' 43$.

Austritt des II. ♃ 4° hoch. Wegen der Dünste verschwanden zuweilen auch die übrigen Trabanten, während daß ich diesen Austritt erwartete.

1807. 24. Jul. $11^u 9' 51''$.

Eintritt des II. Der Trabant war schon einigemal vorher in den Dünsten verschwunden, und wieder zum Vorschein gekommen. Heller Mondschein.

1807. 27. Jul. $11^u 6' 50''$.

Eintritt des III. in den Dünsten.

1807. 18. Aug. $11^u 3' 56''$.

Austr. des II. In diesem Augenblicke schien mir die Gestalt des I. Trab. nicht mehr rund, sondern länglich

lich geworden zu seyn, indem ein Theil der Scheibe des ausgetretenen zweyten Trabanten von ersterem bedeckt war. Diese länglich-elliptische Gestalt verkürzte sich aber zusehends merklich, so daſs um 11 U. 11 oder 12 Min. der I. Trabant wieder vollkommen rund erschien, weil nun beyde Trabanten genau hintereinander standen. Hierauf wurde diese Rundung nach und nach zum zweytenmale länglich, und einige anwesende Liebhaber ergriffen nun das Sehrohr, um diese seltene Erscheinung auch anzusehen. Als ich um 11 U. 24′ mich des Achromaten wieder bemächtigte, bemerkte ich, daſs beyde Trabanten sich schon von einander abgesondert hatten, und daſs jeder für sich wieder ganz rund erschien.

1807. 19. Aug. $12^u 2' 27''$.

Austritt des I. Höhe des ♃ = $11\frac{1}{2}°$. Der Himmel dunstig.

1807. 4. Sept. $10^u 22' 7''$.

Austritt des I. Nach 2 bis 3 Secunden verschwand der Trabant wieder in den Dünsten, und kam erst um 10 U. 22′ 23″ zum zweytenmal hervor.

1807. 13. Oct. $8^u 58' 37''$.

Austritt des I. Höhe des ♃ = $8\frac{1}{4}°$. Der Rand farbig und nicht gut begrenzt.

Astro-

## Astronomische Beobachtungen, vom Hrn. Prof. *Pfaff* aus Dorpat,

unt. 20. Oct. 1807 eingesandt.

Ew. — ertheile ich hiermit Nachricht über unsere astronomische Beschäftigungen:

Sternbedeckungen haben wir 3.

2α Krebs 28. Dec. 1806.

Eintritt 12ᵘ 56′ 6″,8 Sternzeit; dabey habe ich die A.R. von Denebola 11ᵘ 39′ 13″,3 angenommen.

α Krebs 20. Febr. 1807.

Eintritt 15ᵘ 55′ 50″,8 mittl. Zeit, diese Beobachtung ist von meinem astronomischen Freunde D. Schumacher.

γ Zwillinge 24. Sept.

Eintritt 17ᵘ 35′ 27″,15 mittl. Zeit.

Herr Prof. Knorre beobachtete, ich hatte die Zeit besorgt.

Mit dem Multiplicator habe ich viele Sternbeobachtungen gemacht, und ich hoffe von ihrer Fortsetzung etwas für Strahlenbrechung mit der ich mich seitdem beschäftige zu leisten. In dem 3. Hefte der astonomischen Beyträge habe ich *Kramps* Bemühungen angefangen darzustellen, in Verbindung mit der neuern von la Place (4ter Bd. Mec. cel.) Sollte Kramp der erste seyn, der die Curve des Strahls nach den Gesetzen der Central-Kräfte untersucht? bey der la Placeschen Darstellung habe ich

ich über die nähernde Formul (welche in den Tafeln des Bureau aufgenommen) den Zweifel ob in der That das Integral $\int \frac{\varrho ds}{(\varrho)}$ blos von dem Zustand der Luft *am Ort des Beobachters* abhängt? *)

Unser achtfüfsiges Transit von Dollond ist seit kurzem hier. Die Sternwarte — an deren Bau jetzt angefangen — werde ich, wie ich hoffe im Sommer 1809 beziehen können. Aus dieser Gelegenheit habe ich mich mit der Präcessions-Rechnung beschäftigt: und sende anbey Ew. die dahin gehörigen Formeln **) — welche sonst auch vorkommen können. Der Beweis derselben folgt aus dem Satz von der Reversion: Alles ist übrigens in Theilen des Halbmessers ausgedrückt.

*) Der tiefsinnige Kramp ist meines Wissens der erste der die Curve des Lichtstrahls nach den Gesezzen des Centralkräfte untersucht, wenigstens *vollständig* untersucht. Was das Integral $\int \frac{\varrho ds}{(\varrho)}$ betrifft, so glaube ich nicht, dafs solches lediglich von dem Zustande der Athmosphäre am Orte des Beobachters abhängt. Ich bin der Meinung, dafs die Strahlenbrechung *auf das subtilste betrachtet*, für jeden Ort bestimmt werden müsse, dafs sie selbst von Lokalitäten abhange, welche weder durch Barometer noch Thermometer angedeutet werden, und dafs sich überhaupt sehr schwerlich ein Ausdruck der Analyse finden lasse, der jedem Orte genüge. Als Näherung für alle, mag die de Lambresche uns Genüge leisten. Es ist ein Problem woran die feinsten Kunstgriffe der Analyse *scheitern*. Man sehe nur, was man sich für Mühe gegeben hat, die Sommer und Wintersolstitien coincidiren zu lassen. de Lambre glaubt, dafs die Refr. *wenig* unter den Tropen anders sey (Temperatur abgerechnet) als hier — wir werden dies in einem besondern Memoire zu beweisen suchen — dafs die Refr. von Bouguer viel gröfser sey.

*Oltmanns.*

**) Sie stehen oben. *B.*

Astro-

## Astronomische Beobachtungen und Nachrichten vom Hrn. Prof. *Knorr* aus Dorpat

unt. 1. Nov. 1807 eingesandt.

„Ich hoffe, wir werden unsere Länge u. Breite, noch ehe die Sternwarte zum Gebrauch fertig seyn wird, mit einer ziemlichen Genauigkeit haben. Sie liegt dem Orte, wo wir jetzt beobachten, sehr nahe.

Ausser den Beobachtungen, die Ihnen Hr. Pr. Pfaff jetzt schickt *), habe ich auch 2 ⊙ Finsternisse beobachtet. *Erstl.* die vom 16—28. Aug. 1802, von der der Freyherr von Zach sagt (mon. Corr. VI Bd. p. 396.) sie sei in ganz Europa nirgend als in Mail. Mars. u. Padua beobachtet, ob ich gleich aus Ihren Jahrb. 1806. 1807. 1808 sehe, dafs sie, ausser Dorpat noch an 6 berühmte Orte beob. worden. Ich beobachtete das Ende (genau) Morg. um 8ᵘ 32′ 41″ mittl. ⊙ Zeit.

Mit dem 2½ füfsigen Dollond konnte ich auch das Anrühren der damal. ⊙ Flecke vom vorangehenden ☾ Rand beobachten; neml. an 1. um VIᵘ 42′ 19″ unzuverl.
an 2. - VI 47 6 genau.
Ebenfalls mittl. ⊙ Zeit.

„*Zweitens* die ⊙ Finst. vom 4—16. Aug. 1803. Morgens 8ᵘ 29′ 53′ Ende, mittl. ⊙ Zeit. Das Fernrohr war schlechter als das bei der ersten Finsternifs.

Zum Behuf der Längenbestimmung von Dorpat habe ich mit einem 4 zöll. u. 7 zöll. Dollondschen Sextanten im

*) Sie stehen im vorigen Aufsatze.

im Sommer 1805 eine Menge ☾ ☉ Distanzen genommen. Ich habe die tauglichsten (etwa 80) so berechnet, dafs ich immer aus einigen, nach ihrem Werthe, ein Mittel nahm. Dabei habe ich alles auf Berlin reducirt u. nach Klügels Interpol. Methode den Abstand der Mittelpunkte von ☉ ☾ für Berl. gerechnet.

Die mit dem 4 zöll. Sext. genommenen geben durchgängig eine geringere Länge als die andern. Neml. ich erhalte vom 4 zöll. im Mittel 52′ 32″,4 in Zeit Unterschied zw. Berl. u. Dorpat. Vom 7 zöll. aber im Mittel 53′ 33″,7. Also aus beiden im Mittel 53′ 3″,1 Unt. in Zeit zw. Berl. u. Dorpat, welches mit unsern bisher angenommenen Unterschied gut zutrifft.

Eben so habe ich eine grofse Menge Polhöhen von Dorpat durch diese beide Sext. erhalten. Es ist aber leider da auch der Fall, dafs die mit dem 7 zöll. die Polhöhe zu grofs geben; wie Sie auch aus der Polhöhe sehen, die der Hr. Prof. Pfaff einmal an Hr. v. Zach schickte; Corr. 10r Band Oct. pag. 269.

Ich habe bei meinen Übungen mit dem Sextanten manche Bemerkung gemacht, die freilich Andere auch werden gemacht haben, von denen ich aber wünschte, dafs man sie mehr beherzigen mögte. Benzenberg sagt in Ihrem Jahrbuche 1809:

Man könne einen Winkel auf 2″ genau messen. Ich habe aber aus meinen Erfahrungen das bestätigt gefunden, was Bohnenberger in seiner Anleitung zur geogr. Ortsbestimmung u. Späth in seinen Untersuchungen über die Zuverlässigkeit womit man Winkel u. Lin. messen kann, von der Genauigkeit gemessener Winkel sagen.

Da ich den Sext. sehr schätze: so habe ich mir mal die Mühe genommen, den Gradbogen durchzugehn.

Am

Am 4 zöll. Sext. (dies ist der, den v. Zach meinem Freunde dem Baron Nolken mitgab) und am 7 zöll. (der, den v. Zach uns schickte Corr. III. Bd. 561.) bin ich Strich vor Strich gegangen. Pr. Goldbach erlaubte mir, bei seiner Durchreise seinen Cary zu untersuchen. Ich hatte nur Zeit ein Paar Grad durchzugehen. Er hatte auch einen von Ramsd. Pastor Thrämer (in meiner Nachbarschaft von dem ich Ihnen gelegentl. einmal mehr schreiben werde) hat den Gradbogen an seinem 10 zöll. Sext. von Troughton und ich noch einen von Messier untersucht u. ich habe mich überzeugt, was ich nie geglaubt hätte, dafs kein einziger Bogen *richtig* getheilt ist. Ich könnte Ihnen, da ich alle gefundenen Fehler aufgezeichnet habe, eine genaue Angabe mittheilen, wenn ich wüfste, dafs es Jemanden interessiren könnte. Wie kann man also wohl auf ein Paar Secunden einen Winkel angeben?

Der kleine 4 zöll. Sext. (den mir Hr. Bar. v. Nolken lange zu meinem Gebrauch liehe) giebt mir durch corr. ☉ Höhen 2 bis 3 Stunden vom Mittag meine Zeit auf ½″ genau.

„Ich könnte Ihnen noch einiges mittheilen, mufs es aber bis auf ein ander mal versparen. Mich läfst übrigens meine ziemlich eingeschränkte Zeit nicht viel schreiben. Ich werde mich glücklich schätzen, wenn ich als practischer Astronom hier bei unserer Sternwarte nützlich seyn kann. Ich fühle den Werth dieser Arbeiten und obgleich das Clima, meine geschwächte Gesundheit und Brodarbeiten mir oft meinen Muth und meine von Jugend auf zur Astronomie gehegte Lust schwächen; so hoffe ich doch meinen Posten mit Nutzen zu verwalten.

Die

Die Bestimmung des kleinen Sterns *) von Hrn. Herschel ist vermuthlich nicht richtig. Ich fand dies selbst, nachdem ich Ihnen geschrieben hatte. Aber die Rechnung kam schlecht. Ich bestimmte diesen Stern nach Schubert (Astron. I. 1. Abschn. 6s Cap.) aber es kommt am Ende die Rechnung schlecht. Ich wünschte, daſs dieser kleine ✱ bei dieser Gelegenheit genauer bestimmt würde. Da mein Austritt sehr genau ist; so hätte ich eine Längenbestimmung mehr.

*K.*

*) Der Nebenstern bey ζ ♊, dessen Entfernung vom Hauptstern, D. Herschel auf 1′ 31″,9‴ und unter dem Winkel von 81° 14′ N. W. ansetzt. In einem frühern Schreiben meldet Herr Prof. Knorr folgendes: Ich habe am 8. Sept. 1806 Morg. Eintr. ζ ♊ am hellen ☾ Rand beobachtet 3U. 6′ 31″,1 M.Z. plötzlich. Um 4U. 4′ 9″ 5 trat ein Stern hinter dem dunkeln ☾ Rand hervor, den ich für ζ ansah, es war aber dessen Nebenstern und durch diesen Irrthum getäuscht versäumte ich den Austritt von ζ *). Die Morgendämmerung war schon ziemlich stark und das Nebensternchen war beym Wiedererscheinen am dunkeln ☾ Rand so helle als ζ beym Verschwinden am hellen ☾ Rand. — — — Ich habe den bisher angenommenen Zeit-Unterschied zwischen Dorpat und Berlin 53′ durch 80 berechnete ☾ Distanzen gut bestätigt gefunden. Aus 2 von mir beobachteten ☉ Finsternissen giebt mir meine Rechnung den Unterschied noch etwas genauer. Polhöhen habe ich nahe an 1000 mit einem 4zölligen, dann 7zölligen und 10zölligen Sextanten. Ich bleibe unter 23′. Die Polhöhe von Dorpat ist gewiſs zwischen 58° $23\frac{1}{2}'$ und 23′".

*) S. meine Beobachtung im astron. Jahrb. 1810 Seite 237. *B.*

Die

## Die' vorzüglichste Auflösung eines der interessantesten Probleme der praktischen Astronomie, vom Herrn Prof. *Hauff* in Marburg,

unt. 29. April 1808 eingesandt *).

### Aufgabe.

Aus drey, auf einerley Seite des Meridians beobachten, Höhen eines Gestirns und den zwey Zwischenzeiten der Beobachtungen, die Polhöhe, Abweichung Culminationszeit und Mittagshöhe des Gestirns zu finden.

### Vorbereitung.

Es sey Taf. I. Fig. 8.

| | | | |
|---|---|---|---|
| die gröfste Höhe $= \alpha$, | ihr Compl. $= AZ$, | dessen Cos. | $= a$, |
| - mittlere - $= \beta$, | - - - $= BZ$, | - - - | $= b$, |
| - kleinste - $= \gamma$, | - - - $= CZ$, | - - - | $= c$, |

Der

*) In dem dieser Abhandlung begleitenden Schreiben erwähnt Herr Professor *Hauff* folgendes: Ew. — übersende hiebey einen astron Aufsatz, welcher eine Ergänzung der vortreflichen *Eulerschen* Auflösung des berühmten Problems enthalt, das man das *Petersburgische* nennen könnte, weil es vormals die petersburgische Akademisten sehr beschäftigt hat. Ich glaube nicht der einzige zu seyn, welcher der Meinung ist, dafs dieses höchst anziehende Problem eine solche Entwickelung verdient habe. Zugleich darf ich hoffen, dafs die Erläuterung der Methode, bey der Berechnung solcher zusammengesetzter Formeln den Übergang von den Logarithmen zu den Zahlen zu ersparen, von allgemeinern Nutzen seyn werde.

Der Winkel *APB* oder die Zwischenzeit zwischen der gröſsten u. mittleren Höhe in Theilen des Aequators sey $= t$; ferner sey sin. $t = f$; Cos. $t = p$. Der Winkel *APC* oder die Zeit zwischen der gröſsten und kleinsten Höhe in Theilen des Aequators sey $= \tau$, ferner sey sin. $\tau = g$, Cos. $\tau = q$. Die Polhöhe sey $= \alpha$, deren Complement $PZ = \varepsilon$; des Gestirns Abweichung sey $= d$, deren Complement $AP = BP = CP = \delta$; ferner sey Cos. $(\delta + \varepsilon) = x$, Cos. $(\delta - \varepsilon) = y$.

Der mit der gröſsten Höhe zusammengehörige Stundenwinkel *ZAP* sey $= \omega$, ferner sey sin $\omega = v$, Cos. $\omega = z$, Tg. $\omega = \frac{v}{z} = u$.

Der mit der mittleren Höhe zusammengehörige Stundenwinkel *ZPB* sey $= \varphi$, und Cos. $\varphi = m$. Der mit der kleinsten zusammengehörige Stundenwinkel *ZPC* sey $= \psi$, und Cos. $\psi = n$.

## Auflösung.

I. In dem $\triangle ZPA$ ist (*Cagnoli* Trig. N. 461. *Klügel* An. Trig. *K.* 6. *§. XII.* Form. 146.) Cos. $AZ =$ Cos. $PZ$ Cos. $AP +$ Cos. $ZPA$ sin. $PZ$ sin. $AP$. Hieraus aber folgt (*Cagn.* 97. 98. *Kl.* F. 44. 45.)

$$\text{Cos. } AZ = \frac{\text{Cos. }(PZ + AP) + \text{Cos. }(PZ - AP) + \text{Cos. } ZPA \text{ Cos. }(PZ - AP) - \text{Cos. } ZPA \text{ Cos. }(PZ + AP)}{2}$$

Dies ist in den vorhin angenommenen Zeichen:

$$a = \frac{x + y + zy - zx}{2} = \frac{(1 - z)\, x + (1 + z)\, y}{2}$$

II. In dem $\triangle$ *ZPB* ist aus gleichen Gründen

$$b = \frac{x + y + my - mx}{2} = \frac{(1 - m)\, x + (1 + m)\, y}{2}$$

III.

III. In dem $\Delta$ *ZPC* ist eben so

$$c = \frac{x + y + ny - nx}{2} = \frac{(1 - n)\,x + (1 + n)\,y}{2}$$

IV. Um nun aus den Gleichungen I. II. III. die unbekannten Gröſsen $x$, $y$, $z$ zu bestimmen, suche man aus I. und II. den Werth von $x$, u. setze diese beyden Werthe einander gleich, so erhält man

$$\frac{a\,(1 - m) - b\,(1 - z)}{z - m} = y$$

Die Entwickelung ist diese:

$$a = \frac{(1 - z)\,x + (1 + z)\,y}{2} \qquad b = \frac{(1 - m)\,x + (1 + m)\,y}{2}$$

$$2a = (1 - z)\,x + (1 + z)\,y \qquad 2b = (1 - m)\,x + (1 + m)\,y$$

$$2a - (1 + z)\,y = (1 - z)\,x \qquad 2b - (1 + m)\,y = (1 - m)\,x$$

$$\frac{2a - (1 + z)\,y}{1 - z} = x \qquad \frac{2b - (1 + m)\,y}{1 - m} = x$$

$$\frac{2a - (1 + z)\,y}{1 - z} = \frac{2b - (1 + m)\,y}{1 - m}$$

$$2a(1 - m) - (1 - m)(1 + z)\,y = 2b(1 - z) - (1 - z)(1 + m)\,y$$

$$= (1 - m + z - mz)\,y - (1 + m - z - mz)\,y$$

$$= (1 - m + z - mz - 1 - m + z + mz)\,y$$

$$= (2z - 2m)\,y$$

$$2\Big[a(1 - m) - b(1 - z)\Big] = 2\,(z - m)\,y$$

$$a\,(1 - m) - b\,(1 - z) = (z - m)\,y$$

$$\frac{a\,(1 - m) - b\,(1 - z)}{z - m} = y$$

V. Wird nun ebenso aus der Gleichung III. der Werth von $x$ gesucht, und dieser dem, aus II erhaltenen Werthe gleich gesetzt, so findet man für $y$ den zweyten Ausdruck.

$$y = \frac{b(1 - n)c - (1 - m)}{m - n}$$

Die

Die Entwickelung ist diese:

$$c = \frac{(1-n)\,x + (1+n)\,y}{2}$$

$$2c = (1-n)\,x + (1+n)\,y$$

$$2c - (1+n)\,y = (1-n)\,x$$

$$\frac{2c - (1+n)\,y}{1-n} = x$$

$$\frac{2b - (1+m)\,y}{1-m} = \frac{2c - (1+n)\,y}{1-n}$$

$$2b(1-n) - (1-n)(1+m)\,y = 2c(1-m) - (1-m)(1+n)\,y$$

$$2b\,(1-n) - 2c\,(1-m) = \Big[(1-n)(1+m) - (1-m)(1+n)\Big]y$$

$$= (1 + m - n - mn - 1 - n + m + mn)\,y$$

$$2\Big[b\,(1-n) - c\,(1-m)\Big] = 2\,(m-n)\,y$$

$$b\,(1-n) - c\,(1-m) = (m-n)\,y,$$

$$\frac{b\,(1-n) - c\,(1-m)}{m-n} = y$$

VI. Sezt man die im IV und V gefundenen Werthe von $y$ einander gleich so erhält man

$$\frac{a\,(1-m) - b\,(1-z)}{z-m} = \frac{b\,(1-n) - c\,(1-m)}{m-n};$$

Daraus aber wird:

$$a\,(1-m)\,(m-n) - b\,(1-z)\,(m-n)$$
$$= b\,(1-n)\,(z-m) - c\,(1-m)\,(z-m);\ \text{oder}$$

$$a\,(1-m)\,(m-n) + c\,(1-m)\,(z-m)$$
$$= b\,[(1-n)\,(z-m) + (1-z)\,(m-n)]$$
$$= b\,(z - nz - m + mn + m - mz - n + nz)$$
$$= b\,(z - mz - n + mn)$$
$$= b\,(1-m)\,(z-n).$$

Wird diese Gleichung mit $(1-m)$ dividirt, so erhält man

$$a\,(m-n) + c\,(z-m) = b\,(z-n).$$

VII.

VII. Nun ist (*Cagnol.* N. 53. *Kl.* F. 27.)

$\text{Cos.}\, ZPB = \text{Cos.}\, APB \times \text{Cos.}\, APZ - \text{sin.}\, APB \times \text{sin.}\, APZ,$

und

$\text{Cos.}\, ZPC = \text{Cos.}\, APC \times \text{Cos.}\, APZ - \text{sin.}\, APB \times \text{sin.}\, APZ,$

oder

$$\text{Cos.}\, \varphi = \text{Cos.}\, t \times \text{Cos.}\, \omega - \text{sin.}\, t \times \text{sin.}\, \omega \text{ und}$$
$$\text{Cos.}\, \psi = \text{Cos.}\, \tau \times \text{Cos.}\, \omega - \text{sin.}\, \tau \times \text{sin.}\, \omega, \text{ d. h.}$$
$$m = pz - fv \text{ und}$$
$$n = qz - gv.$$

Werden diese Werthe in der Gleichung VI. gesetzt, so erhält man

$$a[(pz - fv) - (qz - gv)] + c[z - (pz - fv)] = b[z - (qz - gv)]$$

oder

$$az(p - q) - av(f - g) + cz(1 - p) + cfv = bz(1 - q) + bgv.$$

Hieraus aber wird:

$$v(cf - af + ag - bg) = z(b - bq - ap + aq - c + cp); \text{ also}$$

$$\frac{v}{z} = \frac{b - bq - ap + aq - c + cp}{cf - af + ag - bg} = \frac{b(1-q) - a(p-q) \quad c(1-p)}{(c-a)f + (a-b)g};$$

oder

$$\frac{v}{z} = \frac{a(p-q) - b(1-q) + c(1-p)}{(b-a)g + (a-c)f} = \frac{a(p-q) - b(1-q) + c(1-p)}{(a-c)f - (a-b)g}.$$

VIII. Setzt man nun $1 - p = \eta$, und $1 - q = \delta$, so sind $\eta$ u. $\delta$ die Quersinus der Winkel *APB*, *APC*, u. man erhält, als den lezten Ausdruck

$$\frac{v}{z} = \frac{a(p-q) - b\delta + c\eta}{(a-c)f - (a-b)g} = \frac{a(\delta - \eta) - b\delta + c\eta}{(a-c)f - (a-b)g} =$$
$$\frac{(a-b)\delta - (a-c)\eta}{(a-c)f - (a-b)g} = u.$$

IX. Um nun noch für $x$ einen, mit dem in IV. für $y$ gefundenen, symmetrischen Ausdruck zu erhalten, suche man aus den Gleichungen I. II. den Werth von $x$, und setze diese beyden Werthe einander gleich, so erhält man

$\frac{a(1+m)-b(1+z)}{m-z}=x$; oder, um diesen Ausdruck mit dem für $y$ auf einerley Benennung zu bringen, nach Verwandlung der Zeichen aller Glieder in die entgegengesetzten,

$$\frac{b(1+z)-a(1+m)}{z-m}=x.$$

Die Entwickelung ist diese:

$$a=\frac{(1-z)x+(1+z)y}{2};\quad b=\frac{(1-m)x+(1+m)y}{2}$$

$$2a=(1-z)x+(1+z)y;\quad 2b=(1-m)x+(1+m)y$$

$$\frac{2a-(1-z)x}{1+z}=y;\quad \frac{2b-(1-m)x}{1+m}=y$$

$$\frac{2a-(1-z)x}{1+z}=\frac{2b-(1-m)x}{1+m}$$

$$2a(1+m)-(1-z)(1+m)x=2b(1+z)-(1-m)(1+z)x$$

$$2a(1+m)-2b(1+z)=[(1-z)(1+m)-(1-m)(1+z)]x$$

$$=(1-z+m-mz-1+m-z+mz)x$$

$$2[a(1+m)-b(1+z)]=2(m-z)x$$

$$a(1+m)-b(1+z)=(m-z)x$$

$$\frac{a(1+m)-b(1+z)}{m-z}=x, \text{ oder}$$

$$\frac{b(1+z)-a(1+m)}{z-m}=x.$$

X. Um die Formeln für die Werthe von $u$, $y$ und $x$ zur Berechnung mit Logarithmen bequem einzurichten, setze man in der Gleichung VIII. für die sämmtlichen Buchstaben ihre Werthe, wodurch sie folgende Gestalt bekommt:

$$u=\frac{(\sin.\alpha-\sin.\beta)\sin.\upsilon\tau-(\sin.\alpha-\sin.\gamma)\sin.\upsilon t}{(\sin.\alpha-\sin.\gamma)\sin.t-(\sin.\alpha-\sin.\beta)\sin.\tau}$$

Diese Gleichung verwandelt sich (*Cagnol.* N. 81. *Kl.* F. 47.) in folgende:

$u=$

$$u = \frac{2\,\mathrm{Cos.}\left(\frac{\alpha+\beta}{2}\right)\,\mathrm{in.}\left(\frac{\alpha-\beta}{2}\right)\,\mathrm{sin.}\,\nu\tau - 2\,\mathrm{Cos.}\left(\frac{\alpha+\gamma}{2}\right)\,\mathrm{sin.}\left(\frac{\alpha-\gamma}{2}\right)\,\mathrm{sin.}\,\nu t}{2\,\mathrm{Cos.}\left(\frac{\alpha+\gamma}{2}\right)\,\mathrm{sin.}\left(\frac{\alpha-\gamma}{2}\right)\,\mathrm{sin.}\,t - 2\,\mathrm{Cos.}\left(\frac{\alpha+\beta}{2}\right)\,\mathrm{sin.}\left(\frac{\alpha-\beta}{2}\right)\,\mathrm{sin.}\,\tau}$$

$$= \frac{2\,\overline{\mathrm{sin.}\tfrac{1}{2}\tau}^2\,\mathrm{Cos.}\left(\frac{\alpha+\beta}{2}\right)\mathrm{sin.}\left(\frac{\alpha-\beta}{2}\right) - 2\,\overline{\mathrm{sin.}\tfrac{1}{2}t}^2\,\mathrm{Cos.}\left(\frac{\alpha+\gamma}{2}\right)\mathrm{sin.}\left(\frac{\alpha-\gamma}{2}\right)}{\mathrm{Cos.}\left(\frac{\alpha+\gamma}{2}\right)\mathrm{sin.}\left(\frac{\alpha-\gamma}{2}\right)\mathrm{sin.}\,t - \mathrm{Cos.}\left(\frac{\alpha+\beta}{2}\right)\mathrm{sin.}\left(\frac{\alpha-\beta}{2}\right)\mathrm{sin.}\,\tau}$$

(*Cagnol.* N. 67. *Kl.* F. 32.)

Setzt man nun

$$2\,\overline{\mathrm{sin.}\tfrac{1}{2}t}^2 = F,\quad 2\,\overline{\mathrm{sin.}\tfrac{1}{2}\tau}^2 = G,$$

$$\mathrm{Cos.}\left(\frac{\alpha+}{2}\right)\mathrm{sin.}\left(\frac{\alpha-\beta}{2}\right) = M,\ \mathrm{Cos.}\left(\frac{\alpha+\gamma}{2}\right)\mathrm{sin.}\left(\frac{\alpha-\gamma}{2}\right) = N,$$

so ist $u = \frac{GM - FN}{fN - gM} = \frac{FN\left(\frac{GM}{FN} - 1\right)}{gM\left(\frac{fN}{gM} - 1\right)}$.

XI. Um nun diesen letzten Ausdruck zur Berechnung mit Logarithmen geschickt zu machen, vergleiche man den Zähler (*Cagnol.* N. 202. *Kl.* F. 3. 5.) mit dem Ausdrucke $\overline{Tg.\,E}^2 = \frac{1}{\overline{\mathrm{Cos.}\,E}^2} - 1$, u. setze $\frac{GM}{FN} = \frac{1}{\overline{\mathrm{Cos.}\,E}^2}$, so ist $\overline{Tg.E}^2 = \frac{GM}{FN} - 1$, und $\overline{Cos.E}^2 = \frac{FN}{GM}$; folglich

$Cos.E = \sqrt{\frac{FN}{GM}}$, und mithin $FN \times \overline{Tg.E}^2 = GM - FN$ *).
Eben so vergleiche man den Nenner mit dem Ausdrucke $\overline{Tg.H}^2 = \frac{1}{\overline{Cos.H}^2} - 1$,

so erhält man, indem man $\frac{fN}{gM} = \frac{1}{\overline{Cos.H}^2}$ setzt, $\overline{Tg.H}^2 = \frac{fN}{gM} - 1$, u. $\overline{Cos.H}^2 = \frac{gM}{fN}$; folglich $Cos.H = \sqrt{\frac{gM}{fN}}$

u. mithin $gM \times \overline{Tg.H}^2 = fN - gM$. Demnach ist also am Ende $u = \frac{FN \times \overline{Tg.E}^2}{gM \times \overline{Tg.H}^2}$.

XII. Eben so behandle man nun auch die in IX und IV gefundenen Ausdrücke für $x$ und $y$.

Der erste giebt

$$x = \frac{(1 + Cos.\omega)\, sin.\beta - (1 + Cos.\varphi)\, sin.\alpha}{Cos.\omega - Cos.\varphi}$$

$$= \frac{2\,\overline{Cos.\tfrac{1}{2}\omega}^2\, sin.\beta - 2\,\overline{Cos.\tfrac{1}{2}\varphi}^2\, sin.\alpha}{2\, sin.\left(\frac{\omega + \varphi}{2}\right) sin.\left(\frac{\varphi - \omega}{2}\right)} \text{ (Cagnol.}$$

N. 71.

*) Wäre $\frac{GM}{FN} < 1$, so wäre der Zähler von $u = -FN\left(1 - \frac{GM}{FN}\right)$ zu setzen, u. mit dem Ausdrucke $\overline{sin.E}^2 = 1 - \overline{Cos.E}^2$ zu vergleichen. Alsdann hätte man $Cos.E = \sqrt{\frac{GM}{FN}}$, und folglich wäre der Zähler $= - FN\, \overline{sin.E}^2$. Auf den Nenner von $u$, so wie auf die ähnlichen Ausdrücke von $x$ u. $y$ ist die Anwendung davon leicht zu machen.

N. 71. *Kl.* F. 31.

$$= \frac{\overline{\text{Cos.}\tfrac{1}{2}\omega}^2 \sin.\beta - \overline{\text{Cos.}\tfrac{1}{2}\varphi}^2 \sin.\alpha}{\sin.\left(\frac{\omega+\varphi}{2}\right)\sin.\left(\frac{\varphi-\omega}{2}\right)}$$

Der andere giebt

$$y = \frac{(1-\text{Cos.}\varphi)\sin.\alpha - (1-\text{Cos.}\omega)\sin.\beta}{\text{Cos.}\omega - \text{Cos.}\varphi}$$

$$= \frac{2\,\overline{\sin.\tfrac{1}{2}\varphi}^2 \sin.\alpha - 2\,\overline{\sin.\tfrac{1}{2}\omega}^2 \sin.\beta}{2\sin.\left(\frac{\omega+\varphi}{2}\right)\sin.\left(\frac{\varphi-\omega}{2}\right)}$$ (*Cagnol.*

N. 70. *Kl.* F. 32.)

$$= \frac{\overline{\sin.\tfrac{1}{2}\varphi}^2 \sin.\alpha - \overline{\sin.\tfrac{1}{2}\omega}^2 \sin.\beta}{\sin.\left(\frac{\omega+\varphi}{2}\right)\sin.\left(\frac{\varphi-\omega}{2}\right)}.$$

Setzt man hier den Nenner $= D$, ferner

$\overline{\text{Cos.}\tfrac{1}{2}\varphi}^2 = K$, $\overline{\text{Cos.}\tfrac{1}{2}\omega}^2 = L$, $\overline{\sin.\tfrac{1}{2}\varphi}^2 = Q$, $\overline{\sin.\tfrac{1}{2}\omega}^2 = R$, $\sin.\alpha = S$, $\sin.\beta = T$, so verwandeln sich die gefundenen Ausdrücke in folgende:

$$x = \frac{LT - KS}{D} = \frac{KS\left(\frac{LT}{KS} - 1\right)}{D}$$

$$y = \frac{QS - RS}{D} = \frac{RS\left(\frac{QS}{RT} - 1\right)}{D}$$

Wendet man hier wiederum die vorige Verwandlungsmethode an, indem man $\overline{Tg.J}^2 = \frac{1}{\overline{\text{Cos.}J}^2} - 1$

u. $\frac{LT}{KS} = \frac{1}{\overline{\text{Cos.}J}^2}$ setzt, so ist $\overline{Tg.J}^2 = \frac{LT}{KS} - 1$,

und

u. $\overline{\text{Cos.}J}^2 = \frac{KS}{LT}$: folglich $\text{Cos.}J = \sqrt{\frac{KS}{LT}}$, u.

mithin $KS \times \overline{\text{Tg.}J}^2 = LT - KS$, also

$$x = \frac{KS \times \overline{\text{Tg.}J}^2}{D}$$

Eben so ist, indem man $\overline{\text{Tg.}O}^2 = \frac{1}{\overline{\text{Cos.}O}^2} - 1$

u. $\frac{QS}{RT} = \frac{1}{\overline{\text{Cos.}O}^2}$ setzt, $\overline{\text{Tg.}O}^2 = \frac{QS}{RT} - 1$, und

$\overline{\text{Cos.}O}^2 = \frac{RT}{QS}$ folglich $\text{Cos.}O = \sqrt{\frac{RT}{QS}}$, und

mithin $RT \times \overline{\text{Tg.}O}^2 = QS - RT$, also

$$y = \frac{RT \times \overline{\text{Tg.}O}^2}{D}$$

## Beispiel.

Es sey $\alpha = 71° \; 15'$; $t = 7° \; 52'$; $\frac{1}{2}t = 3° \; 56'$;
$\beta = 68 \; 34$; $\tau = 20 \; 36$; $\frac{1}{2}\tau = 10 \; 18$;
$\gamma = 63 \; 54$;

so ist

$\alpha + \beta = 139 \; 45$ $\qquad \alpha - \beta = 2° \; 41'$

$\frac{\alpha + \beta}{2} = 69 \; 54 \; 30''$ $\qquad \frac{\alpha - \beta}{2} = 1 \; 20 \; 30''$

$\alpha + \gamma \; 135 \; 9$ $\qquad \alpha - \gamma = 7 \; 21$

$\frac{\alpha + \gamma}{2} \; 67 \; 34 \; 30$ $\qquad \frac{\alpha - \gamma}{2} = 3 \; 40 \; 30$

I. Berechnung des Stundenwinkels $\omega$ nach den Formeln X und XI.

1) Berechnung des Nenners von $u$.

$$
\begin{aligned}
\text{Lg. Cos. } \frac{\alpha+\gamma}{2} &= 9{,}5814647 \\
\text{Lg. sin. } \frac{\alpha-\gamma}{2} &= 8{,}8068369 \\
\text{Lg. sin. } t &= 9{,}1363028 \\
\hline
\text{Lg. } f\ N &= 27{,}5246044 \\
\text{Lg. Cos. } \frac{\alpha+\beta}{2} &= 9{,}5359559 \\
\text{Lg. sin. } \frac{\alpha-\beta}{2} &= 8{,}3694823 \\
\text{Lg. sin. } \tau &= 9{,}5463472 \\
\hline
\text{Lg. } g\ M &= 27{,}4517854 \\
\text{Lg. } f\ N &= 27{,}5246044 \\
\hline
\text{Lg. } \frac{g\ M}{f\ N} &= 9{,}9271810 \\
\text{Lg. } \frac{g\ M}{f\ N} &= 9{,}9271810 \\
\hline
&\qquad : 2 \\
\text{Lg. Cos. } H &= 9{,}9635905 \\
H &= 23^\circ\ 8'\ 5'' \\
\text{Lg. } Tg.\ H. &= \begin{cases} 9{,}6306847 \\ 9{,}6306847 \end{cases} \\
\text{Lg. } g\ M &= 27{,}4517854 \\
\hline
& \phantom{=} 46{,}7131548
\end{aligned}
$$

2) Berechnung des Zählers und des ganzen Werths von $u$.

$$\text{Lg. Cos. } \frac{\alpha+\beta}{2} = 9{,}5359559$$

Lg.

$$\text{Lg. sin. } \frac{\alpha - \beta}{2} = 8{,}3694823$$

$$\text{Lg. sin. } \tfrac{1}{2}\,\tau = \begin{cases} 9{,}2523729 \\ 9{,}2523729 \end{cases}$$

$$\text{Lg. } 2 = \underline{0{,}3010300}$$

$$\text{Lg. } G\,M = 36{,}7112140$$

$$\text{Lg. Cos. } \frac{\alpha + \gamma}{2} = 9{,}5814647$$

$$\text{Lg. sin. } \frac{\alpha - \gamma}{2} = 8{,}8068369$$

$$\text{Lg. sin. } \tfrac{1}{2}\,t = \begin{cases} 8{,}8362969 \\ 8{,}8362969 \end{cases}$$

$$\text{Lg. } 2 = \underline{0{,}3010300}$$

$$\text{Lg. } F\,N = 36{,}3619254$$

$$\text{Lg. } G\,M = \underline{36{,}7112140}$$

$$\text{Lg. } \frac{FN}{GM} = 9{,}6507114$$

$$\text{Lg. } \frac{FN}{GM} = \underline{9{,}6507114} \;:\; 2$$

$$\text{Lg. Cos. } E = 9{,}8253557$$

$$E = 48^\circ\, 1'\, 7''$$

$$\text{Lg. Tg. } E = \begin{cases} 10{,}0458462 \\ 10{,}0458462 \end{cases}$$

$$\text{Log. } FN = \underline{36{,}3619254}$$

$$56{,}4536178$$

$$\underline{46{,}7131548}$$

$$\text{Lg. Tg. } \omega = 9{,}7404630$$

$$\omega = 28^\circ\, 48'\, 58''.$$

## II. Berechnung von $x$ und $y$ nach den Formeln XII.

### 1) Berechnung des Nenners von $x$ und $y$.

| | |
|---|---|
| $\omega = 28^\circ\, 48'\, 58''$ | Lg. sin. $\frac{\phi + \omega}{2} = 9{,}7331702$ |
| $\varepsilon = \phantom{0}7\; 52$ | |
| $\phi = 36\; 40\; 58$ | Lg. sin. $\frac{\phi + \omega}{2} = 8{,}8362969$ |
| $\frac{1}{2}\phi = 18\; 20\; 29$ | |
| $\frac{1}{2}\omega = 14\; 24\; 29$ | Lg. $D = 18{,}5694761$ |

### 2) Berechnug des Zählers und des ganzen Werths von $x$.

$$\text{Lg. Cos. } \tfrac{1}{2}\omega = \begin{cases} 9{,}9861213 \\ 9{,}9861213 \end{cases}$$
$$\text{Lg. sin } \beta = 9{,}9688766$$
$$\text{Lg. } LT = 29{,}9411192$$

$$\text{Lg. Cos. } \tfrac{1}{2}\phi = \begin{cases} 9{,}9773570 \\ 9{,}9773570 \end{cases}$$
$$\text{Lg. sin } \alpha = 9{,}9763179$$
$$\text{Lg. } KS = 29{,}9310319$$
$$\text{Lg. } LT = 29{,}9411192$$
$$9{,}9899127 \quad : 2$$
$$\text{Lg. Cos. } J = 9{,}9949563$$
$$J = 8^\circ\, 42'\, 55''$$

$$\text{Lg. Tg. } J = \begin{cases} 9{,}1855264 \\ 9{,}1855264 \end{cases}$$
$$\text{Lg. } KS = 29{,}9310319$$
$$38{,}3020847$$
$$\text{Lg. } D = 18{,}5694671$$
$$\text{Lg. Cos. } (\delta + \varepsilon) = 9{,}7326176$$
$$\delta + \varepsilon = 57^\circ\, 17'\, 51''$$

3) Be-

3) Berechnung des Zählers und des ganzen Werths von $\gamma$.

$$\text{Lg. sin. } \tfrac{1}{2}\varphi = \begin{cases} 9{,}4978666 \\ 9{,}4978666 \end{cases}$$

$$\text{Lg. sin. } \alpha = \underline{9{,}9763179}$$

$$\text{Lg. } QS = 28{,}9720511$$

$$\text{Lg. sin. } \tfrac{1}{2}\omega = \begin{cases} 9{,}3958957 \\ 9{,}3958957 \end{cases}$$

$$\text{Lg. sin. } \beta - \underline{9{,}9688766}$$

$$\text{Lg. } RT = 28{,}7606680$$

$$\text{Lg. } QS = \underline{28{,}9720511}$$

$$9{,}7886169$$

$$\overline{\phantom{9{,}7886169}} : 2$$

$$\text{Lg. Cos. } O = 9{,}8943084$$

$$O = 38^\circ\, 22'\, 23''$$

$$\text{Lg. Tg. } O = \begin{cases} 9{,}8986290 \\ 9{,}8986290 \end{cases}$$

$$\text{Lg. } RT = \underline{28{,}7606680}$$

$$48{,}5579260$$

$$\text{Lg. } D = \underline{18{,}5694671}$$

$$\text{Lg. Cos. } (\varepsilon - \delta) = 9{,}9884589$$

$$\varepsilon - \delta = 13^\circ\, 9'\, 3''$$

## III. Resultat.

Demnach ist

1) wenn $\varepsilon > \delta$

$$\delta + \varepsilon = 57^\circ\, 17'\, 51''$$

$$\varepsilon - \delta = \underline{13\;\; 9\;\; 3}$$

$$2\varepsilon = 70\;\; 26\;\; 54$$

$$\overline{\phantom{70\;\; 26\;\; 54}} : 2$$

$$\varepsilon = 35\;\; 13\;\; 27$$

$$\underline{89\;\; 59\;\; 60}$$

$$e = 54\;\; 46\;\; 33$$

2) wenn $\varepsilon < \delta$

$$\delta + \varepsilon = 57^\circ\, 17'\, 51''$$

$$\delta - \varepsilon = \underline{13\;\; 9\;\; 3}$$

$$2\varepsilon = 44\;\; 8\;\; 48$$

$$\overline{\phantom{44\;\; 8\;\; 48}} : 2$$

$$\varepsilon = 22\;\; 4\;\; 24$$

$$\underline{89\;\; 59\;\; 60}$$

$$e = 67\;\; 55\;\; 36$$

$2\delta = 44^\circ\ 8'\ 48''$ : 2
$\delta = 22\ 4\ 24$
$89\ 59\ 60$
$d = 67\ 55\ 36$

$2\delta = 70^\circ\ 26'\ 54''$ : 2
$\delta = 35\ 13\ 27$
$89\ 59\ 60$
$d = 54\ 46\ 33$

Aus dem gefundenen Stundenwinkel $\alpha = 28^\circ\ 48'\ 58''$ ergiebt sich die Culminationszeit = 1 St. 54′ 55″,5 *nach* dem Augenblicke der gröſsten Höhe, wenn die drey Höhen auf der *Ostseite*, oder *vor* demselben, wenn sie auf der *Westseite* des Meridians beobachtet worden sind.

Was endlich die Mittagshöhe des Gestirns betrifft, so ist diese, bey einer *nördlichen* Abweichung, gleich der Aequatorshöhe *plus* der Declination, bey einer *südlichen* Abweichung hingegen, gleich der Aequatorshöhe *minus* der Declination. Die Aequatorshöhe selbst aber ist bekanntlich immer dem Complemente der Polhöhe gleich.

## Anmerkungen

1) Dieses Problem ist hauptsächlich dadurch interessant, daſs es unter allen genaueren Methoden, die Breite zu bestimmen, die wenigsten, durch die leichtesten Mittel und in der kürzesten Zeit zu erhaltenden Data voraussetzt, und gleichwohl, auſser der gesuchten Breite, nebenbey noch drey andere, theils für die Kenntniſs des beobachteten Gestirns, theils für andere Zwecke brauchbare und wichtige Bestimmungen bekannt macht.

2) Die Breite kann dadurch mit groſser Genauigkeit gefunden werden. Denn nimmt man an Statt drey Höhen deren fünf, so daſs jede von der nachfolgenden etwa um eine halbe Stunde entfernt ist, so kann man durch die verschiedenen möglichen Combinationen derselben

selben zehn Bestimmungen der Breite erhalten. Nimmt man vor der Culmination des Gestirns sechs Höhen, was, bey heiterem Himmel in Zeit von drey Stunden ohne Schwierigkeit geschehen kann, so erhält man schon zwanzig Resultate, und wiederholt man eben dieses nach der Culmination, so wird jene Zahl verdoppelt, folglich das Mittel aus allen so genau werden, daſs es von der Wahrheit kaum um eine unmerkliche Kleinigkeit abweichen kann. Wenn nämlich die beobachteten Höhen sind: *a, b, c, d, e, f.* so finden alsdan folgende Combinationen Statt:

| | | | | | | | |
|---|---|---|---|---|---|---|---|
| 1. | *a b c* | 6. | *a c e* | 11. | *b c d* | 16. | *b e f* |
| 2. | *a b d* | 7. | *a c f* | 12. | *b c e* | 17. | *c d e* |
| 3. | *a b e* | 8. | *a d e* | 13. | *b c f* | 18. | *c d f* |
| 4. | *a b f* | 9. | *a d f* | 14. | *b d e* | 19. | *c e f* |
| 5. | *a c d* | 10. | *a e f* | 15. | *b d f* | 20. | *d e f* |

3) Zugleich giebt dieses Problem ein nützliches Hülfsmittel zur Prüfung der, auf andern Wegen gefundenen, Abweichungen, zur Berichtigung des Ganges der Uhren, und zur Entdeckung der Fehler eines Winkelmessers.

4) Da auf die Bestimmungen der Polhöhe sowohl die ganze astronomische Steuermannskunst, als die praktische Astronomie und Geographie sich stützen, so ist dieses Problem, welches bey der Breitenbestimmung durchaus keine anderweitigen früheren Bestimmungen voraussetzt, als die wahre Grundlage von allen dreyen anzusehen, und es ist daher nicht bloſs für den Seemann und den reisenden Astronomen und Geographen, der sich an einem Orte, dessen Lage er sich bekannt machen muſs, manchmal nur wenige Stunden aufhalten kann, wichtig, sondern es ist auch für den stillsitzenden Beobachter unentbehrlich, wenn er entweder in

die

die Nothwendigkeit kommt, die Lage seines Beobachtungsort ohne Aufschub kennen zu lernen, oder, wenn er einen noch nicht bestimmten Beobachtungsort neuerlich beziehet, und bey Bestimmung der Lage desselben, jenen Kreis vermeiden will, in welchen man gewöhnlich verfällt, wenn man zur Berechnung der Mittagsverbesserung aus übereinstimmenden Höhen die Polhöhe beyläufig annimmt, hernach aber aus den, mittelst der, auf solche Art berichtigten, Uhr erhaltenen Zeitbestimmungen, die Polhöhe herleitet. Es giebt in Teutschland noch manche Städte, die eben nicht zu den kleinsten gehören, deren Lage bey weitem nicht mit der, auch nur zu dieser Absicht erforderlichen Genauigkeit bekannt ist.

Dieses alles ist den Einwendungen nicht ausgesetzt, welche *Maupertuis* und *Kästner* gegen die Nutzbarkeit dieses Problems gemacht haben.

5) Da dieses Problem die Polhöhe und Abweichung nicht unmittelbar, sondern bloſs aus ihrer Summe und ihrem Unterschiede finden lehrt, so muſs man, um vermittelst desselben ein brauchbares Resultat zu erhalten, voraus wenigstens das wissen. welche von beyden gröſser, als die andere, ist, weil immer Cos. $(\iota - \delta) =$ Cos. $(\delta - \iota)$ ist.

6) Unter allen bis jetzt bekannten Auflösungen dieses Problems sind bloſs die von *Bézout* (Cours de Mathématiques à l'usage des Gardes du Pavillon et de la Marine T. VI. p. 344 sq) und von *Cagnoli* (Trigonométrie No. 834.) mitgetheilten zur Berechnung mit Logarithmen eingerichtet, und alle übrigen, nämlich die sieben im vierten Bande der petersburgischen Commentarien, so wie die von *Maupertuis* (Astron. Naut. Probl. XX.) und *Kästner* (Astron. Abh. 1. Samml. S. 422 ff.)

sind daher als unvollendet anzusehen. Denn *Bézout* hat unstreitig ganz Recht, wenn er a. a. O. sagt: „Le „but, qu'on doit principalement se proposer dans ces „sortes d'applications, est de réduire les solutions au „seul usage des Logarithmes, sans être obligé de repas„ser aux nombres, en un mot, de rendre la solution de „ces questions semblable à celle, que la Trigonométrie „donne pour les triangles sphériques".

Unter den vorhin genannten unvollendeten Auflösungen aber ist keine, die so sehr verdient hätte zur Vollendung gebracht zu werden, als die *eulerische* *). denn sie ist (*a*) unter allen andern aus den ersten Gründen mit der gebracht Leichtigkeit und Deutlichkeit abzuleiten; sie ist (*b*) an sich selbst die einfachste und eleganteste, und sie giebt (*c*) eines der schönsten und lehrreichsten Beyspiele einer geschickten Anwendung des Calculs auf die sphärische Trigonometrie.

Diese Behauptung wird durch folgendes Urtheil von *Cagnoli* gerechtfertiget:

„Cette solution (des Hrn. *Cagnoli* eigene) est ana„logue a celle de M. Bézout, mais la démonstration en „est moins pénible, et quant au calcul numerique mes „formules exigent la recherche de 21 Logarithmes, cel„les de Mr. Bézout la recherche de 27. Toutes les so„lutions, qui me sont connues, demandent encore plus „de travail".

Denn eine bloſs flüchtige Vergleichung der *eulerischen* Auflösung, wie sie hier entwickelt und ausgeführt worden ist, mit der *cagnolischen* muſs jedem zeigen, daſs die erste in ihrer Ableitung schöner und einfacher, und nach dem Zusammenhange mit ihren Gründen leichter zu übersehen ist, als die letzte, und daſs sie

*) Comment. Petrop. T. IV. p. 99 ff.

sie gleichwohl in der Anwendung auch nicht mehr als 21 Logarithmen erfordert.

## Erläuterungen beym Gebrauch der Gerstnerschen Formeln für Sonnenfinsternisse *) vom Herrn *Jabbo Oltmanns* **).

Wenn $A$ den Abstand des ☽ vom Neunzigsten bezeichnet, so wie $B$ die Zenithbreite und $p$ die Parallaxendifferenz, so ist nach Mayer *in* ☉ *Finsternissen p. long* $= sin.\ A\ cos.\ B\ p.$ hierfür kann man schreiben
$\frac{1}{2}\ p\ (\overline{sin.\ (A+B)} + \overline{sin.\ (A-B.)}) =$ parall. longitudinis. Auf diese Transmutation gründet sich folgende Tafel.

*) S. astronom. Jahrbuch 1791, Seite 243 und folgend.

**) Hr. *Oltmanns* reiste im Febr. d. J. von Berlin über Hamburg nach seinem Vaterlande Ostfriesland, wo er sich ein Paar Monate, Familien Angelegenheiten halber aufgehalten. Von da unternimmt er auf Verlangen des Herrn *von Humboldt* eine Reise nach Paris, um ihm daselbst bey der Bearbeitung und der Herausgabe des wichtigen Werks über seine Reise nach Amerika und dortigen astronomischen Beobachtungen, ferner behülflich zu seyn. *B.*

Argument. I. Abstand des ☽ vom Nonagesimus, + Zenithbreite.
II. Abstand des ☽ vom Nonagesimus — Zenithbreite.

| Gr. | 0 VI<br>+ — | I VII<br>+ — | II VIII<br>+ — | |
|---|---|---|---|---|
| 0 | 0′,00 | 13′,50 | 23′,39 | 30 |
| 1 | 0, 47 | 13, 91 | 23, 61 | 29 |
| 2 | 0, 94 | 14, 31 | 23, 85 | 28 |
| 3 | 1, 42 | 14, 70 | 24, 05 | 27 |
| 4 | 1, 88 | 15, 10 | 24, 27 | 26 |
| 5 | 2, 35 | 15, 48 | 24, 47 | 25 |
| 6 | 2′ 82 | 15′ 87 | 24′ 67 | 24 |
| 7 | 3, 29 | 16, 25 | 24, 85 | 23 |
| 8 | 3, 76 | 16, 63 | 25, 03 | 22 |
| 9 | 4, 23 | 16, 99 | 25, 21 | 21 |
| 10 | 4, 79 | 17, 36 | 25, 37 | 20 |
| 11 | 5, 15 | 17 71 | 25, 51 | 19 |
| 12 | 5, 61 | 18, 06 | 25, 68 | 18 |
| 13 | 6, 08 | 18, 41 | 25, 83 | 17 |
| 14 | 6, 53 | 18, 75 | 25, 95 | 16 |
| 15 | 6, 99 | 19, 09 | 26, 08 | 15 |
| 16 | 7, 42 | 19, 42 | 26, 20 | 14 |
| 17 | 7, 90 | 19, 75 | 26, 31 | 13 |
| 18 | 8, 35 | 20, 07 | 26, 41 | 12 |
| 19 | 8, 79 | 20, 38 | 26, 51 | 11 |
| 20 | 9, 24 | 20, 69 | 26, 59 | 10 |
| 21 | 9, 68 | 20, 99 | 26, 67 | 9 |
| 22 | 10, 11 | 21, 28 | 26, 74 | 8 |
| 23 | 10, 55 | 21, 57 | 26, 80 | 7 |
| 24 | 10, 98 | 21, 85 | 26 85 | 6 |
| 25 | 11, 41 | 22, 12 | 26, 90 | 5 |
| 26 | 11, 84 | 22, 39 | 26, 93 | 4 |
| 27 | 12, 26 | 22, 65 | 26, 96 | 3 |
| 28 | 12, 68 | 22, 90 | 26, 98 | 2 |
| 29 | 13, 09 | 23, 15 | 26, 99 | 1 |
| 30 | 13, 50 | 23, 39 | 27, 00 | 0 |
| | — +<br>XI V | — +<br>X IV | — +<br>IX III | Gr. |

Hülfs-Tafel für die Factoren

| Werthe von p. | |
|---|---|
| 54′ factor | 1,0000 |
| 15″ | 1,0046 |
| 30″ | 1,0092 |
| 45″ | 1,0138 |
| 55′ | 1,0185 |
| 15″ | 1,0231 |
| 30″ | 1,0277 |
| 45″ | 1,0323 |
| 56′ | 1,0370 |
| 15″ | 1,0417 |
| 30″ | 1,0464 |
| 45″ | 1,0511 |
| 57′ | 1,0556 |
| 15″ | 1,0602 |
| 30″ | 1,0648 |
| 45″ | 1,0694 |
| 58′ | 1,0742 |
| 15″ | 1,0793 |
| 30″ | 1,0846 |
| 45″ | 1,0889 |
| 59′ | 1,0940 |
| 15″ | 1,0988 |
| 30″ | 1,1032 |
| 45″ | 1,1073 |
| 60′ | 1,1111 |
| 15″ | 1,1158 |
| 30″ | 1,1202 |
| 45″ | 1,1248 |
| 61′ | 1,1296 |

Es sey nun: Abstand des ☽ vom Nonagesimus $1^z$ $17^h$ $48'$;

die Zenithbr. oder das Compl. d. Höhe des Neunzigsten zu neunzig Grad } $1^z\ 10^\circ\ 57' = B$

also $A + B = 2^z\ 28^\circ\ 45'$; $A - B = 6^\circ\ 51'$ $p = 61$

die Tafel giebt

mit

mit $A + B + 26',99$ } Sa. 30,21 Factor für 61' 1,1296
mit $A - B + 3',22$ }

also $p = 30{,}21 \times 1{,}1296 = 34',13$ oder 34' 8''; setzt man diesen Werth statt $\lambda$ in die Gerstnersche Formel

$$\sin \lambda = \frac{\sin *.\ \cos B \sin (A + \lambda)}{\cos ☽ \text{Breite}}$$ so erhält man $\lambda$, oder die Längen-Parallaxe, so genau als nöthig ist. Die Tafel ist ursprünglich für $p = 54$ construirt; sobald $p$ einen andern Werth hat, muſs man sich der Hülfstafel bedienen.

Die Parallaxe der Breite wird allemal *südwärts* gerechnet, so lange der Nonagesimus südwärts vom Zenith steht; wenn aber der Nonagesimus nordwärts vom Zenith fällt, also *negative Zenithbreite* hat, findet das Gegentheil statt. In den Tropenländern ist dieser Fall *sehr gewöhnlich* und ist mir öfters vorgekommen; die nördliche ☽ Breite wird dann noch nördlicher, die südliche wird verringert. Dies zeigt die Gerstnersche Formel durch den Augenschein: (Sie ist allgemein $\text{tg.}\,\beta = \frac{\text{tang}\, B \sin L + \lambda}{\sin L} - \frac{\text{tang}\, b.\ \sin \lambda}{\sin L}$). Ist nun die Zenithbreite $b$ negativ, oder vom Südpunct an gerechnet gröſser als ein Quadrant, so hat man $\text{tg.}\,\beta = \frac{\text{tg.}\, B \sin L + \lambda}{\sin L} + \frac{\text{tang}\, b \sin \lambda}{\sin L}$ bey südl. Breite ist $\text{tg.}\,\beta = \frac{-\text{tg.}\, B\, \text{s.}\, L + \lambda}{\sin L} + \frac{\text{tg.}\, b \sin \lambda}{\sin L}$.

*Note.* Dadurch daſs ich Zenithbreite statt Höhe des 90sten einführte, konnte ich mit einer einzigen Tafel ausreichen. Setzt man das was die Formel giebt, noch einmahl in $(A + B)$ so erhält man $p$ so genau als die Gerstnersche Formel es selbst giebt. Die Tafel dient auch eben so bequem für die Breitenparallaxe.

Noch

## Noch einige astronomische Nachrichten.

Von den verschiedenen Preißaufgaben der Königl. Gesellschaft der Wissenschaften zu Kopenhagen, die mir Hr. Justitzrath *Bugge* unterm 1. Nov. 1807 in einem Schreiben bekannt gemacht, kann ich hier nur folgende bemerken:

> Quaeritur: an in perturbationibus motuum a viribus externis, quatenus inde oriuntur mutationes orbitarum, detur *maximum* quod aut *minimum?* Ponitur autem corpora, quorum motus turbantur, agi a viribus centralibus, quarum lex data est.

Der Preiß ist eine goldne Medaille 100 Th. Dänischen Werth. Der Termin zur Einsendung der Beantwortung das Ende des Jahres 1808.

*B.*

* * *

Von der Güte der Frau Reichsfreyin *von Matt* erhielt ich unterm 1. Febr. d. J. aus Wien zum Geschenk: des Freyherrn *von Zach* Tabulae speciales Aberrationis et Nutationis in Ascensionem rectam et in Declinationem, ad supputandas stellarum fixarum Positiones sive apparentes sive veras, una cum Insigniorum 494 Stellarum Zodiacalium, Catalogo novo etc. Zwey starke mit vieler typographischen Schönheit gedruckte Bände in gr. 8vo. Gothae 1806.

Der

Der erste Band dieses Werks ist mit vielen Tabellen, Rechnungsanweisungen und Formeln, zur genauesten Untersuchung und Berechnung der Aberration und Nutation der Fixsterne in gerad. Aufst. und Abweichung, deren jährliche Veränderung, der Präcession, eigenen Bewegung und deren Einfluss auf gerade Aufst. und Abw., Nutation, Secular Variation in der Länge, Stern Verzeichnisse von mehrern Astronomen und deren Vergleichung mit einander, Sonnentafeln zur Verwandlung der Stern- und Sonnenzeit, Veränderung der Mondknoten, Vorschriften zur Bestimmung der Fehler in der Stellung eines Passage Instruments etc. angefüllt. Der zweite Band, der schon seit einigen Jahren erschienen ist, enthält die Aberrations und Nutationstafeln für 494 Zodiacalsternen, deren mittlere ger. Aufst. und Abw. nach verschiedenen Astronomen, für den Anfang des Jahrs 1800 angesetzt.

*B.*

* * *

Herr Prof. *Vieth* in Dessau schickte mir unterm 31. März 1807 seine Untersuchung über die geogr. Bestimmung von Dessau. Aus 5 im Jahr 1804 mit einem Spiegelsextanten beobachteten Mittagshöhen der Sonne ergab sich im Mittel die Polhöhe 51° 49′ 40″ und aus Pulversignalen im Aug. 1803 die Länge 39′ 47″,1 in Zeit östl. von Paris. Zur Aufnahme einer Charte von Dessau und den umliegenden Gegenden, wurden im Jul. 1806 Azimuthe der Sonne mit dem Petersberge bey Halle, der reform. Kirche in Zerbst, und andern Gegenständen genommen.

* * *

Aus einem Schreiben des Hrn. Prof. Ideler vom 8. Febr. 1808.

„Ich ersuche Ew. — mir wissen zu lassen, ob Piazzi oder La Lande einen noch nicht in den Sternkarten verzeichneten Stern fünfter oder sechster Gröſse innerhalb des Vierecks, welches die Sterne β, γ, ξ und ν am Kopf des Drachen bilden, beobachtet hat. Die Araber haben einen besondern Namen dafür, und es würde mir lieb seyn, seine ger. Aufst. und Abw. zu kennen. Er steht in der Linie zwischen γ und ν, dem letzten Stern etwas näher als dem ersten."

Ich vermisse diesen angezeigten Stern, der sich so deutlich als fast 5. Gröſse am Kopf des Drachen zeigt, in allen bisherigen Sternverzeichnissen, selbst in la Lande's Histoire Céleste und in Piazzi's groſsen Catalog. Unterdessen habe ich ihn an einem Ort gefunden, wo ich ihn nicht vermuthete, nemlich in *Schillers* Coelum Stellatum Christianum, (Aug. Vind. 1627.) Constellatio III. pag. 33. Er kömmt daselbst unter mehrern zum Theil kleinern Sternen, die unsere neuesten Verzeichnisse nicht angeben, als No. 37 in S. S. Innocentum puerorum vor. Nach dortiger Stellung ist für die gegenwärtige Zeit, beyläufig dessen gerade Aufsteigung 265° 39′ und nordl. Abweichung 54° 2′. *B.*

* * *

Was ich sonst noch von der Güte meiner Herren Correspondenten, an astronomischen Beobachtungen, Abhandlungen und Nachrichten erhalten habe, werde ich im astronomischen Jahrbuche 1811, das zur Michaelis-Messe erscheint, liefern, wozu auch besonders sämmtliche Beobachtungen und die Elemente der Bahn des merkwürdigen Kometen von 1807 gehören. *B.*

FSC
www.fsc.org
MIX
Papier | Fördert gute Waldnutzung
FSC® C083411

Zeitfracht Medien GmbH
Ferdinand-Jühlke-Straße 7
99095 Erfurt, Deutschland
produktsicherheit@kolibri360.de